"先进光电子科学与技术丛书"编委会

先进光电子科学与技术丛书

氮化物深紫外发光材料及器件

李晋闽 王军喜 闫建昌 等 著

科 学 出 版 社

北 京

内 容 简 介

本书以作者及其研究团队多年的研究成果为基础，详细介绍了 Ⅲ 族氮化物紫外发光二极管的材料外延、芯片制作、器件封装和系统应用，内容集学术性和实用性为一体。全书共 8 章，内容包括：氮化物半导体材料性质及外延生长理论，氮化物半导体材料制备及表征方法，深紫外发光二极管的量子效率与结构设计、关键制备工艺、封装技术、应用，以及当前氮化物深紫外发光二极管的一些研究前沿和热点。

本书可供氮化物半导体材料及光电器件领域相关的科研人员、研究生与企业研发人员等阅读参考。

图书在版编目(CIP)数据

氮化物深紫外发光材料及器件/李晋闽等著. —北京：科学出版社，2021. 1
(先进光电子科学与技术丛书)
    ISBN 978-7-03-068070-9

Ⅰ. ①氮… Ⅱ. ①李… Ⅲ. ①氮化物-紫外技术-发光材料-研究②氮化物-紫外技术-发光二极管-研究 Ⅳ. ①TB34②TN312

中国版本图书馆 CIP 数据核字(2021) 第 030748 号

责任编辑：刘凤娟　孔晓慧／责任校对：杨　然
责任印制：吴兆东／封面设计：无极书装

科学出版社 出版
北京东黄城根北街 1C 号
邮政编码：100717
http://www.sciencep.com

北京虎彩文化传播有限公司 印刷
科学出版社发行　各地新华书店经销
*
2021 年 1 月第 一 版　开本：720×1000　B5
2021 年 1 月第一次印刷　印张：15 1/4
字数：310 000

定价：129.00 元
(如有印装质量问题，我社负责调换)

"先进光电子科学与技术丛书"序

近代科学技术的形成与崛起, 很大程度上来源于人们对光和电的认识与利用。进入 20 世纪后, 对于光与电的量子性及其相互作用的认识以及二者的结合, 奠定了现代科学技术的基础并成为当代文明最重要的标志之一。1905 年爱因斯坦对光电效应的解释促进了量子论的建立, 随后量子力学的建立和发展使人们对电子和光子的理解得以不断深入。电子计算机问世以来, 人类认识客观世界主要依靠视觉, 视觉信息的处理主要依靠电子计算机, 这个特点促使电子学与光子学的结合以及光电子科学与技术的迅速发展。

回顾光电子科学与技术的发展, 我们不能不提到 1947 年贝尔实验室成功演示的第一个锗晶体管、1958 年德州仪器公司基尔比展示的全球第一块集成电路板和 1960 年休斯公司梅曼发明的第一台激光器。这些划时代的发明, 不仅催生了现代半导体产业的诞生、信息时代的开启、光学技术的革命, 而且通过交叉融合, 形成了覆盖内容广泛, 深刻影响人类生产、生活方式的多个新学科与巨大产业, 诸如半导体芯片、计算机技术、激光技术、光通信、光电探测、光电成像、红外与微光夜视、太阳能电池、固体照明与信息显示、人工智能等。

光电子科学与技术作为一门年轻的前沿基础学科, 为我们提供了发现新的物理现象、认识新的物理规律的重要手段。其应用渗透到了空间、能源、制造、材料、生物、医学、环境、遥感、通信、计量及军事等众多领域。人类社会今天正在经历通信技术、人工智能、大数据技术等推动的信息技术革命。这将再度深刻改变我们的生产与生活方式。支持这一革命的重要技术基础之一就是光电子科学与技术。

近年来, 激光与材料科学技术的迅猛发展, 为光电子科学与技术带来了许多新的突破与发展机遇。为了适应新时期人们对光电子科学与技术的需求, 我们邀请了部分在本领域从事多年科研教学工作的专家学者, 结合他们的治学经历与科研成果, 撰写了这套"先进光电子科学与技术丛书"。丛书由 20 册左右专著组成, 涵盖了半导体光电技术 (包括固体照明、紫外光源、半导体激光、半导体光电探测等)、超快光学 (飞秒及阿秒光学)、光电功能材料、光通信、超快成像等前沿研究领域。它不仅包含了各专业近几十年发展积累的基础知识, 也汇集了最新的研究成果及今后的发展展望。我们将陆续呈献给读者, 希望能在学术交流、专业知识参考及人才培养等方面发挥一定作用。

　　丛书各册都是作者在繁忙的科研与教学工作期间挤出大量时间撰写的殚精竭虑之作。但由于光电子科学与技术不仅涉及的内容极其广泛，而且也处在不断更新的快速发展之中，因此不妥之处在所难免，敬请广大读者批评指正！

侯　洵

中国科学院院士

2020 年 1 月

前　　言

第三代半导体材料因其禁带宽度大、击穿电场和电子饱和速率高等特点，在短波长光电子器件中展现了卓越的优势。通过对合金组分的调节，基于 III 族氮化物的紫外发光二极管工作可以覆盖 200nm 至 400nm 光谱范围，因此被视为制备紫外发光器件的理想半导体材料，是第三代半导体技术的重要发展方向之一，受到学术界的广泛关注和产业界的积极布局。

与传统紫外光源 (如汞灯、气体放电灯) 相比，基于 III 族氮化物的紫外发光二极管具有节能环保、体积小巧、调制频率高、波长灵活可调等突出优势，在聚合物固化、消毒净化、医学光疗、安全通信等领域具有广阔应用前景，是替代传统紫外光源的理想选择。特别是新冠肺炎疫情发生以来，全社会对于紫外线杀菌在公共卫生安全领域的应用有了深刻的认知，紫外发光二极管技术进步和产业应用有望迎来快速发展。

目前，紫外发光二极管的性能受到外延材料晶体缺陷、p 型掺杂难、发光模式各向异性等问题影响，与同族的 GaN 基蓝光发光二极管相比，紫外发光二极管的性能和可靠性还有较大的提升空间。

本书的作者在中国科学院半导体研究所工作多年，也在中国科学院大学任教，作者及其团队以十多年的研究积累和成果为基础，结合国际上最前沿的研究进展和动态，从 III 族氮化物材料外延、芯片制作、器件封装和系统应用等方面详细介绍了氮化物半导体材料性质 (第 1 章)，氮化物半导体材料制备及表征方法 (第 2 章)，高铝组分氮化物半导体材料外延生长和掺杂 (第 3 章)，深紫外发光二极管的量子效率与结构设计 (第 4 章)，深紫外发光二极管的芯片工艺关键技术、封装与可靠性 (第 5 和第 6 章)，氮化物深紫外受激发射材料与器件 (第 7 章)，应用与展望 (第 8 章) 等内容。

本书仅是我们多年的基于氮化物深紫外发光二极管工作的总结，由于水平有限，难免有不足之处，望同仁不吝赐教！借此机会，感谢侯洵、郑有炓、王占国、夏建白、褚君浩、李树深、郝跃、顾瑛等院士以及众多科学家长期的指导和帮助；感谢国家重点研发计划、国家高技术研究发展计划 (863 计划)、国家自然科学基金对氮化物紫外固态光源技术的长期支持；感谢中国科学院半导体照明研发中心科研人员、博士研究生和硕士研究生，他们的研究成果丰富了本书内容。此外，本书由集体撰写，魏同波研究员、郭亚楠博士、薛斌博士、刘志彬博士、冉军学博士、张亮博士、羊建坤博士、孙莉莉博士等在调研撰写过程中付出了艰辛劳动，硕士研究生吴清清、吴卓辉、陆义等也参与了本书的撰写工作，对此作者表示十分感谢。

　　希望本书可以对发光二极管领域的相关科技工作者在学术参考和研究领域发展趋势方面有所帮助，敬请广大读者提出意见和建议。

李晋闽

2020 年 9 月

目　　录

第 1 章　氮化物半导体材料性质

1.1　Ⅲ 族氮化物半导体的晶体结构和能带结构

Ⅲ 族氮化物材料主要有三种晶体结构：纤锌矿结构 (六方 α 相)、闪锌矿结构 (立方 β 相) 和岩盐矿结构 (NaCl 型复式立方结构)。其中，纤锌矿结构是 Ⅲ 族氮化物材料的热力学稳定结构，Ⅲ 族氮化物的研究也主要集中在纤锌矿结构。如图 1-1 所示，纤锌矿结构是由 Ⅲ 族原子与氮原子分别组成的两套六方结构沿 c 轴方向 (即 [0001] 方向) 平移 $5c/8$ 嵌套形成的，具有沿 c 轴方向的原子堆垛顺序 ABABAB···。六方纤锌矿的晶胞为六棱柱结构，包含两个 Ⅲ 族金属原子和两个氮原子，每个 Ⅲ 族原子 (或者氮原子) 都与最近邻的 4 个氮原子 (或者 Ⅲ 族原子) 成键构成一个四面体。

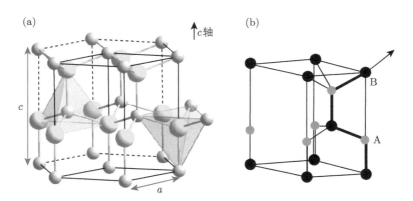

图 1-1　Ⅲ 族氮化物的纤锌矿结构 (a) 与其晶胞 (b)

纤锌矿结构具有两个晶格常数 a 和 c，以及一个参数 u，其中 a 决定了六边形面内最近邻原子的距离，c 决定了最近邻的相同六边形面的距离；参数 u 定义为最近邻的金属原子和氮原子的距离 (即键长) 与晶格常数 c 的比值，表明晶格的形变。在理想的纤锌矿结构中，其晶格结构为正四面体，因而 $c/a \approx 1.633, u = 3/8 = 0.375$。

纤锌矿结构的 Ⅲ 族氮化物为六方晶系，它的晶向指数和晶面指数分别用 [uvtw] 和 (hkil) 来表示，其中 $h + k + i = 0$；其晶面间距 d_{hkl} 和两晶面的夹

角 ϕ 的计算公式如下:

$$d_{hkl} = \cfrac{1}{\sqrt{\cfrac{\cfrac{4}{3}\left(h^2 + hk + k^2\right)}{a^2} + a^2/c^2}} \tag{1-1}$$

$$\cos\phi = \cfrac{h_1 h_2 + k_1 k_2 + \cfrac{1}{2}\left(h_1 k_2 + h_2 k_1 + \cfrac{3a^2}{4c^2}l_1 l_2\right)}{\sqrt{\left(h_1^2 + k_1^2 + h_1 k_1 + \cfrac{3a^2}{4c^2}l_1^2\right) \cdot \left(h_2^2 + k_2^2 + h_2 k_2 + \cfrac{3a^2}{4c^2}l_2^2\right)}} \tag{1-2}$$

表 1-1 列出了纤锌矿结构 GaN、AlN 和 InN 材料在室温 (300K) 的基本物理参数 [1-5]。其三元、四元合金的相关物理参数多是基于二元合金,采用线性插入法或带有二次项偏离的插入法计算得到。以 $Al_xGa_{1-x}N$ 三元合金为例,其晶格常数 a 是按照 Vegard 定律 (一次项线性叠加) 计算得到的,计算公式如下:

$$a_{Al_xGa_{1-x}N} = x \cdot a_{AlN} + (1-x) \cdot a_{GaN} \tag{1-3}$$

而对于能带的计算,一般要引入一个弯曲系数 b,计算公式如下所示。b 的具体数值在文献中有不同的报道,并且随着所制备晶体质量的不断提高,b 值也在不断修正。对 $Al_xGa_{1-x}N$ 三元合金,b 值通常取 0.8~1.0[1,6]。

$$E_g\left(Al_xGa_{1-x}N\right) = x \cdot E_g\left(AlN\right) + (1-x) \cdot E_g\left(GaN\right) - b_{AlGaN} \cdot x \cdot (1-x) \tag{1-4}$$

表 1-1　纤锌矿结构 GaN、AlN 和 InN 材料的基本物理参数 (300K)

参数	GaN	AlN	InN
禁带宽度 E_g/eV	3.43	6.04	0.65
晶格常数 a/nm	0.3189	0.3112	0.3545
晶格常数 c/nm	0.5185	0.4982	0.5703
热膨胀系数 $(\Delta a/a)/(\times 10^{-6}\mathrm{K}^{-1})$	5.59	4.2	3.8
热膨胀系数 $(\Delta c/c)/(\times 10^{-6}\mathrm{K}^{-1})$	3.17	5.3	2.9
热导率 κ/(W/(cm·K))	1.3	2.85	0.45
折射率 n	2.67 (3.38eV)	2.15±0.05 (3eV)	2.80~3.05
电子有效质量 m_e/m_0	0.2	0.25~0.4	0.11
轻空穴有效质量 m_{lh}/m_0	0.259	0.24	0.27
重空穴有效质量 m_{hh}/m_0	1.4	3.53	1.63
电子迁移率 $\mu_e/(\mathrm{cm}^2/(\mathrm{V}\cdot\mathrm{s}))$	1400	300	⩽ 3200
空穴迁移率 $\mu_h/(\mathrm{cm}^2/(\mathrm{V}\cdot\mathrm{s}))$	<20	14	<80
击穿电场/(V/cm)	$3 \times 10^6 \sim 5 \times 10^6$	$1.2 \times 10^6 \sim 1.8 \times 10^6$	—
熔化温度/°C	>1700 (2 kbar)[1]	>3000	1100

注: 1 bar=100 kPa。

1.2 Ⅲ 族氮化物半导体的极化效应

纤锌矿结构的 Ⅲ 族氮化物材料在 c 轴方向上缺乏中心反演对称性, 导致晶胞的正负带电中心不重合, 在宏观条件下材料表现出极性。以 GaN 为例 (图 1-2), 若垂直键由 Ga 原子指向 N 原子, 或者 N 原子位于 (0001) 双分子层的上方, 此时材料为 Ga 极性; 若垂直键由 N 原子指向 Ga 原子, 或者 Ga 原子位于 (0001) 双分子层的上方, 此时为 N 极性[7]。Ga 极性面和 N 极性面的获得通常取决于所选择的衬底和生长过程, 特别是最初的生长阶段[8]。一般来说, 在蓝宝石衬底上, 使用金属有机化学气相沉积 (MOCVD) 生长法在低温缓冲层上所生长的 Ⅲ 族氮化物材料具有金属极性。

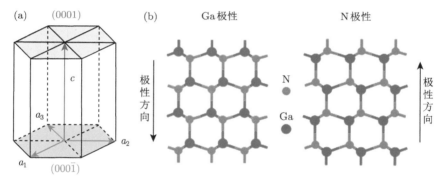

图 1-2 (a) 纤锌矿结构 GaN 的极性面示意图; (b) Ga 极性和 N 极性的原子排列示意图

Ⅲ 族氮化物材料具有非常强的极化效应, 极化强度可达 MV/cm 量级。这是 Ⅲ 族氮化物区别于其他化合物半导体最明显的特征。极化效应诱导产生的极化电场对 Ⅲ 族氮化物的光电子器件和电力电子器件有着重要的影响。极化效应包括自发极化 (spontaneous polarization) 和压电极化 (piezoelectric polarization) 两种, 总的极化强度是自发极化和压电极化的总和。

六方结构的 Ⅲ 族氮化物的实际晶格常数 c 与 a 的比值与理想六方结构相比有一定差距, 导致正负电荷中心不重合, 产生了极化矢量 (由负电荷中心指向正电荷中心), 这种在晶格没有应变的情况下就存在的极化效应称为自发极化效应。自发极化仅与晶格结构相关, GaN、InN 和 AlN 的 c/a 值分别为 1.627、1.612 和 1.601, 与理想值 1.633 的差别逐渐变大, 自发极化依次增强, AlN 的自发极化值已相当可观。自发极化的方向与材料的极性相关, 金属极性面自发极化的极化矢量方向为 [000$\bar{1}$] 方向, 而 N 极性面的极化矢量方向为 [0001] 方向。当材料受到外界压力时，晶格发生畸变，c/a 值也随之变化，从而产生压电极化效应。在异质外延 III 族氮化物材料时，外延层一般会按照衬底的晶格生长，因此在垂直于生长方向的平面内会有一定程度的应变和应力，最终发生压电极化。压电极化的矢量方向与薄膜本身的极性和所受应力相关。对金属极性面材料，当受双轴压应力时，金属阳离子与其下方的三个氮原子之间的键角变小，从而产生一个与自发极化矢量方向相反的 [0001] 方向的压电极化矢量，此时材料中的总极化强度降低；反之，当受双轴拉应力时，金属阳离子与其下方的三个氮原子之间的键角变大，从而产生一个 [000$\bar{1}$] 方向的压电极化矢量，此时材料中的总极化强度增加。

参 考 文 献

[1] Morkoç H. Nitride Semiconductor Devices: Fundamentals and Applications. New York: John Wiley & Sons, 2013.

[2] Ambacher O, Majewski J, Miskys C, et al. Pyroelectric properties of Al(In)GaN/GaN hetero- and quantum well structures. Journal of Physics Condensed Matter, 2002, 14(13): 3399-3434.

[3] Morkoç H. Handbook of Nitride Semiconductors and Devices, Materials Properties, Physics and Growth. New York: John Wiley & Sons, 2009.

[4] Schubert E F, Gessmann T, Kim J K. Light Emitting Diodes. New York: Wiley Online Library, 2005.

[5] Nakamura S, Chichibu S F. Introduction to Nitride Semiconductor Blue Lasers and Light Emitting Diodes. Baca Raton: CRC Press, 2000.

[6] Piprek J. Nitride Semiconductor Devices: Principles and Simulation. New York: John Wiley & Sons, 2007.

[7] Ambacher O. Growth and applications of group III-nitrides. Journal of Physics D: Applied Physics, 1998, 31(20): 2653-2710.

[8] Stutzmann M, Ambacher O, Eickhoff M, et al. Playing with polarity. Physica Status Solidi, 2001, 228(2): 505-512.

第 2 章 氮化物半导体材料制备及表征方法

2.1 氮化物体材料的制备方法

氮化物体材料的制备，需要根据材料本身的特点选择合适的生长技术。例如，对于 AlN 材料，由于其理论计算熔点高达 2800℃，离解压为 20MPa，因此难以采用传统的熔体直拉法或垂直温度梯度凝固法生长单晶。AlN 体材料的制备方法包括铝金属直接氮化法 [1]、溶液法 [2]、氢化物气相外延 (hydride vapor phase epitaxy, HVPE) 法和物理气相传输 (physical vapor transport，PVT) 法等。其中，最主流的制备方法是 HVPE 和 PVT。接下来我们将重点介绍这两种生长技术。

2.1.1 HVPE 制备 AlN 体材料

HVPE 法是一种化学气相沉积方法，通常在常压热石英反应器内进行，生长速率高 (最高可到 100μm/h)，具有杂质自清洁效应。通过化学腐蚀或自剥离等方法剥离掉异质衬底，便可得到自支撑的 AlN 衬底。

HVPE 的生长系统一般由炉体和反应器、气体配置控制系统、输气管道和石英管、尾气处理系统等四个部分组成。其基本的反应过程是 HCl 气体与低温区石英管内的高纯 Al 颗粒反应生长气态氯化铝 (AlCl) 等；AlCl 气体在载气 (N_2、H_2 或两者的混合气体) 的携带下进入高温区，在衬底表面与 NH_3 混合发生反应生成 AlN。涉及的化学反应如下：

$$2HCl\,(g) + 2Al\,(s) \xrightarrow{\text{低温区}} 2AlCl\,(g) + H_2\,(g) \tag{2-1}$$

$$AlCl\,(g) + NH_3\,(g) \xrightarrow{\text{高温区}} AlN\,(s) + HCl\,(g) + H_2\,(g) \tag{2-2}$$

HVPE 法存在的主要问题是 AlCl 气体在高温下易与石英管发生反应，甚至严重腐蚀石英管，还会在 AlN 外延过程中引入 Si 和 O 杂质，降低材料的晶体质量。幸运的是，气态氯化铝 ($AlCl_3$) 对石英的腐蚀最为轻微，因此我们可以通过精确控制低温区的反应温度，使 HCl 与 Al 的主要反应产物为 $AlCl_3$。涉及的化

学反应如下:

$$6HCl\,(g) + 2Al\,(s) \xrightarrow{\text{低温区}} 2AlCl_3\,(g) + 3H_2\,(g) \tag{2-3}$$

$$AlCl_3\,(g) + NH_3\,(g) \xrightarrow{\text{高温区}} AlN\,(s) + 3HCl\,(g) \tag{2-4}$$

其中, 公式 (2-4) 的反应温度应当大于 600℃ [3]。在比较低的温度 ($\sim$350℃) 下, $AlCl_3$ 和 NH_3 也能反应生成 AlN, 但同时会带来 NH_4Cl 副产物, 如公式 (2-5) 所示。

$$AlCl_3\,(g) + 4NH_3\,(g) \longrightarrow AlN\,(s) + 3NH_4Cl\,(g) \tag{2-5}$$

近年来, 国际上利用 HVPE 法制备大尺寸 AlN 衬底取得了极大的进展, 已有多个研究单位报道用 HVPE 法制备了高质量大尺寸的 AlN 厚膜。2003 年, 美国空军研究实验室通过调节 HVPE 的生长条件, 降低了氧的并入概率, 获得了厚度达 50 μm 的高质量 AlN 厚膜 [3]。2007 年, 日本德山公司使用 AlN 模板和 $AlCl_3$ 分压、生长温度与生长时间分段控制的阶梯生长技术, 将 AlN 的生长速率提高至 57μm/h, AlN 膜厚达到 83μm[4]。同年, 美国加利福尼亚大学圣塔芭芭拉分校在图形化的 SiC 衬底上, 使用 HVPE 侧向外延技术, 将 AlN 的位错密度降低了 2~3 个数量级 [5]。2009 年, 日本三重大学使用沟槽图形化的 AlN/蓝宝石模板改善 AlN 的晶体质量, AlN 厚膜的表面无开裂且光滑, X 射线摇摆曲线 (XRC)(002)(102)(100) 的半高全宽 (FWHM) 分别为 132″、489″ 和 594″ [6]; 之后, 他们又使用沟槽图形化的 PVT 法制备 AlN 自支撑衬底作为 HVPE 的衬底, 来进一步降低 AlN 的位错密度 [7]。2012 年, 东京农业科技大学在 PVT 法制备的 c 面 AlN 体材料衬底上进一步开展 AlN 的 HVPE, 得到的 HVPE-AlN 自支撑衬底无裂纹、无应力; XRC(002) 和 (101) 的半高全宽分别仅 31″、32″; 由于 HVPE-AlN 中的碳、氧杂质和铝空位点缺陷密度更低, 其光学透过率在深紫外 (DUV) 波段远胜于 PVT-AlN[8]。还有其他众多的研究在此难以尽述。

在国内, 中国科学院苏州纳米技术与纳米仿生研究所 (简称苏州纳米所)[9,10]、中国电子科技集团公司第四十六研究所 (简称中电集团第四十六所)、中国科学院半导体研究所等多家机构已经开展了 AlN 体材料的 HVPE 探索研究工作。其中苏州纳米所设计并研制出了适合 AlN 高温生长的 HVPE 设备, 生长温度可达到 1600℃; 系统研究了 AlN 表面形貌、缺陷随外延时间的演变规律, 获得了质量较高的 AlN 体材料。

2.1.2 PVT 制备 AlN 体材料

PVT 法是一种近平衡态的生长技术，具有气相法纯度高、生长速率较高、结晶完整性好、安全性高的优势，被认为是 AlN 单晶生长的最有效方法之一。其基本的反应过程是 AlN 粉末原料在高温下分解、升华，获得一定饱和气压的气体；此气体经扩散和输运，在低温区结晶形成 AlN 晶体。涉及的化学反应如下：

$$AlN\,(s) \xrightarrow{\text{蒸发、分解}} Al\,(g) + \frac{1}{2}N_2\,(g) \xrightarrow{\text{沉积}} AlN\,(s) \tag{2-6}$$

PVT 法既可利用 AlN 晶体原料自发成核生长出单晶，也可利用 AlN 籽晶或晶格失配小的 SiC 籽晶，使气体在籽晶上沉积成长为单晶。在自发成核的过程中，AlN 的择优生长取向为 [001] 方向。随着原料的蒸发和气相传输，坩埚盖或原料表面会自发形成多个成核中心，相邻的成核中心存在结晶化过程的竞争，容易出现多晶体，得到的单晶体也容易出现较大的各向异性。这是因为 AlN 的热膨胀系数各向异性，易导致晶粒的取向扭曲、倾斜，还会产生晶界应力[11,12]。因此，使用自发成核法得到的通常是 AlN 多晶锭，单个晶粒的尺寸往往在毫米级别[13,14]。不过，使用淘汰籽晶法，即对 AlN 多晶锭选择性加工得到籽晶，优化生长条件得到尺寸更大的晶体，再加工得到更优的籽晶，多次循环往复，可以得到缺陷密度低、应力小的 AlN 籽晶。

利用籽晶的 PVT 法能够对晶体的生长和结晶过程进行有效的调控，有利于获得大尺寸、结晶质量好的体材料。图 2-1 是典型的利用籽晶的 PVT 生长装置示意图。设备最内层是盛放高纯 AlN 粉末原料的坩埚，其材质一般为 TaC、钨、覆盖 SiC 涂层的石墨等。坩埚的上方是 AlN 或 SiC 籽晶。在坩埚的外面一般还有石墨坩埚和耐高温的保温材料，前者主要用来加热内部的坩埚，后者起到保温的作用。在反应腔外壁缠绕着感应线圈，用以产生高频交流变化的磁场。石墨坩埚在高频交流变化的磁场中产生电流，电流的热效应使得石墨坩埚能加热到 1900∼2300℃ 高温。因此，石墨坩埚 (亦即粉末原料) 的位置为整个反应腔室中的高温区，石墨坩埚上方籽晶的位置为低温区，两种温区的温度差可以从几十摄氏度到两三百摄氏度。

国际上有很多科研单位都在开展大尺寸 AlN 单晶的 PVT 生长研究。2007 年，日本的住友电工在 SiC 衬底上沉积得到 0.025∼2mm 厚的 1in(1in = 2.54cm)AlN 单晶[15]。同年，美国的 Crystal IS 公司报道了 2in 的 Al 极性面 AlN 单晶衬底，85% 的衬底表面呈现单晶特性，位错密度在 $10^4 cm^{-2}$ 量级[16]。俄罗斯和美国合资的 Nitride-Crystals 公司在 2008 年也推出 2in 的 AlN 体单晶[17]。他们先使用 6H-SiC 衬底生长得到 2∼3mm 厚的 AlN 籽晶层，再分离出籽晶层，继而用

PVT 法沉积得到厚达 1cm 的 AlN 单晶，直径 40mm 的内圈呈现单晶，杂质的浓度不超过 0.01%。随后，德国 CrystAl-N 公司 [18]、美国的北卡罗来纳州立大学 [19] 和 HexaTech 公司 [20]、日本的国家先进工业科学技术研究所 [21]、德国的莱布尼兹晶体生长研究所 [22] 等单位也相继宣布可以制备出高质量的 AlN 单晶基片。PVT 法制备的 AlN 单晶材料中点缺陷 (氧杂质、碳杂质或氮空位) 浓度较高，因此制备的衬底材料通常呈一定的颜色。图 2-2 是 HexaTech 公司制备的 AlN 晶锭，XRC(002) 半高全宽仅 12″，显示了极好的晶体质量，但呈现琥珀色。这会影响紫外光 (UV) 的透过率，限制了在这种衬底上生长的紫外光电子器件的性能。

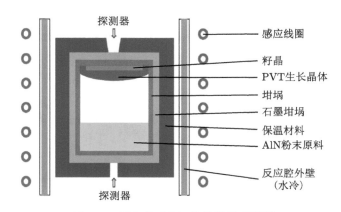

图 2-1   AlN 的 PVT 生长装置示意图

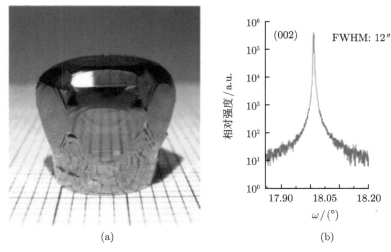

图 2-2   HexaTech 公司使用 PVT 法制备的 AlN 晶锭 (a) 及其 XRC(002) 摇摆曲线 (b)[20]

相较而言，国内的 AlN 单晶的 PVT 生长研究仍处于起步阶段，主要的研究单位包括中国科学院半导体研究所 [23]、中电集团第四十六所 [24]、山东大学 [25]、深圳大学 [26]、中国科学院物理研究所 [13,27] 等。

2.2 氮化物薄膜材料的制备方法

薄膜材料的制备方法包括液相外延 (liquid phase epitaxy, LPE) 和气相外延 (vapor phase epitaxy, VPE)。LPE 是指在一定取向的单晶衬底上，利用溶质从过饱和溶液中析出生长外延层的技术。LPE 分为倾斜舟法、坩埚浸渍法和滑动舟法等，目前应用最广的是多槽滑动舟法，衬底依次与放置在多个槽中的不同熔体接触进行多层外延生长。氮化物的 VPE 是用氢气携带 HCl 流经加热到 850℃ 的液态 Ga 表面生长 GaCl，再流到约 1100℃ 的生长区与 NH_3 混合发生反应。

氮化物薄膜的制备方法以气相沉积法为主，包括物理气相沉积 (physical vapor deposition, PVD) 和化学气相沉积 (chemical vapor deposition, CVD)。物理气相沉积中发生物理过程，化学气相沉积中包含了化学反应过程。目前常用的物理气相沉积法有真空蒸发、溅射 (sputtering)、脉冲激光沉积 (PLD) 和分子束外延 (MBE)。常用的和新发展起来的化学气相沉积法包括金属有机化学气相沉积 (MOCVD)、微波电子回旋共振化学气相沉积 (MW-ECR-CVD)、直流电弧等离子体喷射 (DC are plasma jet)CVD 和触媒化学气相沉积 (catalytic CVD, cat-CVD) 技术。非气相沉积方法有溶胶-凝胶 (sol-gel) 法、电沉积等。

下面介绍几种典型的氮化物制备方法，如真空蒸发镀膜、溅射、PLD、MBE、MOCVD 和化学束外延 (CBE)。

2.2.1 真空蒸发镀膜

真空蒸发镀膜包括如下三个过程：第一，加热过程，包括由凝聚相转变为气相 (固相或液相 → 气相) 的相变过程。每种蒸发物质在不同温度时有不同的饱和蒸气压，蒸发化合物时，其组合物之间发生反应，其中有些组成以气态或蒸气进入蒸发空间。第二，气化原子或分子在蒸发源与基片之间的输运，即这些粒子在环境气氛中的飞行过程。飞行过程中与真空室内残余气体分子发生碰撞的次数，取决于蒸发原子的平均自由程以及从蒸发源到基片之间的距离，常称源-基距。第三，蒸发原子或分子在基片表面上的沉积过程，即蒸气凝聚、成核、核生长、形成连续薄膜。由于基板温度远低于蒸发源温度，因此沉积物分子在基板表面将发生直接从气相到固相的相转变过程。

常用的几种蒸发装置有电阻蒸发源、电子束蒸发源、电弧蒸发源和激光蒸发源。①电阻蒸发源采用电阻加热，要选择适宜的电阻加热材料，需要满足的条件包括：能够使用到足够高的温度并且在高温下具有较低的蒸气压，不与被蒸发物质发生化学反应，无放气现象和其他污染，并具有合适的电阻率。实际使用的电阻加热材料一般均是一些难熔金属，如 W、Mo、Ta 等。用这些金属做成形状适当的蒸发源，让电流通过，从而产生热量直接加热蒸发材料。②电子束蒸发源已成为蒸发法中高速沉积高纯物质薄膜的一种主要的加热方法。电子束加热的原理是基于电子在电场作用下获得动能轰击阳极的蒸发材料，使蒸发材料气化而实现镀膜。电子束蒸发沉积可以做到避免坩埚材料的污染。在同一蒸发沉积装置中可以安置多个坩埚，这使得人们可以同时或分别对多种不同的材料进行蒸发。③电弧蒸发源可以避免加热线或坩埚材料污染，具有加热温度较高的特点，特别适用于熔点高并具有一定导电性的难熔金属的蒸发沉积，而且这一方法所用的设备比电子束加热装置简单。在电弧放电中，将待蒸发的材料制成放电电极。在薄膜沉积时，依靠调节真空室内电极间距的方法来点燃电弧，而瞬间的高温电弧将使电极端部蒸发从而实现薄膜的沉积。控制电弧的点燃次数就可以沉积出一定厚度的薄膜。电弧加热方法既可以采用直流加热法，又可以采用交流加热法。④激光蒸发源，采用高功率的连续或脉冲激光束作为能源进行薄膜的蒸发沉积的方法被称为激光沉积法。显然，这种方法也具有加热温度高、可避免坩埚污染、材料蒸发速率高、蒸发过程容易控制等特点。同时，由于在蒸发过程中，高能激光光子能量直接转移给被蒸发的原子，因而激光蒸发的粒子能量一般显著高于其他的蒸发方法。

2.2.2 溅射

所谓溅射，是指用高速正离子轰击固体 (称为靶) 表面，使固体原子 (或分子) 从表面射出的现象。这些被溅射出来的原子将带有一定的动能，并且具有方向性。应用这一现象将溅射出来的物质沉积到基片或工件表面形成薄膜的方法称为溅射镀膜法。溅射法属于物理气相沉积的一种，射出的粒子大多呈原子状态，常称为溅射原子。用于轰击靶的荷能粒子可以是电子、离子或中性粒子，因为离子在电场下易于加速并获得所需动能，因此大多数采用离子作为轰击粒子，该离子又被称为入射离子。溅射法现在已经广泛地应用于各种薄膜的制备之中，如用于制备金属、合金、半导体、氧化物、绝缘介质薄膜，以及化合物半导体、碳化物及氮化物薄膜，乃至高温超导薄膜等。其优点是膜层在基片上的附着力强，膜层纯度高，可同时溅射多种不同成分的合金膜或化合物。缺点是需制备专用膜料，靶利用率低。

溅射的原理：溅射是轰击粒子与靶粒子之间动量传递的结果。而整个溅射过程都是建立在辉光放电的基础之上，即溅射离子都来源于气体辉光放电。辉光放电溅射指利用电极间的辉光放电进行溅射。辉光放电指在真空度约为 1~10Pa 的稀薄气体中，两个电极之间加上电压时产生的一种稳定的自持放电并伴有辉光的气体放电现象，是气体放电的一种类型。辉光放电溅射，靶材作为阴极，被镀件作为阳极或偏置，可以放在阴极暗区之外任何方便的地方。

影响溅射的主要因素：入射离子的种类对溅射率的影响也比较明显。入射离子的原子量越大，溅射速率越高。同一周期中惰性气体的溅射率最高，惰性气体的优点是可以避免与靶材起化学反应。考虑到经济的原因，通常需用氩为工作气体。溅射速率还与离子的入射角度有关，当离子入射方向与被溅射的靶表面法线间的夹角在 60° ~ 70° 之间时，溅射率最大。溅射率随入射离子原子序数变化而周期性变化，溅射率与靶原子的序数同样显出周期性的关系。

溅射镀膜的类型：按电极的结构、电极的相对位置以及溅射镀膜的过程可以分为二级溅射、三级溅射、磁控溅射、对向靶溅射、离子束溅射、ECR 溅射等；按溅射方式的不同，又可分为直流溅射、射频溅射、偏压溅射和反应溅射等。

相对于真空蒸发镀膜，溅射镀膜具有如下特点：对于任何待镀材料，只要能做成靶材，就可实现溅射；溅射所获得的薄膜与基片结合较好；溅射所获得的薄膜纯度好，致密性好；溅射工艺可重复性好，膜厚可控制，同时可以在大面积基片上获得厚度均匀的薄膜；缺点是沉积速率低，基片会受到等离子体的辐照等作用而产生温升。

2.2.3 PLD

PLD 是 20 世纪 80 年代后期发展起来的一种新型薄膜制备技术。它是利用准分子激光器所产生的高强度脉冲激光照射靶材，靶材吸收激光使能量在时间和空间上高度集中，温度迅速上升至远高于靶材组元沸点，各组元同时被蒸发，蒸发的气化物继续与辐照光子作用，电离并形成区域化的高浓度等离子体 ($T > 10^4$K)，这种等离子体定向局域膨胀发射，并在加热的衬底上沉积形成薄膜。

PLD 方法制备薄膜的优点：高能量密度使 PLD 可以蒸发金属、陶瓷等多种材料，有利于解决难熔材料 (如钨、钼及硅、碳、硼化合物) 薄膜沉积问题；化学计量比精确，瞬间爆炸式形成的等离子体羽辉不存在成分择优蒸发效应，加上等离子体发射沿靶轴向空间约束效应，对于多数材料可以使膜的成分和靶材的成分十分一致，因而可以得到和靶材成分一致的多元化合物薄膜，甚至含有易挥发元素的多元化合物薄膜；沉积过程可引入多种活性气体 (如 O_2、H_2、NH_3 等) 进行反应溅射，使制备多元素的化合物薄膜极为方便；能简单有效地把高能量密度激光引入溅射沉积真空室，获得并保持沉积室高真空度或纯度。激光对靶的整体加热效应不大，因而靶材一般无须冷却，使靶的运动和更换非常方便。沉积室的高真空度或纯度加上灵活的换靶装置，使制备多元素膜、多层膜、复合膜和实现膜的掺杂非常方便；溅射粒子具有较高的能量，可越过基材表面势垒进入基材表面几个原子层，引起基材晶格的振动，由于该过程发生在很短的瞬间，可引起基材表层粒子流直射区原子尺度范围内温度和压力的急剧增加，使粒子流进入成分与基材相互作用形成新的特殊结构，如生产类金刚石膜、多种超晶格 (SL) 薄膜等；沉积过程基片整体温度不高，满足许多功能膜和半导体等基片对膜制备温度的限制。等离子体中含有大量能量较高的快速离子，可显著降低膜层外延生长的温度；脉冲激光与靶直接作用区域小，靶材料需要不多且利用率高，这对需要用贵重靶材的情况尤为可贵。

2.2.4 MBE

MBE 是 20 世纪 60 年代末期在真空蒸发沉积的基础上发展起来的一种外延技术，也是一种特殊的真空镀膜工艺。它是在超高真空条件下，将构成外延层各组元的原子或分子束流，以一定的速率喷射到被加热的衬底表面，在其上进行化学反应，并沉积成单晶薄膜的方法。

MBE 的优点是生长温度低、生长速率低、纯度高、均匀性和重复性好，生长界面陡峭，且能生长极薄的单晶膜层，能够精确控制膜厚、组分和掺杂。MBE 是将原子一个一个地直接沉积在衬底上实现外延生长的，MBE 虽然也是一个以气体分子论为基础的蒸发过程，但它并不以蒸发温度为控制参数，而是以系统中的四极质谱仪、原子吸收光谱等现代仪器精密地监控分子束的种类和强度，从而严格控制生长过程与生长速率。MBE 是一个超高真空的物理沉积过程，既不需要考虑中间化学反应，又不受质量传输的影响，生长室内可配置多种原位分析仪器，适时监测单原子层晶体的生长过程，并且利用快门可对生长和中断进行瞬时控制。因此，膜的组分和掺杂浓度可随要求的变化做迅速调整。

将 MBE 技术与能带工程结合，制备出一系列人工异质结、超晶格、量子阱等低维结构材料，观察到许多新的物理效应，如量子尺寸效应、量子隧穿效应、分数霍尔效应等低微物理现象。基于这些物理效应，开发出了新一代的高电子迁移率晶体管 (HEMT)，异质结双极晶体管，超高速微波、毫米器件与电路，量子阱激光器，量子级联激光器，红外探测器、调制器等。

MBE 技术虽然能用于生产，但超高真空装置费用和运转费用昂贵。每次添加原材料都需要打开反应室，再次生长前，必须经过长时间烘烤以恢复超高真空条件，降低了设备利用率。此外，相当低的生长速率限制了 MBE 在某些含有厚层结构的器件方面的应用，表面卵形缺陷也很难克服。这些因素都不利于 MBE 在器件生产上的应用。

2.2.5 MOCVD

MOCVD 是利用金属有机化合物进行金属输运的气相外延。因为 MOCVD 可采用的金属有机化合物的种类很多，所以该方法具有制备多种化合物和多元固溶体的灵活性；生长外延层的各组分和掺杂剂都是以气态的方式通入反应室，通过控制气态源的流量和通断时间可以控制外延层的组分、厚度、界面和掺杂浓度；通常情况下晶体生长速率与 III 族源的流量成正比，因此生长速率调节范围较广。MOCVD 适于生长薄层、超薄层，乃至超晶格、量子阱材料等低维结构，而且可以进行多片和大片的外延生长，易实现产业化。MOCVD 技术现已获得广泛应用，成为制备化合物半导体异质结、低维结构材料，以及生产化合物半导体光电子、微电子器件的重要方法。用 MOCVD 技术生长半导体激光器、发光二极管 (LED)、太阳能电池和高频、高速电子器件等都已形成产业。

MOCVD 技术除使用具有毒性的氢化物外，还使用了在空气中易自燃并有一定毒性的 MO 源，安全问题更加重要；使用的原材料价格昂贵；为了得到需要的均匀和重复的外延层，在生长过程中必须严格控制大量参数，这些都是 MOCVD 技术的不足之处。

2.2.6 CBE

既用 III 族 MO 源又用 V 族氢化物气体源的外延技术，称为化学束外延 (CBE)。CBE 技术综合了 MBE 和 MOCVD 的特点。由于反应室处于超高真空状态，将原来 MOCVD 技术使用的 MO 源的输运从黏滞流变成分子流，III 族元素的原子是通过金属有机化合物在热衬底上热解获得的，因而保证了材料的均匀性。此外，在高生长速率下也不产生卵形缺陷。这种方法还保留了 MBE 技术中可以原位检测分析和清洁环境的优点。采用 CBE 技术已经制备出一些优质的半导体材料和器件，如 InP、InGaAS。另外，CBE 的高真空环境，提供了研究金属有机化合物的分解过程和了解外延层生长机构的条件。

2.3 氮化物半导体材料的表征方法

氮化物半导体材料的表征方法主要有 X 射线衍射仪 (XRD)、扫描电子显微镜 (SEM)、X 射线能谱 (EDS)、原子力显微镜 (AFM)、拉曼 (Raman) 散射、二

次离子质谱 (SIMS)、X 射线光电子能谱 (XPS)、光致发光 (PL)、阴极荧光 (CL) 光谱测试和透射电子显微镜 (TEM) 等。下面是部分测试方法的简介。

2.3.1　XRD 简介

XRD 是我们研究薄膜材料晶体结构的有力工具。晶体的静态表现为它们的外观上具有高度的对称性，它们的结合以离子键和共价键为主。形态上的对称性部分反映出原子内部排列的规律性，这种内部排列的规律性是晶体的共同特征，它决定了晶体的性质和各向异性的程度，所以是很重要的。使用衍射的方法，我们就能够对原子的排列进行分析，从而进一步得到晶体的结构方面的信息。

XRD 原理如下：

在物理学中，一束平面光投射到光栅上时，在反射束的某些方向因相位的关系而发生光的叠加，这就是众所周知的衍射现象。当一束 X 射线照射到物质上时，就被物质中的电子所散射。在半导体器件的制造工艺中，实际应用的 X 射线衍射法通常有 4 种：测定晶片的晶相取向的劳厄 (Laue) 背反射法、雷德 (Read) 相机法、哈勃 (Huber) 相机法和衍射谱法。所有这些方法的理论基础都是满足晶格衍射的布拉格 (Bragg) 法则，即

$$n\lambda = 2d\sin\theta \tag{2-7}$$

由于晶体具有点阵结构，X 射线的波长和晶体间原子间距相近，所以晶格点阵相当于衍射光栅，由各点阵散射的 X 射线在空间给定方向有固定的光程 Δ。当 Δ 等于波长的整数倍时，各次波间有最大的加强而产生衍射，其方向称为衍射方向。沿衍射方向前进的波称为衍射波。测定衍射方向可确定晶胞的形状和大小。另外，同一晶胞内各原子或电子发出的次波所产生的干涉，决定各自衍射束的强度。通过测定衍射花样的强度，可以确定晶胞中原子的位置。

XRD 在氮化物半导体材料制备中主要有以下两个方面的应用：①测量样品的组成成分并根据其衍射峰的半高全宽、强度判断被测样品的晶体质量。②测量样品在某个角度附近的摇摆曲线，从而可以分析样品的组分含量及晶格畸变。

2.3.2　SEM 简介 (附带 EDS)

SEM 是材料科学领域应用最为广泛的一种电子显微镜，具有对制样要求低、功能全和适用性广等特点 [28,29]。SEM 的原理可简单概括为：将电子束会聚为约纳米级的电子探针，使之在试样表面做光栅状扫描。由于高能电子与物质的相互作用，产生二次电子、背散射电子、俄歇电子等诸多信息，而这些信息的强度和

分布与试样表面的形貌、成分、晶向等密切相关。通过接收和处理这些信息，就可以获得表征试样形貌的扫描电子像，或者进行晶体学分析或成分分析。

SEM 有两种类型的电子枪：热电子枪和场发射电子枪。热电子枪通过加热钨丝或六硼化镧灯丝阴极发射电子，通常对真空度要求不高。场发射电子枪是一个非常尖锐的钨丝尖，固定在具有几千伏电势的取出阳极附近，不需要加热灯丝。其关键在于要有一个原子级的清洁发射表面，为此必须在超高真空下工作。

通常 EDS 为 SEM 的附件，其探测成分的灵敏度可达万分之几，简捷快速，但对轻元素的定量分析不太理想。

2.3.3 AFM 简介

我们由固体物理学 [30] 关于结合力的介绍知道，虽然各种晶体的结合力类型和大小不同，但原子间相互作用力和相互作用势与距离的关系在定性上是相同的。这样，可以利用表面力和距离的关系，通过一个对微弱力非常敏感的微悬臂 (悬臂一端固定，另一端有微小针尖) 使针尖与样品表面有某种形式的力接触，在扫描过程中保持样品与针尖之间作用力恒定，通过检测悬臂对应于扫描各点的位置变化，得到有关样品形貌方面的信息。AFM 可应用于测试薄膜材料的表面形貌及粗糙度 [31−34]。图 2-3 是原子间作用力关系示意图。图 2-4 是 AFM 系统示意图。

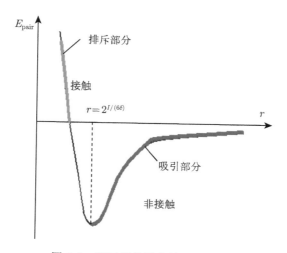

图 2-3 原子间作用力关系示意图

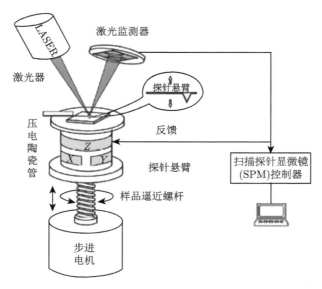

图 2-4   AFM 系统示意图

2.3.4   Raman 散射简介

Raman 散射是入射的光子与材料中的声子和电子相互作用的一种非弹性散射现象。当材料被单色光照射时，散射光将与入射光子有能量上的差异，它们的频率相对于入射光频率有一定的漂移。按这种频移的大小，可以将它们分为两类：一类是频移大小约为 $1cm^{-1}$ 或者更小一些，通常起源于和声波相联系的密度起伏，被称为布里渊散射；另一类是散射峰的频移通常大于 $10cm^{-1}$ ，它们起因于晶体中的光学声子、等离激元、磁自旋波激元、电子跃迁及其相互耦合等，即为 Raman 散射。通过 Raman 谱仪测量得到的散射光与入射光子的能量偏移反映了晶格振动的信息，而且采用不同散射几何配置，Raman 模的选择定则也不一样，因此一些特征 Raman 模可以作为材料物质属性的指纹信息及晶体质量的判据。

相对于弹性散射 (又称为瑞利散射)，Raman 散射强度是十分微弱的，大约为瑞利散射的千分之一，因此不利于结果分析，激光器 (LD) 的出现增大了 Raman 散射的强度，从而使 Raman 光谱学技术发生了很大的变革，越来越多地应用于生物、化学和物理等学科，成为重要的无损探测工具之一。

2.3.5   SIMS 简介

SIMS 是用一次离子束轰击样品表面，将样品表面的原子溅射出来成为带电的离子，然后用磁分析器或四极滤质器所组成的质谱仪分析离子的荷质比，便可知道表面的成分。它是一种非常灵敏的表面成分分析手段，对某些元素可达到 10^{-6} 量级；但由于各种元素的二次离子差额值相差非常大，作定量分析非常困难。二次离子质谱的优点是：对掺杂、杂质和未知的沾污有良好的探测灵敏度 ($10^{-6} \sim 10^{-9}$)；对所有元素 (包括氢在内) 具有良好的精确度和准确度的定量分析；可得到浓度对深度的信息 (纵向分布)；用于小面积分析；可在一些应用中做化学组分分析。

SIMS 是一项最前沿的表面分析技术。二次离子质谱仪揭示了真正表面和近表面原子层的化学组成，其信息量也远远超过了简单的元素分析，可以用于鉴定有机成分的分子结构。二次离子质谱仪广泛应用于微电子技术、化学技术、纳米技术以及生命科学中，它可以在数秒内对表面的局部区域进行扫描和分析，生成一个表面成分图。

2.3.6 XPS 简介

XPS 最初用来测量各种元素原子的电子束缚能，现在发展为分析元素的化学状态，所以又称为化学分析用的电子能谱。XPS 的基本原理如下 [35,36]。

用 X 射线照射固体样品，当入射光子能量 $h\nu$ 大于原子的某一壳层的束缚能 E_B 时，可引发光电子发射，出射光电子的动能可用下式表示：

$$E_k = h\nu - E_B - \Phi \tag{2-8}$$

其中 E_k 是测量的光电子的动能；Φ 是仪器的功函数。由于每种元素的电子结构是独特的，因而可以从 E_B 判断出元素的种类。

XPS 的另一个重要功能是能够区别处于不同化学环境的同一元素。当元素处于不同的化学环境时，其内层电子的束缚能会发生改变，在 XPS 上表现为化学位移。这是因为外层电子 (价电子) 对内层电子有排斥力，屏蔽了原子核对内层电子的吸引力，外层电子的变化就改变了原子核对内层电子的吸引力。增加价电子，必然使屏蔽效应增强，从而降低内层电子的束缚能；反之，若价电子少了，有效的正电荷增加，电子的束缚能也就增加了。

2.3.7 PL 简介

在半导体材料表征分析领域，PL[37] 是最常用的光学表征手段之一。半导体中电子从高能态跃迁到低能态而发射光子的辐射复合跃迁或光发射的过程 (不包括热平衡的黑体辐射)，称为半导体发光。光发射的条件是将电子激发到非平衡态，非平衡态的电子回到平衡态的过程才能发射出光。可以通过光吸收、电流注入、电子束激发等方式将电子从平衡态激发到非平衡态，PL 谱为通过光激发产生的发光谱。光致发光过程可以分为三个过程 [7]：①光激发产生电子-空穴对等非平衡载流子；②非平衡载流子的扩散及电子-空穴对辐射复合；③电子-空穴辐射复合产生的光子在样品中传播并出射。半导体光致发光的比较重要的跃迁机制包括：带间直接辐射复合跃迁，带间间接辐射复合跃迁，能带与杂质能级之间的辐射复合，施主-受主对辐射复合发光，自由激子辐射复合发光，束缚激子复合发光，以及深能级杂质的跃迁发光，这些发光机制在 PL 谱中形成相应的谱线。图 2-5 为 PL 测试的实验装置示意图，PL 测试过程和原理：用光子能量大于样品禁带宽度 ($h\nu > E_g$) 的激光将样品中的电子从价带激发到导带，从而产生非平衡的电子和空穴，样品处于非平衡态，当电子经辐射复合回到低能态时，发出各种能量的光子，然后通过单色仪和探测器将光信号转变为电信号并进行放大和记录，从而得到发光强度按光子能量或波长分布的曲线，即 PL 光谱图。

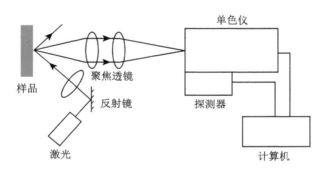

图 2-5   PL 测试的实验装置示意图

2.3.8   CL 简介

CL 是材料在高能电子束激发下产生的发光，与 PL 采用的入射光激发方式不同的是，CL 采用能量为 1~20keV，对应的德布罗意波长为 0.05~1nm 的电子束对半导体进行激发从而产生非平衡的电子-空穴对并引起发光。CL 测试同时可测量该区域的二次电子显微图像 (SEM)，其空间分辨率可以达到 10nm，能够对低维纳米结构进行有效的分析。CL 测试对于某些宽禁带半导体材料仍能够进行有效的激发，在实际探测中，限制其精度的往往不是很大的禁带宽度，而是收集光谱信号的探测器一般在较短波段 (如高 Al 组分的 AlGaN 材料所对应的深紫外发光 (<280nm)) 响应度较差。当电子束能量不同时，其穿透深度不同，通过分析不同电子束能量下的 CL 光谱，可以提供发光或非发光复合中心在样品中深度分布的信息。

2.3.9　TEM 简介

  TEM 是研究材料中微观结构 (如缺陷、纳米结构等) 最有力的工具之一。它是以波长极短的电子束作为光源，用电磁透镜聚焦成像的一种具有高分辨率、高放大倍数的电子光学仪器。TEM 对样品的形貌分析是在双束条件 (透射电子束和衍射电子束) 下进行的。选取透射电子束或衍射电子束成像分别对应着电子显微镜的明场像和暗场像。穿过晶格完整区域的电子束满足布拉格衍射条件，而经晶格非完整区域 (如位错和面缺陷) 的电子束未满足布拉格衍射条件，因此引起衍射强度的不一致，形成衍射衬度。TEM 对样品的高分辨分析是严格沿着晶带轴进行的，通过电子束 (包括透射电子束和衍射电子束) 之间的相位差，使晶格点与晶格之间形成衬度。

参 考 文 献

[1] Taylor K M, Lenie C. Some properties of aluminum nitride. Journal of the Electro-chemical Society, 1960,107(4): 308-314.

[2] Dugger C O. The synthesis of aluminum nitride single crystals. Materials Research Bulletin, 1974, 9(3): 331-336.

[3] Bliss D F, Tassev V L, Weyburne D, et al. Aluminum nitride substrate growth by halide vapor transport epitaxy. Journal of Crystal Growth, 2003, 250(1/2): 1-6.

[4] Nagashima T, Harada M,Yanagi H, et al. Improvement of AlN crystalline quality with high epitaxial growth rates by hydride vapor phase epitaxy. Journal of Crystal Growth, 2007, 305(2): 355-359.

[5] Kamber D S, Wu Y A, Letts E, et al. Lateral epitaxial overgrowth of aluminum nitride on patterned silicon carbide substrates by hydride vapor phase epitaxy. Applied Physics Letters, 2007, 90(12): 122116.

[6] Katagiri Y, Kishino S, Okuura K, et al. Low-pressure HVPE growth of crack-free thick AlN on a trench-patterned AlN template. Journal of Crystal Growth, 2009, 311(10): 2831-2833.

[7] Watanabe Y, Miyake H, Hiramatsu K, et al. HVPE homoepitaxy on freestanding AlN substrate with trench pattern. Physica Status Solidi, 2015, 12(4/5): 334-337.

[8] Kumagai Y, Kubota Y, Nagashima T, et al. Preparation of a freestanding AlN substrate from a thick AlN layer grown by hydride vapor phase epitaxy on a bulk AlN substrate prepared by physical vapor transport. Applied Physics Express, 2012, 5(5): 055504.

[9] Gong X, Xu K, Huang J, et al. Evolution of the surface morphology of AlN epitaxial film by HVPE. Journal of Crystal Growth, 2015, 409: 100-104.

[10] Su X J, Zhang J C, Huang J, et al. Defect structure of high temperature hydride vapor phase epitaxy-grown epitaxial (0001) AlN/sapphire using growth mode modification

process. Journal of Crystal Growth, 2017, 467: 82-87.

[11] Hartmann C, Wollweber J, Seitz C, et al. Homoepitaxial seeding and growth of bulk AlN by sublimation. Journal of Crystal Growth, 2008, 310(5): 930-934.

[12] Noveski V, Schlesser R, Raghothamachar B, et al. Seeded growth of bulk AlN crystals and grain evolution in polycrystalline AlN boules. Journal of Crystal Growth, 2005, 279(1): 13-19.

[13] Wang W J, Zuo S B, Bao H Q, et al. Effect of the seed crystallographic orientation on AlN bulk crystal growth by PVT method. Crystal Research and Technology, 2011, 46(5): 455-458.

[14] Hartmann C, Wollweber J, Dittmar A, et al. Preparation of bulk AlN seeds by spontaneous nucleation of freestanding crystals. Japanese Journal of Applied Physics, 2013, 52(8S): 08JA06.

[15] Mizuhara N, Miyanaga M, Fujiwara S, et al. Growth of high-quality 1-inch diameter AlN single crystal by sublimation method. Physica Status Solidi (c), 2007, 4(7): 2244-2247.

[16] Bondokov R T, Morgan K E, Slack G A, et al. Fabrication and characterization of 2-inch diameter AlN single-crystal wafers cut from bulk crystals. Materlals Research Society Symposium Proceedings, 2007, 955: 22-28.

[17] Chemekova T Y, Avdeev O V, Barash I S, et al. Sublimation growth of 2 inch diameter bulk AlN crystals. Physica Status Solidi (c), 2008, 5(6): 1612-1614.

[18] Bickermann M, Epelbaum B M, Filip O, et al. Faceting in AlN bulk crystal growth and its impact on optical properties of the crystals. Physica Status Solidi (c), 2012, 9(3/4): 449-452.

[19] Herro Z G, Zhuang D, Schlesser R, et al. Growth of AlN single crystalline boules. Journal of Crystal Growth, 2010, 312(18): 2519-2521.

[20] Wunderer T, Chua C L,Northrup J E, et al. Optically pumped UV lasers grown on bulk AlN substrates.Physica Status Solidi(c), 2012,9(3/4): 822-825.

[21] Nagai I, Kato T, Miura T, et al. AlN bulk single crystal growth on SiC and AlN substrates by sublimation method. Proceedings of 22nd International Conference on Indium Phosphide and Related Materials, Kagawa, Japan, 2010: 1-4.

[22] Hartmann C, Dittmar A, Wollweber J, et al. Bulk AlN growth by physical vapour transport. Semiconductor Science and Technology, 2014, 29(8): 084002.

[23] Li W W, Zhao Y W, Dong Z Y, et al. Wet etching and infrared absorption of AlN bulk single crystals. Journal of Semiconductors, 2009, 30(7): 073002.

[24] 齐海涛, 洪颖, 王香泉, 等. 物理气相传输法制备大面积 AlN 单晶. 硅酸盐学报, 2013, 41(6): 803-807.

[25] Li J, Hu X B, Jiang S Z, et al. Relationship between appearance crystalline planes and growth temperatures during sublimation growth of AlN crystals. Journal of Crystal

Growth, 2006, 293(1): 93-96.

[26] Wu H L, Zheng R S, Meng S, et al. Growth of AlN single crystals by modified PVT. Proceedings of Asia-Pacific Optical Communications, Hangzhou, China, 2008.

[27] Zuo S B, Chen X L, Jiang L B, et al. Crystal growth of AlN: effect of SiC substrate. Materials Science in Semiconductor Processing, 2012, 15(4): 401-405.

[28] 师昌绪, 李恒德, 周廉. 材料科学与工程手册. 北京: 化学工业出版社, 2004.

[29] 尹志岗. ZnO 基稀磁半导体的研究. 北京: 中国科学院半导体研究所, 2005.

[30] 方俊鑫, 陆栋. 固体物理学 (上册). 上海: 上海科学技术出版社, 1980.

[31] Koleske D D, Coltrin M E, Cross K C, et al. Understanding GaN nucleation layer evolution on sapphire. Journal of Crystal Growth, 2004, 27: 86.

[32] Wang J, Guo L W, Jia H Q, et al. Investigation of characteristics of laterally overgrown GaN on striped sapphire substrates patterned by wet chemical etching. Journal of Crystal Growth, 2006, 209: 398.

[33] Namkoong G, Doolittle W A, Brown A S, et al. The impact of substrate nitridation temperature and buffer design and synthesis on the polarity of GaN epitaxial films. Journal of Crystal Growth, 2003, 252: 159.

[34] Uchida K, Watanabe A, Yano F, et al. Characterization of nitridated layers and their effect on the growth and quality of GaN. Solid-State Electronics, 1997, 41(2): 135.

[35] Hüfner S. Photoelectron Spectroscopy: Principles and Applications. 2nd ed. Berlin: Springer, 1996.

[36] Feuerbacher B, Fitton B, Willis R F. Photoemission and Electronic Properties of Surfaces. New York: John Willy & Sons, Ltd., 1978.

[37] 许振嘉. 半导体的检测与分析. 2 版. 北京: 科学出版社, 2007.

第 3 章　高铝组分氮化物半导体材料
外延生长和掺杂

3.1　AlN 基氮化物材料 MOCVD 生长化学反应动力学

　　通常 MOCVD 生长 AlN 采用的反应源是三甲基铝 (TMAl) 和 NH$_3$，反应源进入反应室，流经一定温度的衬底，其间经过复杂的气相和表面反应，在衬底外延生长 AlN，这一过程是一个非平衡的化学物理过程，要考虑动力学的因素，MOCVD 生长 AlN 的生长动力学包括有机源在反应室及衬底表面的质量输运和输运过程中的化学反应动力学。通过 MOCVD 生长 AlN 的化学反应动力学研究，了解和掌握在 MOCVD 生长环境下，TMAl、NH$_3$ 等反应物所进行的化学反应和反应生成物的种类、数量及反应速率，从而得出 AlN 的沉积速率，以及理解生长条件对材料质量的影响。在动力学模型中，要建立比较全面的反应路径，并需要每一个反应的化学反应速率常数 [1,2]，通过 Arrhenius 公式，可以得出不同反应的化学反应速率常数：

$$k = A \exp(-E_a/(RT))$$

式中 A 为频率因子，是该反应的固有常数，单位为 $(\mathrm{cm}^3/\mathrm{mol})^{a-1}/\mathrm{s}$，其中 a 表示反应级数；E_a 为反应激活能，单位为 kcal/mol 或 kJ/mol，其中 1cal=4.186J；R 为摩尔气体常数；T 为温度，单位为 K。考虑温度对频率因子的影响，修正的 Arrhenius 表达式为

$$k = AT^n \exp(-E_a/(RT))$$

其中 n 为修正系数。而表面反应中的化学吸附反应速率则由气相中反应物和表面碰撞速率得出，并经过黏附系数修正。

3.1.1　MOCVD 生长 AlN 的化学反应动力学

　　近年来，MOCVD 生长 AlN 的化学反应动力学取得较大进展，建立了一些模型 [3-6]，但由于反应条件和中间反应过程的复杂性，以及实验条件的限制，具体的化学反应路线仍不完全清晰。TMAl 作为有机源在高温下本身可以发生均裂、氢解等热分解反应，释放 CH$_4$。已有实验 [7] 观察到了 TMAl 和 NH$_3$ 在气相中

相遇迅速形成路易斯 (Lewis) 酸碱加合物，然后这些加合物再进一步反应，生成大分子颗粒或外延生长 AlN。

Mihopoulos 等提出了一种比较简洁的反应动力学模型 [4]，采用杂化密度泛函理论和跃迁态理论研究 TMAl-NH$_3$ 等 Lewis 酸加合物的生成及后续释放 CH$_4$ 的热力学和动力学，如表 3-1 所示，AlN 动力学机制包括若干气相反应和表面反应。

表 3-1　采用 TMAl 和 NH$_3$ 在 MOCVD 生长 AlN 中发生的气相和表面反应

反应序号	气相反应	$A/((\mathrm{cm}^3/\mathrm{mol})^{a-1}/\mathrm{s})$	$E_a/(\mathrm{kcal/mol})$
G1	TMAl$\longrightarrow$MMAl+2CH$_3$	3.5×10^{15}	66.5
G2	TMAl+NH$_3$$\longrightarrow$TMAl:NH$_3$	3×10^{12}	0
	$\longleftarrow$	5×10^{10}	22.0
G3	TMAl:NH$_3$$\longrightarrow$DMAl-NH$_2$+CH$_4$	2×10^{12}	27.0
G4	TMAl:NH$_3$+NH$_3$$\longrightarrow$DMAl-NH$_2$+CH$_4$+NH$_3$	2×10^{12}	13.0
G5	2DMAl-NH$_2$$\longrightarrow$[DMAl-NH$_2$]$_2$	4×10^{11}	0.0
G6	DMAl-NH$_2$+[DMAl-NH$_2$]$_2$$\longrightarrow$[DMAl-NH$_2$]$_3$	1×10^{11}	0.0
G7	DMAl-NH$_2$+[DMAl-NH$_2$]$_n$$\longrightarrow$[DMAl-NH$_2$]$_{n+1}$	1×10^{10}	0.0
G8	[DMAl-NH$_2$]$_2$+[DMAl-NH$_2$]$_n$$\longrightarrow$[DMAl-NH$_2$]$_{n+2}$	1×10^{10}	0.0
G9	[DMAl-NH$_2$]$_2$$\longrightarrow$AlN(颗粒)	1×10^{11}	40
G10	[DMAl-NH$_2$]$_3$$\longrightarrow$AlN(颗粒)	1×10^{11}	40

反应序号	气相反应	$k/((\mathrm{cm}^3/\mathrm{mol})^{a-1}/\mathrm{s})$	$E_a/(\mathrm{kcal/mol})$
S1	TMAl+s$\longrightarrow$Al*+3CH$_3$	coll($\sigma=0.1$)	0
S2	TMAl:NH$_3$+s$\longrightarrow$Al*+3CH$_3$+NH$_3$	coll($\sigma=0.1$)	0
S3	MMAl+s$\longrightarrow$Al*+ CH$_3$	coll($\sigma=1.0$)	0
S4	DMAl-NH$_2$+s$\longrightarrow$AlN*+2CH$_4$	coll($\sigma=1.0$)	0
S5	[DMAl-NH$_2$]$_2$+s$\longrightarrow$2AlN*+4CH$_4$	coll($\sigma=1.0$)	0
S6	Al*$\longrightarrow$AlN(s)+s	6×10^6	20.0
S7	AlN*$\longrightarrow$AlN(s)+s	6×10^6	20.0

在气相反应中，反应式 G1 表示 TMAl 通过释放 CH$_3$ 自由基而发生单分子分解，但此反应激活能高，反应式 G2 的反应激活能等于 0，因此 TMAl 和 NH$_3$ 混合后会迅速生成 TMAl·NH$_3$ 这种 Lewis 酸碱加合物。G3、G4 表示这种加合物分解释放 CH$_4$，生成 DMAl-NH$_2$。反应式 G5~G8 表示单聚体 DMAl-NH$_2$ 形成二聚体 (G5)、三聚体 (G6) 以及更高聚体 (G7、G8) 的反应。一般认为单聚体和二聚体对 AlN 生长有贡献，而三聚体和更高聚体或者沉积在壁上或者从反应器中排出，不会促进生长。反应式 G9、G10 表示 DMAl-NH$_2$ 的二聚体、三聚体进一步聚合形成颗粒的反应。由于高温热泳作用，颗粒被带离沉积区，消耗反应物质，即所谓的寄生反应。在表面反应中包括两种反应：一种是从气相中获得 MMAl、DMAl-NH$_2$ 等反应物的化学吸附反应，这些反应物吸附到表面上，释放 CH$_4$、Al*

或者 AlN*，发生 S1～S5 这样的反应；另一种是表面生长反应，由于 MOCVD 在高温和富 NH_3 条件下生长，表面存在过量的活性 N，表面反应 S6 是吸附在表面的 Al* 与 N 反应并入晶格，而 S7 是吸附在表面的 AlN* 直接并入晶格，S6 代表由 TMAl 或者结合物分解引起的生长反应，S7 则代表由加合物派生路径引起的生长反应。

根据以上反应模型，生成 AlN 的途径主要分为三类，即热解途径、加合途径和寄生途径，其中热解途径和加合途径对外延生长有贡献，而寄生途径则消耗反应源而对外延生长没有贡献。热解反应经过两个路径外延 AlN：①经过气相反应 G1 和表面反应 S3、S6 形成外延 AlN；②表面反应 S1～S6，即 TMAl 直接在表面分解出 Al*，释放出 CH_3，这一路径是唯一的只有表面反应，没有气相反应的 AlN 外延路径。加合反应有四个路径形成 AlN 外延：①经过气相反应 G2、表面反应 S2 和 S6 形成 AlN 外延；②经过气相反应 G2、G3，以及表面反应 S4 和 S7 形成 AlN 外延；③经过气相反应 G2、G3、G5 和表面反应 S7 生长 AlN；④经过气相反应 G2、G4 和表面反应 S4、S7，形成 AlN 外延。寄生反应有三条路径形成 AlN 颗粒：①经过 G2、G3、G5、G9 这一反应路径，由 $DMAl-NH_2$ 二聚体形成 AlN 颗粒；②经过 G2、G3、G6、G10 等气相反应，由 $DMAl-NH_2$ 三聚体形成 AlN 颗粒。③经过 G2、G3、G5、G6、G10 这一复杂的反应路径，最终由 $DMAl-NH_2$ 三聚体形成 AlN 颗粒。这些反应全部发生在气相中，聚合物在高温下分解形成的 AlN 颗粒造成反应物的严重浪费，降低 AlN 层的生长效率，并对材料质量有负面影响。

采用此模型，无论是水平式反应室还是近距离喷嘴式反应室，在不同温度和压力下，计算结果和实验结果比较吻合。但是对于不同的反应室结构，Al 的掺入效率有很大的影响，和水平式反应室相比，近距离喷嘴式反应室热边界层薄，驻留时间短，受寄生反应的影响小，Al 掺入效率高。

Uchida 等 [5,6] 提出了一个比较复杂的动力学反应机制，以及 $TMAl/NH_3/H_2$ 系统反应路径模型。考虑了 H、NH_3 以及更多的加合物和多聚体之间的反应，加入新的聚合物 $[MMAl-NH]_n$ 和 $[Al-N]_n$ 等。考虑的化学反应可以分为四方面：①加合相关的反应，主要反应物和生成物有 TMAl、NH_3、$TMAl-NH_3$、$DMAl-NH_2$、MMAl-NH 等，主要有 18 个相关气相反应。②聚合相关的气相反应，即 n 个加合物发生聚合，以及聚合物的聚合和分解，如 $2MMAl-NH \longrightarrow [MMAl-NH]_2$，$MMAl-NH + [MMAl-NH]_2 \longrightarrow [MMAl-NH]_3$，以及又发生分解 $[MMAl-NH]_3 \longrightarrow MMAl-NH + [MMAl-NH]_2$，共 27 个相关气相反应。③TMAl 热解，$NH_3$、H 相关的反应，如 $TMAl \longrightarrow DMAl + CH_3$，$DMAl \longrightarrow MMAl + CH_3$，$MMAl \longrightarrow Al + CH_3$，

以及和 H 的反应、NH_3 的热解反应等，共 28 个相关气相反应。④表面反应，反应物 DMAl-NH_2、MMAl-NH 和 Al-N，以及 Al、AlH_2、AlH_3、MMAl、TMAl 和 NH_2 等在表面的 N 空位和 Al 空位上结合，形成黏附在表面上的热解生成物或者形成外延层，共 24 个相关表面反应。

采用上述 AlN 动力学反应模型，对水平式进气单片反应室结构中 AlN 的生长进行模拟。主要计算了 AlN 的生长速率和中间产物量分别与温度和压力的关系，得出如下结论：①生长速率与温度的关系。600℃ 以下为动力学限制区，在此温度下，随温度升高，生长速率迅速增大；600℃ 以上为传输限制区，随温度升高，生长速率基本不变。②中间产物量与温度的关系。400℃ 以下 TMAl-NH_3、H_3N-TMAl-NH_3 等加合物易生成；随温度升高，加合物在 400~600℃ 释放 CH_4，形成 DMAl-NH_2 及其二聚体，在 600℃ 继续释放 CH_4，出现 MMAl-NH；而在 600~1100℃，主要为 MMAl-NH 及其多聚体 [MMAl-NH]$_{2~4}$；1100℃ 以上 MMAl-NH 释放 CH_4，出现了 Al-N 分子，在此温度范围内 AlN 和 [Al-N]$_{2~4}$ 是主要的气相产物，MMAl-NH 及 Al-N 聚合物等活性很高，迅速生成相应多聚体 [MMAl-NH]$_n$ 和 [AlN]$_n$。③速率与压力的关系。速率随压力的增加而减小。④中间产物量与压力的关系。在 1100℃，低压下以 Al-N 和 MMAl-NH 的低聚体为主，高压下以 Al-N 和 MMAl-NH 的多聚体如 [MMAl-NH]$_{4~6}$ 和 [Al-N]$_{4~6}$ 为主。高温下主要生成 Al-N 和 MMAl-NH，压力低分子距离大，不易聚合，因此高温高压下易聚合，寄生反应消耗了 Al 源，生长慢。

Zhao 等 [7] 在近耦合系统 (close couple system)MOCVD 反应系统中进行了 AlN 生长实验，发现在低压 50torr(1torr = $1.33322×10^2$Pa) 下，温度升高，生长速率有一定的增大，而在较高压力如 200torr 下，生长速率则随温度上升而下降。用上述反应动力学理论分析 AlN 的生长速率的影响因素，认为寄生反应受温度和压力的影响。当压力低时，温度对气相中的寄生反应影响较小，在低压 50torr 下，表面动力学限制机制和气相寄生反应的竞争中，前者占据了主导地位，温度升高，生长速率上升；而在较高压力下，温度升高，气相寄生反应强烈，生长速率下降。压力的影响显著，不同温度下，压力增大，生长速率显著降低，尤其在高温高压下，更多的三聚体和多聚体形成，速率迅速下降。

用 TMAl 和 NH_3 作为源生长，由于极易形成 Lewis 酸碱加合物，发生聚合反应，源利用率比较低，研究者计算了用 N_2 代替 NH_3 作为反应物的模拟计算 [8]，在 H_2 气氛下，N_2/H_2 混合气在 1700℃ 高温下产生的有助于氮化物沉积的反应物有 N 原子、NH 和 NH_2，由于不发生严重的寄生反应，用 N_2 做反应物可以提高材料质量、反应源的利用率和生长速率，同时由于有机源的更有效的裂解，C 含量降低。但由于温度过高，需要高温的等离子裂解等，在工艺上更加难以实现 AlN 外延生长。

3.1.2　高 Al 组分 AlGa(In)N 的 MOCVD 化学反应动力学

对于 MOCVD 生长高 Al 组分的 AlGa(In)N 三元或四元合金材料时，通常同时通入 TMGa、TMAl 和 TMIn 与 NH$_3$ 在反应室中混合生长。高 Al 组分 AlInGaN 合金生长的难点就是寄生反应，与二元合金 AlN 相比，三元或四元合金的生长混合了多种寄生反应，寄生反应不仅影响生长速率，同时对 Al 结合效率有很大影响，即使在质量传输限制生长区，与 III 族源的通入浓度不再是线性关系。本小节通过对 MOCVD 生长高 Al 组分 AlGa(In)N 寄生反应动力学机制的说明，分析其对生长速率及 Al 掺入效率的影响。

对于 AlN、GaN 和 InN 在 MOCVD 生长中的寄生反应，Creighton 等 [9] 通过原位激光散射分别观察了这三种由合金形成气相纳米颗粒的实际情况。发现形成的纳米颗粒带完全位于热边界层内，说明这些纳米颗粒是由边界层内发生高温化学反应而形成的，其位置由热泳力和黏滞力的平衡所决定。由于热泳力使微粒不能到达表面，而是平铺在加热器中心附近，并且位置随着表面温度以及温度梯度的变化而稍微变化。通过小圆球颗粒的生长动力学分析，计算得出 GaN 和 AlN 的颗粒的生长速率是 10^3nm/s。通常边界层驻留时间是 0.1s，那么颗粒可以长大到 200nm。实际上，通过光扫描观察到的颗粒直径约 35~50nm，而通过热泳颗粒捕捉技术和 TEM 分析，直径大约在 5~50nm 范围。颗粒直径与驻留时间呈线性关系，因此体积与驻留时间的三次方成正比。AlN 的寄生化学反应与 GaN 和 InN 不同，AlN 纳米颗粒形成的路径是加合反应释放 CH$_4$，生成 DMMNH$_2$，再聚合，进一步释放 CH$_4$，导致团聚或核的形成，有机源的消耗导致生长速率下降。而 GaN 和 InN 纳米颗粒形成的路径是通过金属有机前驱体均相热解生成自由基，并引发 CH$_3$ 自由基的释放，金属有机物可能重新组合成了足够大的簇或核。

在实验中发现，光的散射强度与寄生反应程度正相关，与生长速率成反比。温度和压力对散射强度有很大的影响，但是 GaN 和 AlN 又表现出很大的不同。对于 AlN，即使温度为 750℃，也能观察到纳米颗粒，并且随温度的增加，散射强度逐渐增大。而对于 GaN，在 900℃ 附近显示散射随温度有明显的变化。对于 GaN，温度较高、压力较小时生长效率较高；在扩散限制区，生长效率在很宽的温度范围内几乎保持常数，说明预反应不严重。对于 AlN，高压效率极低，高温和低温效率都比较低 (750~950℃ 效率较高)，低于 500℃ 为动力学限制区，比 GaN 低，Chen 等的研究 [3] 也注意到，在 600℃ 以上 AlN 生长速率下降。而 GaN 是在

1000℃ 出现下降, 对于 InN, 在 750℃ 附近有一个急剧的变化, 在 800℃ 以上 In 就很难掺进去。压力对纳米颗粒的光散射强度的影响与温度相似, 压力增大, 光散射强度增大, 寄生反应增强, 压力降低, 颗粒对光的散射降低, 表明寄生反应被抑制。

Coltrin 等 [10] 研究了 AlGaN 的寄生反应路径, 提出了九步反应机制, 如表 3-2 所示, 阐述了 AlGaN 生长过程中 Ga 前驱体分解、Al 加合物形成和 CH_4 释放、颗粒成核和颗粒生长机制。这些反应分为两大类, 一是有机源的分解反应, 二是颗粒的成核与生长。TMGa(即 $GaMe_3$) 和 TMAl 的分解反应有很大的不同, 在反应式 G1 中, TMGa 通过键解离分解形成更具反应性的 $GaMe_2$, 该反应是热活化的, 具有高活化能。而对于 TMAl, 是通过不同的较低激活能途径进行反应。通过 G5 形成加合物 $AlMe_3NH_3$, 然后通过 G6 释放 CH_4 形成 $AlMe_2NH_2$, G5 工艺非常快, 接近气体动力学碰撞速率, 没有活化能。而 CH_4 释放反应 G6 需要特定的键断裂和形成途径, 要有适度的活化能。

表 3-2　AlGaN 气相反应机制

反应序号	气相反应	A	β	E_a
G1	$GaMe_3 \longrightarrow GaMe_2 + CH_3$	3.47×10^{15}	0	59500
G2	$2GaMe_2 \longrightarrow$ 核 + 颗粒 + 其他产物	3×10^8	0	0
G3	$GaMe_2 +$ 核 (+M) $\longrightarrow$ 颗粒 + 核 (+M) + 其他产物	8.5×10^{11}	0.5	0
	高压	1.5×10^9	-0.5	25000
G4	$GaMe_3 +$ 核 (+M) $\longrightarrow$ 颗粒 + 核 +CH_3(+M) + 其他产物	8.5×10^{11}	0.5	0
	高压	1.5×10^9	-0.5	25000
G5	$AlMe_3 + NH_3 \longrightarrow AlMe_3NH_3$	1×10^9	0	0
G6	$AlMe_3NH_3 \longrightarrow AlMe_2NH_2 + CH_4$	1×10^{10}	0	22100
G7	$2AlMe_2NH_2 \longrightarrow$ 颗粒 + 核 + 其他产物	6×10^{14}	0	20000
G8	$2AlMe_2NH_2 \longrightarrow$ 其他产物	1.2×10^{19}	0	30000
G9	$AlMe_2NH_2 +$ 核 (+M) $\longrightarrow$ 颗粒 + 核 + (+M) + 其他产物	2.7×10^{12}	0	0
	高压	4.5×10^8	0	30000

注: A 取决于反应级数, 单位为 $(cm^3/mol)^{a-1}/s$; E_a 单位为 cal/mol。

颗粒的形成机制分为两个途径: 成核和生长。成核反应分别是 G2 和 G7, 一个成核中心生长成一个单独的颗粒。颗粒的生长反应分别是 G3、G4 和 G9, 颗粒的生长过程, 即气相中的反应物与成核长大的固体颗粒热表面的碰撞, 经历化学反应, 将原子结合到生长中的固体颗粒中, 伴随着副产物的解吸。反应 G8 是 $AlMe_2NH_2$ 的另一种寄生反应途径, 虽不形成粒子和成核物, 但同样导致生长速率降低。

从表 3-2 中可以看出，"核"的形成需要先通过反应 G1 或 G6 产生中间物 GaMe$_2$ 或 AlMe$_2$NH$_2$，这两种反应均需要一定的活化能，因此降低温度到一定程度，成核反应路径将关闭，寄生反应消除，生长速率将大大提高，而提高温度，寄生路径打开，导致生长速率降低，有机源与生长速率呈强烈的非线性关系。而 AlGaN 合金中的 Al 组分与温度的关系有些复杂。在低温下，Al 在合金中的占比分数 $X_s(Al)$ 与气源中的占比分数 $X_g(Al)$ 相当，由于没有寄生化学反应，合金中比例处于理想生长值。由于 Al 寄生反应路径具有较低的活化能，所以这些 Al 反应开始在比 Ga 寄生反应更低的温度下发生。因此，随着温度升高 (高达约 1000℃)，Al 比 Ga 耗尽的程度更大，导致 $X_s(Al)$ 下降。在更高温度下，颗粒生长反应主宰 Al 和 Ga 的寄生化学反应，Ga 结合到颗粒中的黏附系数 (速率常数) 大约是 Al 的 10 倍，因此，随着温度升高，Ga 反应物开始比 Al 反应物消耗得更快，这导致高温下 $X_s(Al)$ 的最终增加。

研究者对 AlGaN 中 Al 的掺入效率及其影响因素进行了实验和计算模拟 [11,12]，分析了多种参数对 Al 的掺入效率的影响并对其原因进行了动力学分析。①Al 组分与压力的关系：压力增大，形成 AlN 颗粒的气相反应速率增大，同时也增加了驻留时间，有利于成核颗粒等反应更深一步进行，这些影响导致生长速率下降，Al 组分减少。②Al 组分与总气量：总气量增大，相当于降低 TMAl 的分压，驻留时间也变短，Al 的注入效率提高，Al 组分增加，但生长速率降低。③TMAl 分压和驻留时间对 Al 掺入效率的影响：TMAl 的分压 $P_{TMAl} = P\dfrac{Q^0_{TMAl}}{Q_0}$，即总压 P 乘以标准条件下的流量 Q^0_{TMAl} 与标准条件下的总流量 Q_0 之比。驻留时间 $\tau_{res} = \dfrac{kP}{Q_0 T}$，其中 k 为与反应室结构有关的常数，可以看出分压和驻留时间都与 P/Q_0 呈正比关系。经计算发现，在不同分压下，驻留时间很短时，掺入效率几乎可以达到 100%，但随着驻留时间加长，掺入效率迅速下降，而分压越高，下降越快，因此 TMAl 分压和驻留时间都对 Al 的掺入效率有强烈的影响。④Al 组分与 TMAl、TMGa 流量关系：在高压或高流量下，增加 TMAl 流量，Al 组分几乎没有变化，反而生长速率降低，因为增加的 TMAl 生成了颗粒并排出，没有促进生长；在低压或低流量下，TMAl 流量和 Al 含量几乎成正比，TMAl 流量增加同时生长速率增大。随着 TMGa 流量的减小，Al 含量增加，而生长速率明显降低，这在生长超晶格等结构时比较合适，工艺简单，界面质量较好。同时按比例增大 TMAl 和 TMGa，生长速率线性增大，由于 Al 预反应强烈，Ga 的结合效率相比 Al 高，Al 含量降低。

3.1.3 AlN 及高 Al 组分材料表面动力学

AlN 的 MOCVD 外延和其他外延方式相似，无论是同质外延还是异质外延，具有多种外延生长模式，一般经常出现的有岛状生长、层-层生长、台阶流生长、台阶束生长以及螺旋生长等模式，生长模式将直接影响外延表界面形貌和材料晶体质量。

多年来，人们对 MOCVD 生长工艺条件对于 AlN 的表面影响进行了大量的研究 [13~16]。MO 以及 NH_3 的流量、V/III 的大小、生长速率和温度等条件影响表面扩散长度，如果表面扩散长度比台阶宽度大，则生长模式为表面平整的台阶流模式。如果表面扩散长度小于台阶宽度，将在平整的台阶上成核而形成二维 (2D) 生长模式，或三维 (3D) 生长成粗糙的表面形貌 [17]。提高生长温度，可以提高表面迁移率，保持生长速率不变，表面粗糙度迅速下降，从而提高表面质量。TMAl 增加，V/III 降低，生长速率提高，表面粗糙度增加，同时 Al-N 在生长表面的摩尔通量与总气量的摩尔通量占比 J_{AlN}/J_{total} 越大，AlN 反应物被吸附到表面成核形成小团簇的概率越大，并导致台阶流生长转变为 2D 或 3D 生长模式。提高 NH_3 则降低了表面迁移能力，又容易使表面粗糙，因此需要合适的 V/III。总载气气流量增大，寄生反应增强，但是因为驻留时间减小，所以寄生反应被补偿，表面粗糙度没有明显增大。脉冲法 MOCVD 生长由于抑制了寄生化学反应，提高了表面原子迁移，从而提高了表面质量。一般认为在提高温度、抑制寄生反应、减小 NH_3 分压和生长速率等工艺条件下可以减小表面粗糙度。

Bryan 等 [18] 在单晶 AlN 衬底和蓝宝石衬底上分别生长了 AlN 外延薄膜，采用 Burton、Cabrera 和 Frank(BCF) 晶体生长理论模型，解释饱和蒸气压 σ、基底斜切角 α 与表面动力学的关系。采用 BCF 理论，对于一个理想台阶，各向同性，可自由成核，在边缘有足够的扭结位置接收吸附原子。生长时表面的最大过饱和度可由公式 (3-1) 表示：

$$\sigma_{s,max} = \frac{R\tau_s\lambda_0 n_0}{2h\lambda_s n_{s0}}\tanh\left(\frac{\lambda_0}{4\lambda_s}\right) \tag{3-1}$$

其中 R 表示生长速率，τ_s 表示平均驻留时间，λ_0 表示台阶宽度，λ_s 表示表面扩散长度，n_0 表示表面吸附位置密度，n_{s0} 表示吸附原子密度，h 表示台阶高度。最大表面过饱和度 $\sigma_{s,max}$ 大于临界表面超饱和度，意味着开始成核，饱和度越大成核概率越高。由实验数据得出 AlN 生长表面扩散长度是 (46 ± 13)nm，Al 面 AlN 表面能为 (149 ± 8)meV/$Å^2$。采用斜切角为 0.3° 的蓝宝石衬底，生长温度 1150℃ 下，不同生长速率导致表面差别巨大，快速 (2000nm/h) 下，导致 3D 成核，岛状生长，生长速率降为 500nm/h，转变为纯粹的台阶流生长模式，形成原子级光滑的双分子层台阶形貌。从公式 (3-1) 可以做出解释：生长速率 R 下降，Al 蒸气过饱和蒸气压降低，在台面上成核的概率变小，成核后有利于核长大，生长模式将由多核的岛状生长转变为台阶流生长。温度对于生长模式有很大影响，温度升高，Al 吸附原子的表面扩散长度 λ_s 增大，Al 的过饱和蒸气压降低，减小了台面的成核概率，使 3D 转变到台阶流生长模式。V/Ⅲ、稀释气体和总压力这些生长参数直接影响蒸气压，从而影响表面形貌，通过调节一个或多个生长参数适当地改变蒸气饱和度，可以获得一个合适的表面形貌。

衬底的斜切角对表面形貌的影响至关重要，固定生长速率和温度等条件下，斜切角超过某一值时，生长模式将从层-层台阶生长模式转变到台阶聚并生长模式。固定生长速率为 500nm/h 和温度为 1250℃，发现生长模式转变的衬底临界斜切角为 0.25°，在此临界角以下，台阶高度大致在 (2.5±0.1)Å，大于 0.25°，台阶的高度迅速增大，表示台阶聚并开始产生。台阶聚并的具体原因还存在争议，通常归因于吸附原子 Schwoebel 效应的表面动力学，有些研究认为是台阶间的短程吸引，还有的认为是应变临近层的部分弛豫[19,20]。文献 [18] 认为 Al 吸附原子的表面扩散长度比台面的宽度小或者相当，出现层-层台阶形貌；当大于台阶宽度时，容易出现台阶聚并形貌。这一现象与衬底无关，也与应力无关，而是由于吸附概率的差异，导致台阶前进速率不稳定，表明台阶聚并现象只与吸附原子的表面动力学有关。

通过以上对饱和蒸气压 σ、基底斜切角 α 与表面动力学的关系的分析，说明改变蒸气过饱和度和斜切角，可以实现需要的生长模式。需要强调的是，除了温度，可以通过控制 V/Ⅲ、稀释气体或总压力等生长参数来调整蒸气过饱和度。对于给定的表面错位取向，通过降低蒸气过饱和度来避免 3D 岛状生长，然而去除台阶聚并则需要减小扩散长度，这可以通过增加过饱和度来实现。影响趋势如图 3-1 所示。

图 3-1   表面过饱和蒸气压和衬底斜切角对表面生长模式的影响

对于 AlGaN 或 AlInGaN 等多元合金材料，不同合金组分下的表面动力学是不同的，表面动力学不仅影响表面粗糙度等表界面形貌质量，而且还与组分均匀性有直接关系[21~23]。在蓝宝石衬底上异质外延 AlN 和 AlGaN，首先是 3D 成核，较大的位错密度导致台阶钉扎，形成高度的螺旋台阶流生长。合金中 Ga 的含量直接影响螺旋形状，Bryan 等[24] 采用 BCF 理论分析，位错螺旋的台阶宽度 λ_0 与蒸气过饱和度 σ 的自然对数成反比，即 $\frac{1}{\lambda_0} \propto \ln(1+\sigma)$，对于 Al 含量在 60%~100% 的 AlGaN，Ga 的平衡蒸气压比 Al 大很多，使得蒸气过饱和度减小，因此随着 Ga 浓度增加，螺旋台阶宽度增加。

富 Al 的 AlGaN 生长和 AlN 类似，生长速率过快，将出现 3D 模式生长，减小生长速率，表面蒸气过饱和度降低，成核减小，提高表面迁移，生长模式由 3D 模式转换为台阶流模式。对比高 Al 组分 AlGaN 台阶流生长和台阶聚并生长这两种模式，不仅表面质量有差异，在组分均匀性上，台阶聚并生长甚至出现相分离现象。观察发现[24] 在台阶聚并表面的 AlGaN 中存在富 Ga 的 AlGaN 条纹，条纹大约 2~5nm 宽，条纹的方向和台阶流的方向一致，而在层-层台阶生长的 AlGaN 中没有发现这些相分离条纹。台阶聚并生长表面上，这些富 Ga 条纹出现在高台阶密度处，而相对平坦的台阶上出现贫 Ga 的区域，说明台阶宽度影响 Ga 的掺入，台阶越大，Ga 掺入越低。表面台阶密度对 Ga 分布的影响如图 3-2 所示。

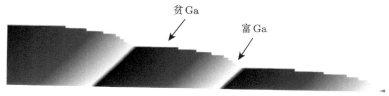

图 3-2　表面台阶密度对 Ga 分布的影响示意图

衬底斜切角对 Al、Ga 的掺入也有影响，在相同条件下，不同斜切角衬底上生长 AlGaN，Ga 含量随着衬底斜切角的增大而增加。因此在生长 LED 或 LD 时，要考虑衬底斜切角或表面动力学对表面台阶的影响，从而影响组分的变化。

3.2　AlN 及高 Al 组分 AlGa(In)N MOCVD 外延技术

3.2.1　蓝宝石上异质 AlN 成核及缓冲层生长

在深紫外 LED 结构异质外延 AlN 模板时，目前最常用的衬底是蓝宝石，在蓝宝石衬底上异质外延 AlN，通常首先在 H_2 气氛下、1150℃ 左右对衬底高温处理，以去除表面沾污和脱吸附一些杂质分子。然后通入 NH_3，进行表面氮化，研究[25] 发现，氮化时间与后面生长的 AlN 晶体质量有相关性，氮化时间从 5min 增加到 10min 时，XRD 测试的 (102)FWHM 逐渐降低，在长时间氮化的表面开始生长时，AlN 初始成核比较大，刃位错被掩埋到厚的 AlN 中，降低了刃位错密度，(102)FWHM 降低，但时间再长，FWHM 值又变大，而且氮化时间过长将导致 Al-N 极性面的转化 [26,27]，并发现产生裂纹。对蓝宝石上表面氮化的机制进行了研究 [28]，得出氮化前期阶段形成与 H 化合的氮氧化铝 (AlO_xN_y：H)，随着氮化时间加长，出现结晶化的 AlN 岛状物，并使得表面粗糙。也有研究者提前通 TMAl 源，以获得 Al 面生长，如文献 [29] 在生长成核层前通 8s TMAl 源进行表面预铺 Al 生长。

由于 AlN 和蓝宝石之间存在较大的晶格失配，一般采用 AlN 缓冲层作为初始成核层以降低应力，减小外延材料的位错密度。与 GaN 低温缓冲成核层生长温度通常在 550℃ 左右、厚度在 25nm 左右不同，目前在生长 AlN 成核缓冲层上没有统一的工艺条件，表现在采用的温度和厚度范围比较大。文献 [30] 先是在 940℃ 生长厚度 30nm 的 AlN 成核层，然后 1240℃ 下生长 30nm 厚的缓冲层。文献 [31] 采用在 850℃ 生长 20nm。而文献 [29] 在纳米尺寸凹凸蓝宝石衬底上采用 870℃ 生长 3nm 成核层，然后在 1250℃ 高温生长 150nm AlN 缓冲层。除了原位生长 AlN 成核层和缓冲层，也可以采用 PVD 方法在蓝宝石衬底上溅射一层 AlN，然后在这层溅射的 AlN 上再用 MOCVD 外延 [32,33]，溅射时以高纯 Al 靶和 N_2 作为反应源，溅射温度一般在 700℃ 左右，厚度几十到一百多纳米不等，溅射的 AlN 表面粗糙度小于 0.5nm[34]。溅射厚度为 100nm 的 AlN 模板上再 MOCVD 高温生长 AlN，得到 XRD(002) 和 (102)FWHM 值分别为 207″ 和 377″，对应的位错密度为 $1.5×10^9$cm^{-2}，得到较高质量的 AlN 模板。

在高温生长时，除了前面章节动力学所分析的需要低压、高温等基本工艺条件外，为了降低位错密度，提高晶体质量，研究人员采用了多种生长工艺，下面对能够比较有效提高材料质量的脉冲法生长和异质侧向外延等技术做简要描述。

3.2.2 脉冲法 AlN 生长技术

MOCVD 生长 AlN 时寄生反应降低源的掺入效率，对材料质量影响很大，有必要研究抑制寄生颗粒形成的措施，如降低反应室压力、减小驻留时间、采用低温生长的 TEGa 等。脉冲法是一种较广泛采用的方法，曾用原子层沉积 (atom layer deposition，ALD) 法生长了高质量的 AlGaN，以及脉冲激光沉积生长了 AlN 外延。最近用脉冲 MOCVD 生长了 AlN。顾名思义，脉冲法生长是指有机源 TMAl 和 NH_3 以脉冲的方式注入反应室，和连续通入模式相对应的一种生长方法。研究者们对脉冲法进行了反应动力学分析 [35,36]，从反应动力学可以说明，脉冲法生长 AlN 可以降低加合物聚合生成颗粒的程度，以及提高 Al 的表面迁移能力，可以有效地抑制寄生反应, 提高质量. 根据 TMAl、NH$_3$ 脉冲的时间分布可以分为有重叠、无重叠无间隙、有间隙三种方式, 当 TMAl 和 NH$_3$ 有重叠区脉冲通入或者无间隙脉冲通入时, 类似于连续通入模式, TMAl 通入后发生热解、加合、聚合等反应, 当 NH$_3$ 通入后, 含 Al-N 的加合物减少, NH$_3$ 热解的 NH$_2$ 增加, 这种情况下的反应路径是 TMAl:NH$_3$ → DMAl-NH$_2$ → MMAl-NH → Al-N. 对于有间隙的脉冲通入, 当间隙比较小时, 除了上述的加合反应路径, 还有 TMAl 本身的热解 (TMA→DMAl→MMAl→Al). 而随着脉冲间隙的增大, TMAl 和 NH$_3$ 难于直接混合, Al-N 分子及其聚合物量很少, AlN 的生长主要是由通入 NH$_3$ 后热解生成 NH$_2$, 与表面吸附 Al 原子结合来实现, 因此这种情况下的反应路径主要是 TMAl 本身的热解反应 [35]. 因此脉冲法生长一般采用有间隙的方法, 要考虑四个时间长度, 即 NH$_3$ 脉冲时间、NH$_3$-TMAl 间隙时间、TMAl 脉冲时间、TMAl-NH$_3$ 间隙时间的长度, 脉冲间隙时间不宜过长, 否则载气吹扫脉冲时间过长, 相应的生长速率降低. 采用脉冲法生长了 AlN, 优化脉冲周期为 4s/1s/4s/4s, 分析不同时间段反应和表面状况 [37], 如图 3-3 所示, 起始通 NH$_3$ 4s, 表面出现大量 N 原子, 然后通 H$_2$ 冲扫 1s, 通入 TMAl 4s, 残余 NH$_3$ 和表面 N 形成加合物和 AlN, 在第二次 H$_2$ 吹扫 4s 后, 氮离子减少, Al 在 AlN 上的迁移率势垒降低, 表面迁移率增大, 小坑密度降低, AlN 材料表面平整, 质量较好.

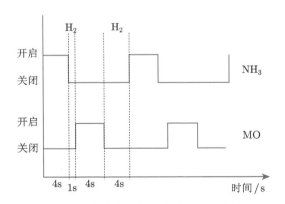

图 3-3 脉冲法生长源脉冲时间示意图

早在 1992~1993 年, Khan 等[38-40] 采用 SALE(switched atomic layer epitaxy) 技术, 通过调制 III 族金属源和 V 族 N 源脉冲通入, 提高 Al 原子的表面迁移率, 在蓝宝石衬底上外延生长较好质量 AlN; 2001 年, Khan 的研究小组又发展出脉冲原子层外延 (pulsed atomic layer epitaxy, PALE) 技术外延生长 AlInGaN, 并实现了 305nm 的 UVB 波段的 UV LED[41,42]; 2002 年, 他们又利用

PALE 技术外延生长高质量的 AlGaN, 并实现了 228nm 的 UVC 波段的紫外发光 [43]。2002 年, Khan 的研究小组又将采用 PALE 技术生长的 AlN/AlGaN 超晶格结构作为应力释放和位错过滤层, 有效地降低了外延层中的应力和穿透位错密度, 减小了外延层开裂的概率 [44,45], 在此基础上, 他们在 2002~2004 年报道了亚 mW 级的 250nm[46]、269nm[47]、285nm[48] 和 324nm[49] 的 AlGaN 基深紫外 LED 以及 mW 级的 278nm[50] 和 280nm[51] 的 AlGaN 基深紫外 LED。2005 年, SETi 公司和 Khan 的研究小组又发展出迁移增强 MOCVD (migration enhanced MOCVD, MEMOCVD[52]) 技术外延生长高质量的 AlN 模板和 AlN/AlGaN 超晶格, 并改善了 AlGaN 的材料质量, 实现 mW 级的 280nm、295nm, 以及亚 mW 级的 265nm、270nm 和 275nm 的 AlGaN 基深紫外 LED[53]。Hirayama 等 [54−56] 在 2007 年、2008 年和 2009 年分别报道了通过 NH_3 脉冲多层生长和多层 AlN 缓冲层技术在蓝宝石衬底上获得低缺陷密度的高质量 AlN 和 AlGaN 外延层, 并实现 231~261nm、226~273nm 和 222~261nm 的 AlGaN 基深紫外 LED 以及 282nm 的 InAlGaN 基深紫外 LED。2008 年起, Banal 等 [57,58] 采用迁移增强外延 (migration enhanced epitaxy, MEE) 和改进的 MEE(modified-MEE) 技术优化 AlN 成核过程, 在 600nm AlN/蓝宝石模板层上获得非常低的 XRD FWHM, 其 (002) 和 (102) 的 XRD 摇摆曲线 FWHM 分别为 45″ 和 250″, 并在此基础上利用该技术获得高质量的 AlGaN/AlN 多量子阱 (MQW), 其内量子效率 (internal quantum efficiency, IQE) 达到 36%。2018 年, Demir 等 [31] 报道采用 PALE 法结合高低温 AlN 三明治结构, 在成核层上高温 (1170℃) 脉冲生长 250nm, 然后在 1050℃ 下脉冲生长 1500nm, 再高温脉冲生长 250nm, 生长出的 2μm AlN 的 XRD(002) 和 (105)FWHM 分别为 33″ 和 136″, 得到高质量的 AlN 模板。

3.2.3 高 Al 组分 AlGa(In)N MOCVD 异质侧向外延

为了提升 AlN 和 AlGaN 外延材料质量, 研究人员借鉴 GaN 材料中采用的侧向外延生长 (epitaxial lateral overgrowth, ELOG) 技术, 开展 AlN 材料的侧向外延研究。通过侧向外延, 使成核起始产生的部分位错方向发生变化直至湮灭, 减小穿透位错密度。2006 年起, Khan 的研究小组在微米级的沟槽型 AlN/蓝宝石模板上, 脉冲侧向外延生长 10~20μm 的 AlN, 获得完全合并表面平整的 AlN, 且使其穿透位错密度降低了 $10^2 \sim 10^3 cm^{-2[59]}$, 使 290nm UV LED 的发光效率、饱和特性和散热性能明显改善, 寿命超过 5000 h[60]。Imura 等在微米级沟槽型 AlN/蓝宝石模板和沟槽型蓝宝石衬底上开展 AlN 和 AlGaN 生长研究, 优化了图形模板参数, 其中在沟槽型蓝宝石衬底上的 ELOG-AlN 的 (0002) 和 (10$\bar{1}$0) XRD 摇摆曲线的 FWHM 分别只有 148″ 和 385″, 使 ELOG-AlN 和 ELOG-AlGaN 的穿透位错密度降低到 $10^7 cm^{-2}$ [60-63], 在 ELOG-AlGaN 的基础上, 获得外量子效率 (EQE) 大于 6.7% 的 345nm UVA LED 和电泵浦的 356nm UVA LD[64,65]。2008 年, Jain 等采用 MEMOCVD 技术在微米沟槽型 AlGaN 模板上侧向外延生长 20μm AlN, 获得完全合并表面平整的位错密度降低的 AlN, 其 (002) 和 (102) XRD 摇摆曲线 FWHM 分别为 157″ 和 291″, 穿透位错密度由 AlGaN 模板上的 $10^{10} \sim 10^{11} cm^{-2}$ 量级降低至 $2.8 \times 10^8 cm^{-2}$[66,67]。2009 年, Hirayama 等 [68] 在微米级沟槽型的 AlN/蓝宝石模板上采用 NH_3 脉冲通入的方法, 使穿透位错密度降低到 $10^8 cm^{-2}$ 量级, 并实现了 2.7mW 级最大光输出的 270nm UVC LED。2011 年, Kueller 等 [69] 在蓝宝石上生长 AlN, 然后在此模板上刻蚀成条状图形, 再横向二次外延生长, 得到的 AlN(102)FWHM 由模板的 1000″ 降为 500″, 显著提高了质量。2013 年, 该小组研究了衬底斜切角和 V/Ⅲ 对侧向外延时合并速率的影响 [70], 发现在侧向外延时, 沿 m 面比沿 a 面斜切 $0.25°$ 的衬底上更快、更均匀地合并, 而降低 V/Ⅲ 也提高了侧向外延速率, 合并更快。2014 年, 中国科学院半导体研究所紫外 LED 研究小组在平面蓝宝石衬底 (FSS) 外延高质量 AlN 模板的基础上 [71], 进一步通过纳米图形化蓝宝石衬底 (NPSS) 外延提高了 AlN 模板材料质量 [72]。NPSS 通过纳米球光刻 (nano sphere lithography, NSL) 技术和干湿法结合的刻蚀工艺制备而成, 如图 3-4 所示。在 NPSS 高温外延 4μm AlN, 截面 SEM 结果表明, 厚度 2.5μm 时即可实现 AlN 外延层的充分合并, 相比于普通微米级图形, 外延效率更高。AlN 模板表面达到原子级平整度, (002) 和 (102) XRD 摇摆曲线 FWHM 分别达到为 69.4″ 和 319″. 与普通 FSS 上外延的 AlN 材料相比, 结晶质量显著提升, 进而改善了 AlN 模板上外延的 283nm DUV 量子阱结构

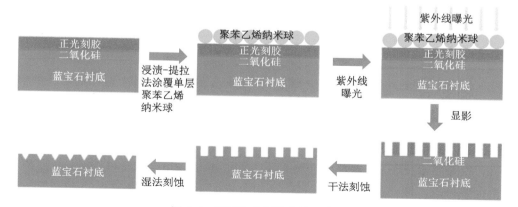

图 3-4 NPSS 的制备方法示意图

的材料质量, 实现内量子效率提升 43%。此外, 拉曼光谱表征结果还表明, NPSS 衬底能够有效缓解 AlN 外延层中的应力。

2014 年, Allerman 等 [73] 报道在 AlGaN/AlN/蓝宝石模板上制备亚微米条状图形, 然后横向二次外延生长高 Al 组分 AlGaN 材料, Al 含量 60% 的 AlGaN 位错密度可以降低到 $5 \times 10^8 \mathrm{cm}^{-2}$, 可用于 DUV LED 和 LD 器件材料。2017 年, Tran 等 [74] 在 Si 衬底上进行图形化, 刻蚀成微米级圆形坑图形, 然后在此模板上侧向外延 AlN, 结合脉冲法得到 AlN(002) 和 (102)FWHM 分别为 620″ 和 1141″, 而位错密度降至 $10^7 \mathrm{cm}^{-2}$, 得到高质量的 Si 基 AlN 模板材料。

最近, 通过衬底高温处理使其表面自组织形成类似的纳米表面图形, 在此衬底原位生长 AlN, 省去复杂的 NPSS 制备, 简化了工艺流程, 取得较好的效果。2017 年, Yoshikawa 等 [29] 通过简单的高温原位处理, 使得蓝宝石衬底自组织形成随机分布的纳米级凹凸表面形貌, 在此衬底上通过较低温度 (870℃) 成核层、1250℃ 高温生长和 1110℃ 较高温生长三步外延的 AlN(002) 和 (102)FWHM 分别为 50″ 和 250″, 而未经此方法处理的衬底上 (002) 和 (102)FWHM 分别为 400″ 和 800″, 晶体质量显著提高。2017 年, Hagedorn 等 [75] 也报道了通过蓝宝石衬底高温退火, 使其表面自组织形成直径亚微米尺度的小坑和小丘, 达到表面纳米图形的效果, 在此表面外延生长的 AlN(0002) 和 $(30\bar{3}2)$FWHM 分别为 120″ ~160″ 和 440″ ~550″, 和 NPSS 上生长的 AlN 晶体质量相当。

尽管上述这些外延技术一定程度上有效地提高了 AlN 和 AlGaN 模板的晶体质量, 使高铝组分氮化物材料不断优化, 但晶体质量还有很大的提升空间, 与 DUV LED 或 LD 的理想性能要求还有很大的差距, 需要高铝组分氮化物 MOCVD 外延技术有更大的突破。

3.3　高铝组分氮化物半导体材料的掺杂

3.3.1　引言

AlGaN 是直接带隙半导体材料, 在 3.4eV 和 6.2eV 之间连续可调, 是制备 DUV LED 的理想材料。良好且可控的 n 型和 p 型掺杂是 AlGaN 基光电子器件应用的基础, 因此, AlGaN 材料掺杂受到了极大关注和广泛研究。尽管 GaN 材料 n 型掺杂比较容易实现, Si 掺杂的 nGaN 载流子浓度在 $10^{18} \sim 10^{19} \mathrm{cm}^{-3}$ 量级, Ge 掺杂的 nGaN 高达 $2.9 \times 10^{20} \mathrm{cm}^{-3[76-78]}$, 然而, AlGaN 材料的 n 型掺杂仍然面临挑战, 最高载流子浓度随着 Al 组分增加而降低, AlN 材料的 n 型掺杂载流子浓度小于 $10^{17} \mathrm{cm}^{-3}$, 比 GaN 材料低 2 个数量级以上。超过 40%Al 组分的

AlGaN 曾被认为是半绝缘材料 [79]，直到 Nam 和 Taniyasu 等分别报道了组分超过 60% 的 n 型 AlGaN 并实现了第一个 AlN 基发光二极管 [80,81]，然而，他们对限制高 Al 组分 AlGaN 的 Si 掺杂的原因得出了相反的结论，到目前为止，对涉及的一些物理机制仍存在争议。

对于 III 族氮化物的 p 型掺杂，无论是 pGaN 还是 pAlGaN 材料，都比 n 型掺杂困难得多。直到 20 世纪 80 年代末 90 年代初，pGaN 材料取得重大突破，典型的 pGaN 材料的载流子浓度为 $10^{17} \mathrm{cm}^{-3}$ 量级 [82,83]。而高 Al 组分的 pAlGaN 生长更加困难，由于高的电阻率和接触电势，目前的 DUV LED 通常需要 pGaN 层作为空穴注入和电极层。实现深紫外透明的 pAlGaN 层，是进一步提高 DUV LED 外量子效率的迫切希望。

本章综述了 AlGaN 材料的 n 型和 p 型掺杂的主要挑战和提高掺杂的技术，希望能对未来的研究提供一些指导。

3.3.2 AlGaN 材料 n 型掺杂

对于 AlGaN 材料的 n 型掺杂，Si 是常用的掺杂元素，而 MOCVD 和 MBE 是常用的 AlGaN 生长和掺杂设备。随着 Al 组分增加，获得的最高载流子浓度降低，特别是 Al 组分超过 80% 的 AlGaN 材料，n 型载流子浓度急剧降低 [84]，这主要是因为随着 Al 组分增加，Si 的施主激活能增加，同时，来自阳离子空位的补偿也增加，它们都降低了载流子的浓度。下面重点介绍 AlGaN 材料 n 型掺杂的 Si 施主杂质的激活能、Si 施主补偿以及提高掺杂性能的一些方法。

1. AlGaN 材料中 Si 施主杂质的激活能

Si 在 GaN 中的施主激活能仅几十毫电子伏，在 AlGaN 中的施主激活能随着 Al 组分增加而增大，在 AlN 中高达 255meV 以上。激活能可以通过变温霍尔测试外推得到，不同的研究组获得的 Si 施主激活能如图 3-5 所示 [81,85-87]。由于受载流子浓度和屏蔽效应的影响，霍尔测试获得的激活能有些发散，但是它们的大小随 Al 组分增加的趋势是一致的。

Si 施主激活能增加的原因仍然存在争议，有人应用简化的掺杂类氢原子模型，仅增加电子有效质量和降低介电常数，得出激活能线性或者近线性地从几十毫电子伏增加到 75~95meV[87]。也有人认为 Si 施主从浅施主杂质逐步转变成深能级施主和缺陷共同形成的复合中心 (DX 中心)，在 Si 掺杂的 AlGaN 材料中，低 Al 组分时 Si 杂质原子替位 Al 或者 Ga 表现为浅施主；随着 Al 组分增加，Si 浅施主由于应变发生键断裂或者氧杂质并入而变成电子陷阱，从而表现为深受主 [88-90]。因此，Si 杂质随着 Al 组分变化同时存在浅施主能级和深受主能级两个稳定的能级，从而增大了高 Al 组分的 AlGaN 的 Si 施主激活能，这一观点被 Zeisel 等利用持续光电导实验证实[91]。

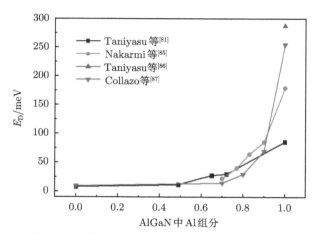

图 3-5　Si 施主激活能随 AlGaN 中 Al 组分变化

2. AlGaN 材料中 Si 施主补偿

AlGaN 材料的 n 型掺杂，电阻率通常出现"膝盖行为"(knee behavior)，即当 Si 施主杂质浓度超过某一值后，其电阻率随着 Si 浓度增加而增加，如图 3-6 所示[84,85,87]。因而，AlGaN 的 n 型掺杂存在最高的 Si 浓度上限。而发生"膝盖行为"的开端，是由于自补偿降低了 AlGaN 材料中的载流子浓度。Bryan 等证实阳离子空位及其复合物是主要的补偿源[92]，第一性原理预测在 n 型掺杂条件下，阳离子空位的形成能是最低的，而实验结果证实 n 型 AlGaN 材料的低温光致发光 (PL) 谱有多个与阳离子空位相关的峰[93~95]。自补偿开始仅取决于 AlGaN 中 Si 的化学势，与缺陷密度无关，不同缺陷密度的 $Al_{0.7}Ga_{0.3}N$ 材料"膝盖行为"开始的 Si 浓度都是 $1 \times 10^{19} cm^{-3}$。随着 Al 组分增加，这些阳离子空位补偿源的形成能降低，从而更多地补偿原来的 Si 施主，因此，发生自补偿的最低 Si 杂质浓度随着 Al 组分的增加而降低，相应地，也增加了高 Al 组分 AlGaN 的 n 型掺杂难度。

此外，AlGaN 材料 n 型掺杂还有其他两类受主补偿。①位错形成的类受主补偿。尽管产生自补偿开始的 Si 浓度与位错无关，然而，Si 施主的自补偿大小随着位错密度降低，这是由于位错能通过沿位错线的悬挂键形成受主中心，从而补偿原来的 Si 施主杂质[92]。②C 和 O 杂质补偿。通常 C 在 AlGaN 中替位 N

原子 (C_N) 而形成深受主，O 在低 Al 的 AlGaN 中形成浅施主，当 Al 增加时，形成 DX 中心，转变成带有负电荷的深受主能级[96,97]。C 和 O 的杂质浓度取决于生长条件，通常 MOCVD 的 AlGaN 中，C 和 O 浓度分别在 10^{17}cm^{-3} 和 10^{18}cm^{-3}。

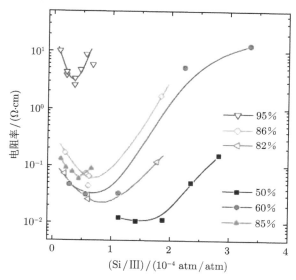

图 3-6　AlGaN 电阻率随着 Si/Ⅲ 变化

3. AlGaN 材料 n 型掺杂性能提高方法

如前所述，AlGaN 材料的 n 型掺杂困难，主要是 Si 施主杂质的激活能随着组分增加而增大以及存在多种施主补偿杂质，包括阳离子空位及复合物，线缺陷，以及 C、O 等杂质离子补偿。围绕这些限制因素，研究人员开展了大量工作，下面介绍一些提高 AlGaN 材料 n 型掺杂性能的方法。值得指出的是，这些方法虽然一定程度地增加 n 型掺杂浓度，然而对解决高 Al 组分 AlGaN 的 n 型掺杂问题仍有局限性。

1) Si 的 δ 掺杂

δ 掺杂是指 MOCVD 生长 AlGaN 过程中，Si 掺杂剂周期性通入或者同时结合原位热退火[98,99]。中断生长可以有效降低 Si 聚集，而原位热退火使 Si 从间隙位置并入晶格，AlGaN 的位错密度明显降低。此外，Si 的原子半径小，掺杂与非掺杂层交替生长可以抵消部分应力，从而降低 AlGaN 材料的内应力，提高材料质量和改善形貌。

2) 降低 AlGaN 中位错密度

这包括获得低位错密度的 AlN 材料以及赝晶生长 AlGaN 材料，从而降低来自位错的类受主补偿[100-102]。一方面，通过侧向外延、多层缓冲层技术，降低 AlN 层的位错密度或者直接使用更低位错密度的 AlN 衬底；另一方面，在 AlN 与 AlGaN 之间插入 Al 组分渐变的 AlGaN 或者适当的超晶格，使 AlGaN 赝晶生长在低位错密度的 AlN 层上，增加 AlGaN 的生长厚度且不增加位错密度。

3) C 和 O 杂质控制

C 和 O 杂质都能降低 Si 施主浓度，主要来源于 AlGaN 生长中的前驱物，因而 C 和 O 杂质浓度主要受工艺条件影响，特别是 C 受工艺条件的影响更强烈[103-105]。相比于 GaN，C 更容易并入 AlGaN 材料，这是由于 Al—C 键强度 (2.9eV) 大于 Ga—C 键 (2.6eV)。生长温度被认为是关键参数，C 和 O 的并入随着生长温度升高而减少。随着温度升高，NH_3 或者 H_2 分解的 H 自由基增加，结合前驱物中的甲基 (CH_3) 形成甲烷 (CH_4)，从而降低 C 浓度。然而，生长温度升高同时也减少了 Si 的并入，有利于阳离子空位的形成而增加自补偿杂质。因此，生长温度对 AlGaN 的 n 型掺杂的影响是两面的，需要仔细地优化生长条件。Kakanakova-Georgieva 等[105] 通过高的生长温度结合高的 SiH_4 流量，实现了高掺杂的 nAlGaN 材料，载流子浓度和迁移率分别为 $1.1 \times 10^{19} cm^{-3}$ 和 $4.8 \ cm^2/(V \cdot s)$。

4) In-Si 共掺

Jiang 等[106] 利用 In-Si 共掺技术，使 $Al_{0.75}Ga_{0.25}N$ 的 n 型载流子浓度高达 $9.5 \times 10^{18} cm^{-3}$。一方面，In 作为表面活性剂，降低了位错密度，改善了表面形貌；另一方面，在 In-Si 共掺中，In 可能占据阳离子空位，降低了来自阳离子以及复合物空位的自补偿，Si 施主激活率增加从而提高了载流子的浓度。

总之，为了获得低电阻率的 n 型 AlGaN 材料，一方面，需要足够高的 Si 施主杂质浓度；另一方面，来自阳离子以及复合物空位对 Si 施主的自补偿，使得 Si 浓度存在掺杂上限。实验上，通过硅烷的分压与有机源前驱体总和之比 (Si/Ⅲ) 调控 AlGaN 中 Si 浓度，可以获得最小电阻率的最佳 Si 浓度，而 Al 组分越高，最高的 Si 掺杂浓度越低，生长窗口越窄。此外，AlGaN 材料中的线位错以及 C、O 等杂质，通常作为类受主杂质，进一步补偿 Si 施主杂质，因此高质量的 AlGaN 也是必要的。

3.3.3 AlGaN 材料 p 型掺杂

1. AlGaN 材料 p 型掺杂面临的主要困难

通常 Mg 作为 III 族氮化物材料的 p 型掺杂元素。在早期的研究中，Mg 掺杂的 GaN 往往是高电阻的补偿材料，这是因为在 NH_3 或者 H_2 气氛中并入的 Mg 与 H 形成 Mg-H 复合物，发生 Mg 钝化[82,83,107]。直到 Amano、Akasaki 利用低能电子束辐照技术首次实现了 p 型 GaN 的受主激活，而 Nakamura 将掺杂 Mg 的 GaN 材料在 N_2 气氛 700℃ 条件下退火，实现了空穴浓度为 $10^{17} cm^{-3}$ 量级，这也成为 pGaN 材料的标准工艺。然而，AlGaN 的 p 型掺杂远比 GaN 困难，随着 Al 组分的增加，AlGaN 的 p 型掺杂效率急剧降低，主要原因有 Mg 受主激活能高、AlGaN 中 Mg 溶解度低以及 N 空位自补偿严重等。

(1)Mg 受主激活能高。掺入半导体中的杂质只有被激活并产生自由载流子才会对导电有贡献。一定温度下，掺杂剂的激活率取决于其激活能，高的激活能将导致激活率低，限制了杂质掺杂的有效性。对于 pGaN 材料，故意掺杂的 Mg 杂质浓度一般在 $10^{19} \sim 10^{20} cm^{-3}$，而相应的空穴浓度只在 $10^{17} \sim 10^{18} cm^{-3}$，意味着只有 1% 左右的受主被激活，这是由于 GaN 中 Mg 的受主激活能高达 160~200meV。而对于 AlGaN 材料，Mg 受主激活能如图 3-7 所示[86,108-114]，随着 Al 组分增加，Mg 受主激活能持续增大。特别是 AlN 材料，Mg 激活能超过 500meV，远大于在 GaN 中的激活能。

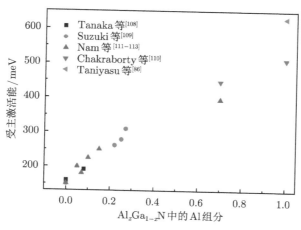

图 3-7 Mg 受主激活能随 AlGaN 中 Al 组分的变化

(2)AlGaN 中 Mg 溶解度低。AlGaN 中 Mg 作为受主杂质，替位的 Al 或者 Ga 位置的数量级在 $10^{20} \sim 10^{21} cm^{-3}$。然而，随着 Mg 并入的增加，p 型 AlGaN

的电阻率呈现先降低后增大的变化趋势，这可能形成稳定的 Mg_3N_2 相[39]，从而限制了作为替位杂质的 Mg 浓度增加。目前，对于 Mg 掺杂的 Al 组分超过 60% 的 AlGaN 材料，Mg 最高浓度大部分小于 $5 \times 10^{19} cm^{-3}$[115-117]。

(3)N 空位自补偿严重。除了 H 原子外，Mg 掺杂的 p 型 AlGaN 材料施主补偿主要来自本征点缺陷氮空位 V_N 及 $Mg_{Al/Ga}$-V_N 复合物[118]。Yang 等[119] 计算了 $Al_{0.25}Ga_{0.75}N$ 中各种杂质的形成能，如图 3-8 所示。p 型条件下 N 空位的形成能最低，它的主要稳定态有 V_N^{3+} 和 V_N^+，其他的受主补偿杂质有自间隙 Ga 原子 (Ga_i)[120]。

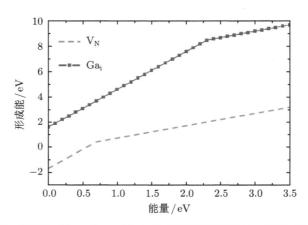

图 3-8   Mg 掺杂的 $Al_{0.25}Ga_{0.75}N$ 中 N 空位及间隙 Ga 原子 (Ga_i) 形成能

2. AlGaN 材料 p 型掺杂性能提高的主要方法

高 Al 组分的 AlGaN 材料的 p 型掺杂对进一步发展紫外光电器件具有重要意义，人们探索了很多方法，包括新型的脱氢工艺、共掺杂等，下面总结了主要的方法。

1) 脱氢工艺

脱氢工艺是 p 型氮化物生长的重要环节，通常是在氮气气氛下原位热退火而热激活 Mg 受主杂质，对于 pGaN 生长，在氮气气氛下 700℃ 退火 30min，相比之下，pAlGaN 的退火温度至少提高 50℃，最高的退火温度达 1000℃，可能原因是高温抑制了合金的散射[121,122]。为了提高热激活率和降低退火过程对外延材料质量的影响，其他的炉外工艺也被尝试，发展了两步法快速热退火和氧气增强吸杂等工艺。两步法快速退火工艺是短时间的高温退火 (如 900℃，30s) 加上较长时间的低温退火 (如 600℃，5min)。氧气增强吸杂工艺是在氧气或者空气气氮下短时间低温退火，氧原子的加入可以有效加速表面反应，促进氢原子从材料中逸出[123]。在这两种退火工艺基础上，一种多步退火方法被提出[124]。首先在 600℃ 氧气下退火 5min，接着在 950℃ 和 750℃ 氮气下分别退火 2min 和 20min，使 AlGaN 的空穴浓度达到 10^{18}cm^{-3} 量级。

2) 共掺杂

共掺杂技术是通过同时掺杂两种受主或者施主-受主杂质，在 pGaN 和 pAl-GaN 掺杂研究中受到极大的关注。一方面，共掺杂可能提高了掺杂剂原子在晶格中的溶解度。比如 Be 受主在 GaN 中的激活能最低，但 Be 原子半径与 Ga 原子相差较大，大多以间隙态存在，且并入后会引起大量的点缺陷，因此，直接 Be 掺杂比较困难。Naranjo 等[125] 采用 Be-Mg 共掺杂方法，利用 Mg 受主原子半径大于 Ga 原子，与 Be 原子互补这一特点，提高了 Be 和 Mg 在晶格中的并入程度，实现了较高的空穴浓度。另一方面，共掺杂技术可能降低受主杂质的激活能。Yamamoto 等[126,127] 认为，通过受主和施主的共掺杂，可以在晶格中形成两个受主和一个施主的复合体，施主受主能级杂化，施主能级作为反键态上升，受主能级作为成键态下降，从而降低受主激活能。这已经得到大量的实验验证，包括 2Mg+O，2Be+O，2Mg+Si 等[128-130]。然而，后续的研究发现，对于直接带隙半导体材料，这种施主受主能级间的耦合不足以引起足够的受主激活能降低。这主要是由于受主和施主能级具有不同的波函数特性和对称性。Kim 等[131] 提出了一种新的解释：一个施主和一个受主形成中性复合体，这种复合体在 GaN 带隙中引入了中性的杂质带，这种中性的杂质带可以代替原来的价带顶作用，从而降低了受主的激活能。最新的研究发现，通过两个施主，比如 Mg 和 Zn 共掺杂，也可以起到提高价带顶的作用。相比之下，AlGaN 材料 p 型共掺杂研究较少，Aoyagi 等[130,132] 通过 δ 掺杂实现 Mg-Si 共掺杂的 Al$_{0.4}$Ga$_{0.6}$N 的 p 型材料，空穴浓度达 6×10^{18}cm^{-3}。

3) 超晶格掺杂

超晶格的概念是由江崎和朱兆祥在 1968 年提出的，交替生长两种半导体材料薄膜层组成一维周期结构，而其薄层厚度的周期小于电子的平均自由程的人造材料，比如，组分调制的 Al$_x$Ga$_{1-x}$N/Al$_y$Ga$_{1-y}$N$(x < y)$ 超晶格。压电极化使超晶格在界面处形成极化电荷，能带发生弯曲，改变费米能级和价带顶的相对位置，在宽带隙材料 (wide band gap material) 中的深受主释放载流子进入相邻窄带隙价带 (图 3-9)，从而降低 Mg 受主杂质的激活能，Schubert 等预测大约 50% 的 Mg 受主能被激活[133]。然而，超晶格中形成的微能带的带隙也是比较大的，因此，如果超晶格中的势垒层太厚，二维电子气会聚集在界面，从而限制自由载流子在

垂直方向的传输，因此，有着超薄垒的短周期超晶格结构更适合[134]，允许空穴通过量子遂穿或者热激化垂直传输。短周期超晶格掺杂 $Al_{0.08}Ga_{0.92}N/GaN$ 导致空穴浓度达 $1×10^{18}cm^{-3}$，p 型电阻率为 $6\Omega\cdot cm$[135]。尽管这种结构在 p 型掺杂方面具有优势，然而微带隙中大的空穴有效质量，导致高的垂直电阻和低的载流子迁移率，从而引起 UV LED 的开启电压升高[136]，这个问题仍然没有被解决。

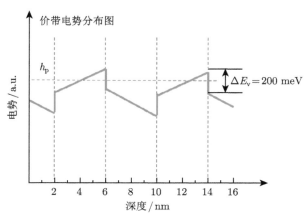

图 3-9　AlGaN/GaN 掺杂价带

4) Mg-δ 掺杂和金属调制外延掺杂

δ 掺杂是在 MOCVD 生长过程中，保持 V 族源的供给不变，周期性通入 Ga 源和 Mg 源，如图 3-10 所示。由于 V 族源的持续供给，晶体表面呈现 N 极性。在通入 Mg 源的时候，样品表面仍然保持 N 极性，由于此时 Ga 源的供给是中断的，因而 GaN 晶体的生长暂停，此时，Mg 原子大量并入 Ga 格点[137,138]，因而可以大大提高 Mg 的并入效率，由于 Mg 并入格点数量的提高，间隙杂质 Mg 等缺陷对 p 型材料的补偿作用也减弱了。

对于 pAlGaN 材料，一些改进的 Mg-δ 方法被提出。Chen 等[139] 通过 In 辅助的 Mg-δ 掺杂方法，在 $Al_{0.4}Ga_{0.6}N$ 材料中实现了高达 $4.75×10^{18}cm^{-3}$ 的空穴浓度，由于 In—N 键相当弱，In 的解吸附有利于 Mg 并入 In 位置。另一个改进是 Mg-δ 掺杂的超晶格，Jiang 等[140] 采用 Mg-δ 的 $(AlN)_m/(GaN)_n$ $(m \geqslant n)$ 短周期的超晶格，根据第一性原理计算 Mg 受主激活能从 260meV 降低到 220meV，而空穴浓度达到 $10^{18}cm^{-3}$ 量级。Jiang 等[141] 在实验上实现 Mg-δ 的 $(AlN)_4/(GaN)_1$ 的超晶格 (相当于 $Al_{0.8}Ga_{0.2}N$)，激活能从传统结构的 380meV 降低到 331meV，但到目前为止，这个方法仍然没有相关器件报道。

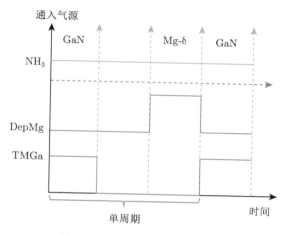

图 3-10 Mg-δ 掺杂源通入次序

金属调制外延 (metal modulation epitaxy，MME) 适合 MBE 系统 [142,143]，保持 V 族源不变，周期性通入 Mg 和 Ga 源，从而在生长中形成周期性的富 N 和富 Ga 环境，提高了 Mg 施主并入，抑制了氮空位自补偿缺陷形成。在富 N 条件下，有利于 Mg 并入晶格和降低自补偿氮空位的形成，然而，富 N 条件导致材料的极性反转可能形成空穴陷阱而降低载流子浓度，同时，来自缺陷形成的小角面使表面粗糙；而富 Ga 条件下，由于 Mg 原子溶解进了 Ga 滴，Mg 原子的再蒸发减弱，Mg 原子的并入会显著增强，同时，由于这种情况下表面富集了 Ga 原子，抑制了表面极性反转，利用这一技术，pGaN 的空穴浓度通常超过 10^{19}cm^{-3}。然而，对于 AlGaN 材料的 MME，Mg 替位 Al 的形成能高不利于 Mg 并入，而且很难消除极性反转和结构缺陷，目前 MME 的 AlGaN 材料的最高 Al 组分是 27% [144]，因此，这个方法仍存在挑战。

5) 极化诱导掺杂

由于纤锌矿结构的 III 族氮化物缺乏空间的反演对称性以及 III 族金属原子和氮原子的电负性差异，材料中的电荷分布不对称，氮化物中通常具有很大的自发极化电场。同时，由于晶格失配和热膨胀系数差异，异质外延的材料受到张应力或者压应力，从而引起压电极化场。在 AlGaN/GaN 异质结构中，在界面处极化电场诱导产生了高浓度的二维电子气。Jena 等 [145] 通过 Al 组分渐变的 AlGaN，实现了二维电子气到三维电子气的转变，首次提出了极化掺杂的概念。在此基础上，Simon 等提出了极化掺杂 pGaN 方法，他们通过在 N 面 GaN 上生长 Al 组分渐变的 AlGaN 材料，实现了高导电性的 p 型 AlGaN 材料。由于 N 面的氮化物晶体质量较差，Zhang 等 [146,147] 通过反转 Al 组分的渐变 AlGaN，使得界面处的极化电场反向，从而在金属面的 AlGaN 材料中获得高浓度的三维极化感应空穴气，室温 (RT) 下空穴浓度高达 $2.6 \times 10^{18} \text{cm}^{-3}$。

3.4　基于二维材料的 AlN 范德瓦耳斯外延研究

本节介绍目前 AlN 模板的生长特点、生长难点和常用的一些提高晶体质量的技术路线。目前，由于 AlN 材料与其常用衬底间的晶格失配和热失配问题，其位错密度较大，仍难以满足深紫外 LED 对高质量 AlN 的需求。本节将针对近几年兴起的范德瓦耳斯外延法进行介绍，主要分为四个部分进行阐述：范德瓦耳斯外延基本原理、研究现状、悬挂键与成核研究和 AlN 薄膜生长。

3.4.1　范德瓦耳斯外延基本原理

范德瓦耳斯外延技术是指外延层与衬底间的界面相互作用力为范德瓦耳斯力的外延方法，一般有三种形式，如图 3-11 所示：在单层二维材料上生长二维材料，在三维体材料上生长二维材料，以及在二维层状材料上生长三维体材料。我们的 AlN 范德瓦耳斯外延属于第三种形式，实验上的手段可分为三种：衬底上铺一层二维材料、使用层状材料作为衬底和钝化衬底表面的悬挂键。1984 年，Koma 等第一次提出了范德瓦耳斯外延 (van der Waals epitaxy，vdWE) 的概念，在二维 MoS_2 上生长了 $NbSe_2$，并指出该方法有望用于生长无缺陷且界面突变的材料 [148]。2013 年，Utama 等总结了范德瓦耳斯外延的发展现状及特点 [149]。相比于常规外延方法，理想的范德瓦耳斯外延主要包括以下四个特征：①外延生长时，外延层的晶格面间晶格取向与衬底晶格面间晶格取向连续；②外延层面内晶向在异质界面处与衬底不匹配；③范德瓦耳斯外延层中几乎无残余应力，甚至包括外延界面，外延层的应力几乎不受衬底类型的影响，2017 年，Sun 等通过理论和实验证实了范德瓦耳斯外延对于范德瓦耳斯外延界面处应力的释放作用 [150]，但常规异质外延中外延层的应力情况与衬底性质直接有关；④范德瓦耳斯外延避免了对衬底的过多要求，使用该方法有望得到无缺陷晶体及缓冲层。但是，实际生长中，二维材料的存在并不能完全屏蔽衬底对外延材料生长时的作用，外延层的面内晶格排列方式与衬底有一定的关系。2017 年，Kim 等在 *Nature* 上发表了相关文章，他们测量了不同层数石墨烯插入层下外延层 GaAs 中的晶格面内排列方式，发现当石墨烯少于两层时，外延层面内晶格与衬底面内晶格相关，并通过理论计算证实了该远程作用势的存在 [151]。

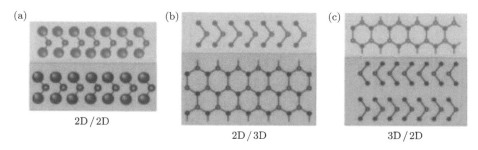

图 3-11　范德瓦耳斯外延的三种形式 [148]

　　在常规异质外延中，界面处相互结合力通常为化学键，而范德瓦耳斯外延中界面通过偶极子产生弱的相互作用力连接，因此不会在外延层中由于晶格失配而产生应力，两种外延方法的原理示意图如图 3-12 所示 [149]。将该方法应用到 AlN 材料的生长中有诸多好处：由于界面的弱相互作用力，有望实现无应力低缺陷的外延层；使得氮化物外延时对衬底依赖性减小，有望实现玻璃等非晶衬底上氮化物的直接外延；由于二维材料层间相互作用力弱，有望实现外延层的剥离，从而实现柔性衬底、金属衬底等非常规衬底的器件，而传统的剥离常采用激光剥离 (laser lift-off, LLO) 法或腐蚀法，耗费时间长，且对器件有一定损伤，故基于二维材料的机械剥离无损伤、时间成本小，优势非常突出；诸如石墨烯、氮化硼 (boron nitride, BN) 等二维材料的热导率高，对于器件的散热性能提高有很大帮助。

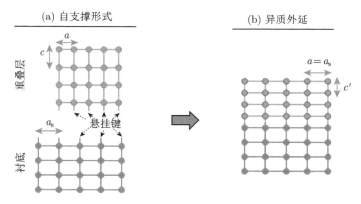

图 3-12　范德瓦耳斯外延 (a) 和常规异质外延 (b) 示意图

　　AlN 的范德瓦耳斯外延生长一般通过在衬底表面铺一层二维材料作为释放层的方法实现。这些二维材料可以是从其他衬底转移过去的，也可以是直接生长的。目前常用于深紫外 LED 的 AlN 模板晶体结构为纤锌矿，其 c 面晶格呈蜂窝状，故常用的二维材料为石墨烯、六方氮化硼 (hBN) 等与其结构兼容的具有六方结构的材料，使得在其上外延得到的 AlN 呈 c 面向上的纤锌矿晶体结构。与氮化硼相比，石墨烯的生长技术更成熟，材料质量更可控，但是其高温稳定性和深紫外透光性不如 hBN 材料 [152-154]。单层 hBN 和石墨烯在蓝宝石衬底上 200~500nm 波段的光吸收谱 (已去除衬底的光吸收影响) 如图 3-13 所示，由图可得，相比于石墨烯而言，hBN 作为 DUV LED 的缓冲层，由于其吸收边在 202nm 左右，对 DUV(200~350nm) 波段的光几乎不吸收，故不会影响其光提取效率；而石墨烯作为一种零带隙材料，若作为缓冲层处于 LED 的出光面位置，会极大地影响 DUV LED(目前的 DUV LED 常被设计为蓝宝石面出光) 的光提取效率进而降低光功率。因此，相比于石墨烯而言，hBN 作为 DUV LED 的缓冲层更有利。

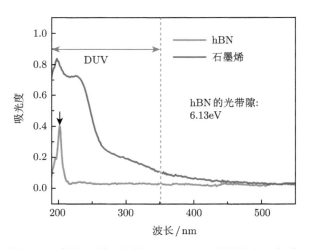

图 3-13　蓝宝石衬底上单层 hBN 和石墨烯的光吸收谱

　　但是，AlN 在二维材料上的范德瓦耳斯外延生长仍然有很大挑战，主要存在两个难点：AlN 的成核问题和 AlN 的剥离问题。二维材料表面缺少悬挂键，导致外延生长时 AlN 成核困难，最终得到的外延材料晶体质量差、表面不平整 (有大量微坑和裂纹存在) 且晶粒合并不完全，因此需要一些实验手段人为增加一些悬挂键或是加入一些插入层。此外，虽然 Wang 等通过理论计算证实了二维材料层间相互作用力小于二维材料与外延层间作用力和二维材料与衬底间作用力，说明了范德瓦耳斯外延用于实现器件的机械剥离的理论可行性 [155]，但若要实现后期器件的剥离，需要在多层二维材料上生长相关器件，而层数均匀的二维材料很难获得，且多层二维材料上的 AlN 生长很难控制，工艺参数窗口小，需要大量的实验进行工艺优化。

3.4.2 范德瓦耳斯外延研究现状

近期,研究者将范德瓦耳斯外延应用到氮化物的生长中,已经实现了材料质量和部分相关器件性能的提高,同时还实现了部分器件的剥离及垂直结构 (vertical structure, VS)。目前, 在二维材料上生长 AlN 的研究还较少,相较而言, 在二维材料上生长 GaN 的研究更成熟,目前已有多个研究小组实现了二维材料上高质量 GaN 的生长,同时还实现了以 GaN 作为模板的包括蓝光 LED、HEMT 及 AlGaN 基气体传感器等相关器件的剥离。而相比于 GaN,AlN 的原子迁移率低,所需要的生长温度更高,横向生长速率也更低,因此生长条件更为苛刻,二维材料上 AlN 的研究进展目前还处于材料生长阶段,相关的高铝组分器件制备报道还很少。下面我们将分别介绍国内外在这两方面的研究现状。这里需要注意,若不特别指出, 下面介绍的氮化物生长皆为 MOCVD 外延方法。

自从 2010 年石墨烯研究者获得诺贝尔奖以来,关于二维材料的研究呈爆炸式增长,氮化物外延生长的研究者们也嗅到了先机,将此作为范德瓦耳斯外延生长的缓冲层有望得到完全无应力的外延材料,同时能实现后期器件的无损伤快速剥离。2010 年, 韩国首尔国立大学 Chung 等首先实现了石墨烯上 GaN 基蓝光 LED 的生长及剥离,该研究成果发表在 *Science* 上,这里的石墨烯是从石墨体材料上胶带剥离而成,并将器件剥离转移到了玻璃、金属、塑料等非常规衬底上实现了电致发光 (EL),他们通过氧等离子体处理和 ZnO 纳米墙插入层的方法促进 GaN 成核 [156]。图 3-14 为该小组利用石墨烯二维材料实现器件机械剥离的示意图。2012 年, 该小组又实现了 CVD 生长的石墨烯上 GaN 的范德瓦耳斯外延生长, 同样利用 ZnO 纳米墙作为缓冲层, 在无定型 SiO_2 衬底上得到了电致发光的 LED 器件, 但文中未实现器件剥离 [157]。2014 年, 美国华盛顿研究中心的 Kim 等在 SiC 衬底上原位生长石墨烯,并生长性能良好的蓝光 LED 器件, 且实现了器件剥离,将器件转移到 Si 衬底上, 使得 SiC 衬底可重复利用 [158]。

除石墨烯外,hBN 也是一种可用于氮化物范德瓦耳斯外延的二维材料,有研究小组用 hBN 作为 GaN 范德瓦耳斯外延生长缓冲层。目前已经实现器件剥离的主要有三个小组,下面将按照研究小组对此分别进行介绍。2012 年, 日本 NTT 基础研究实验室的 Kobayashi 等在 *Nature* 上发表了相关研究成果,他们首次实现了 hBN 上的蓝光 LED 生长,并利用 BN 层间弱相互作用力成功将其转移到其他衬底上,实现了电致发光,并分析了其转移前后的器件性能变化,其转移后的器件发光图如图 3-15(a) 所示 [159]。此后, 他们发表了利用 hBN 实现蓝光 LED 器件转移的一系列相关文章 [160,161]。同时, 该研究小组还利用该技术实现了 AlGaN 基 HEMT 器件的转移,并证实了 hBN 有利于减少 HEMT 自热效

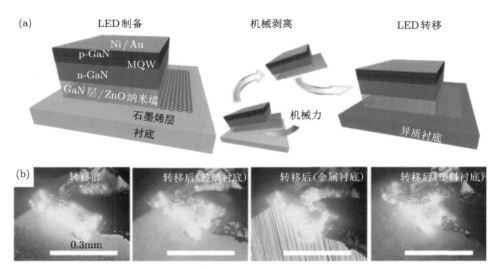

图 3-14　石墨烯缓冲层实现器件机械剥离的示意图和不同衬底上器件发光示意图[156]

应[162,163]。2016 年,美国空军实验室的 Paduano 等利用 hBN 实现了 AlGaN/GaN 异质结的 HEMT 器件,并且证实了转移后的外延层完全无应力及热效应的减少[164]。2017 年,该研究小组又发表一篇关于转移 HEMT 的文章,并且系统地研究了器件性能和应力机制,如图 3-15(b) 所示[165]。此外,美国佐治亚理工学院 (Georgia Institute of Technology) 的 Ougazzaden 等在该领域也研究颇多。2016 年,该小组利用 hBN 实现了蓝光 LED 的晶圆级转移,得到了铝箔上的蓝光 LED[166]。2017 年,该小组又实现了 AlGaN 基气体传感器的机械剥离,并通过转移提高了气体传感器的灵敏度,得到了柔性衬底上的气体传感器,其原理示意图和界面高分辨 TEM 图如图 3-15(c) 所示[167]。此外,2017 年,韩国首尔国立大学研究小组

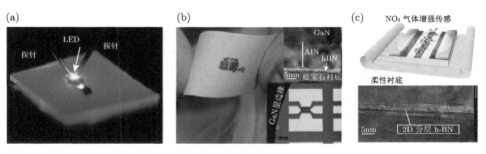

图 3-15　(a) 日本 NTT 基础研究实验室利用 hBN 实现蓝光 LED 器件转移后的发光图[159];(b) 美国空军实验室利用 hBN 实现 HEMT 转移[165];(c) 美国佐治亚理工学院利用 hBN 实现气体传感器转移[167]

也利用 hBN 二维材料缓冲层生长了 GaN 材料,而且采用的衬底为非晶石英衬底,最终也实现了器件的衬底转移[168]。这些实验组所用的 BN 都是通过 MOCVD 的方式生长得到的,其上生长的模板材料均为 GaN 材料。

以上介绍的都是 GaN 基材料和相关器件的范德瓦耳斯外延生长研究进展,近几年关于 AlN 在二维材料上的研究也逐渐增多,但目前仍处于材料生长的研究阶段,器件生长的相关报道几乎没有。主要的研究成果集中在国内,包括中国科学院半导体研究所[169-172]、北京大学[154,173] 和苏州纳米所[174] 三个研究小组。2016 年,中国科学院半导体研究所的 Zeng 等系统地研究了常压化学气相沉积 (APCVD) 生长的石墨烯上一步法生长 AlN 的材料特性和成核机理,发现在石墨烯的台阶部分和缺陷位置更有利于 AlN 成核,且石墨烯上一步法生长的 AlN 表面平整晶体质量好,即不需要低温 AlN 缓冲层即可得到高质量的 AlN 薄膜,这可极大地简化 AlN 生长的工艺流程,节约大量时间成本,其 AlN/石墨烯/蓝宝石界面的截面高分辨透射电子显微镜 (HRTEM) 图如图 3-16(a) 所示[169]。2017 年,该组的 Li 等通过湿法腐蚀将铜箔上的多层石墨烯转移到蓝宝石上,然后两步法生长 AlN,最后生长蓝光 LED 结构,图 3-16(b) 为他们在 AlN/石墨烯/蓝宝石模板和 AlN/蓝宝石模板上生长的蓝光 LED 的光功率及外量子效率随注入电流变化的曲线[170]。他们发现加入了石墨烯插入层的蓝光 LED 较没有石墨烯插入层的蓝光 LED 光功率更高,这可能是由于石墨烯插入层的应力缓解作用和提高 LED 光提取效率的作用。同年,该研究组的 Wu 等发表了关于 hBN 上外延 AlN 的研究结果,该 hBN 是低压化学气相沉积 (LPCVD) 在铜箔衬底上生长所得,然后在聚甲基丙烯酸甲酯 (PMMA) 的辅助下将其转移到蓝宝石衬底上进行 AlN 生长[171]。他们发现氧等离子体处理可有效增加 hBN 表面的悬挂键,后面将具体介绍,可得到表面平整、晶体质量好的 AlN 薄膜,hBN 的加入可有效缓解 AlN 的应力及减少表面裂纹,且 AlN 生长的 V/Ⅲ 越低,越有利于 AlN 合并。图 3-16(c) 为他们在 AlN/hBN-O$_2$/蓝宝石模板上得到的深紫外 LED 的 EL 光谱,该强度与蓝宝石上直接生长的深紫外 LED 强度相当,说明了该 hBN 插入层用作制备深紫外 LED 缓冲层及释放层的可行性[172]。2016 年,北京大学的 Chen 等通过自限制 CVD 法在蓝宝石衬底上生长了高质量的石墨烯,然后在其上一步法外延生长 AlN,该外延层表面平整且晶体质量好[154]。2018 年,该小组继续研究了该课题,且发现通过氮等离子体处理可增强石墨烯表面的 AlN 成核,从而进一步提高 AlN 晶体质量,通过实验表征发现石墨烯上一步法生长的 AlN 薄膜应力极小,且晶体质量较蓝宝石上的 AlN 好很多[173]。图 3-16(d) 和 (e) 为他们在有石墨烯缓冲层和没有石墨烯缓冲层时制备的蓝光 LED 在不同注入电流下的 EL 光谱，由图可得，加入石墨烯缓冲层后 EL 光谱峰值波长蓝移显著减少，进一步证实了石墨烯可缓解外延层中的应力。2017 年，苏州纳米所的 Xu 等报道了 SiC 衬底原位处理的多层石墨烯材料上 HVPE 生长 AlN，该薄膜可通过石墨烯层间的范德瓦耳斯力转移到异质衬底上，且实现了紫外探测器的制备，器件的表面 SEM 图如图 3-16(f) 所示 [174]。同时，国外有两个小组也进行了 AlN 的范德瓦耳斯外延报道，2015 年，美国的宾夕法尼亚州立大学报道了石墨烯上 AlN 的成核特性 [175]；同年，韩国的全北国立大学报道了石墨烯缓冲层可减少 AlN 外延层的晶圆翘曲 [176]。

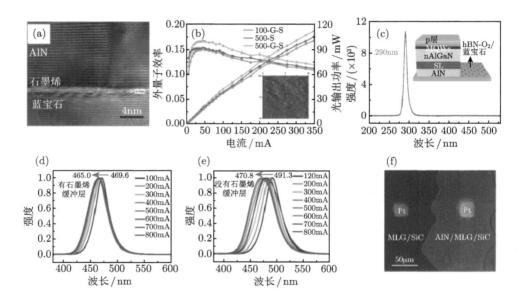

图 3-16　二维材料上范德瓦耳斯外延 AlN 材料研究进展：(a) 石墨烯作为插入层的 AlN/石墨烯/蓝宝石界面处的截面 HRTEM 图 [169]；(b) 在 AlN/石墨烯/蓝宝石模板和 AlN/蓝宝石模板上生长的蓝光 LED 的光功率及外量子效率随注入电流变化的曲线 (插图为实验中用到的转移到蓝宝石衬底上的石墨烯表面 AFM；100-G-S 表示石墨烯/蓝宝石衬底上 100nm 厚的 AlN 模板上生长的蓝光 LED，500-S 表示蓝宝石衬底上 500nm 厚的 AlN 模板上生长的蓝光 LED，500-G-S 表示石墨烯/蓝宝石衬底上 500nm 厚的 AlN 模板上生长的蓝光 LED) [170]；(c) 在 AlN/hBN-O$_2$/蓝宝石模板上生长的深紫外 LED 的 EL 光谱 (插图为该深紫外 LED 的结构，hBN-O$_2$ 表示氧等离子体处理后的 hBN) [171]；(d) 有石墨烯缓冲层和 (e) 没有石墨烯缓冲层时制备的蓝光 LED 在不同注入电流下的 EL 光谱 [173]；(f) 紫外探测器表面 SEM 图 (MLG 表示多层石墨烯) [174]

3.4.3 悬挂键与成核研究

前面我们讲到 AlN 范德瓦耳斯外延的两大挑战,其一是 AlN 在二维材料表面的成核问题,主要原因是二维材料表面缺少悬挂键,这不利于外延层的生长[177]。目前,针对氮化物的范德瓦耳斯外延已经发展了一些常用的方法,有的可以直接借鉴到 AlN 的范德瓦耳斯外延。本小节我们将主要介绍这些技术手段。一般可以分为两大类[178]:缓冲层法和二维材料表面功能化处理。

缓冲层一般采用低温 AlN 缓冲层或者 ZnO 纳米墙。Paduano 研究小组将薄的 AlN 缓冲层插入 hBN 与 GaN 外延层间从而提高了外延层材料质量,促进其合并[164];Chung 等通过在石墨烯表面进行氧等离子体处理及插入 ZnO 纳米墙促进了 GaN 成核,并在玻璃衬底上首次生长了蓝光 LED[156]。表面修饰的主要思想是增加二维材料中的缺陷或将六方二维材料原子的 sp^2 杂化轨道转化为 sp^3 杂化轨道,从而增加表面的悬挂键[179,180]。表面修饰的方法主要分为两类,一是在生长二维材料时引入原位缺陷,二是在生长二维材料后化学处理二维材料引入悬挂键。Kim 等报道了利用 SiC 衬底表面的原子级台阶来产生其上覆盖层石墨烯的缺陷,最终促进外延层 GaN 的成核[158];Zeng 等通过石墨烯在生长时产生的缺陷为 AlN 一步法生长提高成核位点,最终得到了晶体质量好的 AlN 材料[169];Al Balushi 等证实了氧等离子体处理的石墨烯有利于氮化物半导体的生长[175];Oh 等利用氧等离子体处理和 hBN 表面的原子级台阶解决了 ZnO 的成核问题[179];Wheeler 等通过 XeF_2 等离子体处理石墨烯得到成核位点,在 SiC 衬底上得到了高质量 GaN 材料[181]。除此之外,还有人用臭氧[182]、氨气[183]等对二维材料进行处理,人为制造悬挂键,最终促进氮化物成核。以上都是一些在二维材料表面原位或后期引入缺陷促进氮化物生长的方法,二维材料相对而言是完整的。

Wu 等借鉴了氧等离子体处理的方法,为了增加少层 hBN 表面的悬挂键密度,以促进后期 AlN 的成核,hBN 进行了氧等离子体处理,后面用 $hBN-O_2$ 表示用氧等离子体处理后的 hBN。他们通过分析氧等离子体处理前后 hBN 的 B 1s、N 1s 和 O 1s XPS 峰来表征其原子化学态的变化,如图 3-17 所示。其中 B1、B2、N1、O1 和 O2 分别代表 B-N、N-B-O、B-N、Al-O 和与 PMMA 相关的 O 1s 化学态。图 3-17(a) 和 (c) 说明 N 1s 的化学态在氧等离子体处理后几乎不变,而 B 1s 的化学态在氧等离子体处理后出现了新的化学态 N-B-O。B2 化学态的出现说明 O 原子成功地并入了 hBN 中,为了进一步确定 O 是取代了 N 原子处于 hBN 面内的位置还是处于面间位置,他们进一步计算了氧等离子体处理前后的 B/N 原子数量比。最终得到氧等离子体处理前后 hBN 样品中的 B/N 为 0.97 和 1.01,都约等于 1,说明只有极少量的 O 原子取代了 N 的位置。根据 XPS 分析结果,我们画出了 hBN 在氧等离子体处理前后的原子连接结构示意图，如图 3-17(e) 所示。hBN 经过氧等离子体的处理，部分 B 原子的 sp^2 杂化轨道转化为 sp^3 杂化轨道，多余的化学键与 O 原子连接，O 处于 hBN 的表面，这增加了 hBN 表面的悬挂键数量，且使得 hBN 表面的悬挂键密度可通过氧等离子体的功率人为调控。另外，他们还分析了氧等离子体处理前后 hBN 样品的 O 1s 化学态，如图 3-17(b) 和 (d) 所示。氧等离子体处理前，O 1s 中含有与 PMMA 有关的 O2 化学态，而处理后，O2 峰消失，这说明氧等离子体还有助于去除 hBN 中残余的 PMMA 杂质，这对后期 AlN 的生长也是有利的。总的来说，氧等离子体处理有利于增加 hBN 材料的表面悬挂键和去除残留的 PMMA。

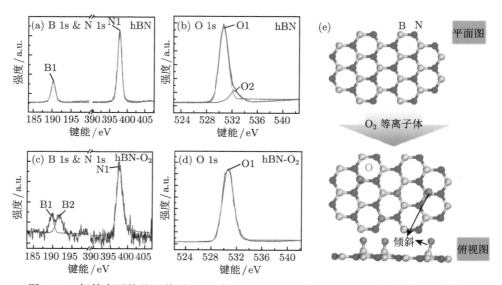

图 3-17　氧等离子体处理前后 hBN 的 B 1s、N 1s 和 O 1s XPS 峰及原子连接结构
示意图[171]

　　为了理解 AlN 的成核机理，他们还研究了 AlN 的初始成核情况，即生长 2min 低温 AlN(LT-AlN) 薄膜，实验结果如图 3-18 所示。图 3-18(a) 为 hBN/蓝宝石上 LT-AlN SEM 图，可观察到清晰的 hBN 褶皱，说明 hBN 并没有因为 LT-AlN 生长而分解，但是 AlN 的晶核很难观测到，即 AlN 的晶核尺寸很小。图 3-18(c) 为蓝宝石上 LT-AlN SEM 图，可观察到黑色的 AlN 晶核，与图 3-18(b) 中平坦处形貌相似，hBN-O$_2$/蓝宝石衬底上 AlN 成核情况与蓝宝石上类似。同时，从图 3-18(b) 中还可观察到三角形的 hBN 多层岛及少量的纳米颗粒，说明生长 2min 时 AlN 初期晶核少，稀疏地分布在 hBN-O$_2$ 表面而不能完全覆盖。为了更准确地

得到 AlN 的沉积量和 hBN 的变化,他们表征了三个 LT-AlN 样品的 XPS 并着重分析了 N 1s 峰,如图 3-18(d) 所示。图中 N1 和 N2 分别代表 N 1s 的 B—N 和 Al—N 化学键,位于 397.8eV 和 396eV,在两个 hBN 衬底上可测到 N2 化学态。在氧等离子体未处理的 hBN 上仅探测到少量的 N2 化学态,而氧等离子体处理后的 hBN 上 N2 占 N 1s 化学态的主要部分。为了得到 AlN 的具体沉积量,我们计算了 N2 峰面积和 O/Al 原子比,计算结果如图 3-18(e) 所示。显然,hBN-O$_2$ 衬底上的 N2 化学态的 N 原子数量几乎与空白蓝宝石上 N2 化学态的 N 原子数量相等,是 hBN 衬底上 N2 化学态 N 原子数量的四倍,这与 SEM 上得到的结论类似。同时,hBN 衬底上 O/Al 原子比为 1.6,很接近蓝宝石衬底中的 O/Al 原子比 1.5,多余的 O 可能来源于吸附于样品表面的空气中的氧气。然而,hBN-O$_2$ 和空白蓝宝石上 O/Al 原子比都远小于 1.5,多余的 Al 即来源于沉积的 LT-AlN。这些结果表明低温时 AlN 更容易在 hBN-O$_2$ 表面而不是 hBN 表面成核,即此时 hBN-O$_2$ 的 AlN 成核能较 hBN 的 AlN 成核能更低。由于 Al 原子和 N 原子更喜欢吸附在有悬挂键的位点而不是没有悬挂键的位点,这证明了氧等离子体处理的确增加了 hBN 表面的悬挂键数量。未用氧等离子体处理的 hBN 表面无悬挂键,其上少量的 AlN 成核仅来源于 hBN 中的缺陷。

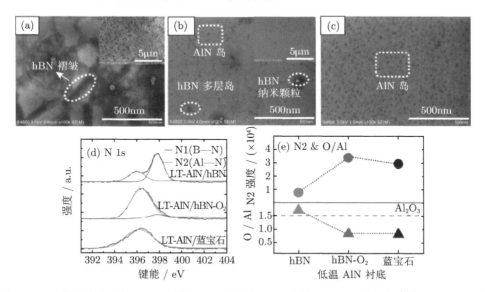

图 3-18 三种衬底上生长 2min 低温 AlN 薄膜的 SEM 图和 XPS 表征结果[24];(a) hBN/蓝宝石上 LT-AlN SEM 图;(b) hBN-O$_2$/蓝宝石上 LT-AlN SEM 图;(c) 蓝宝石上 LT-AlN SEM 图;(d) 三个 LT-AlN 样品的 N 1s XPS 峰;(e) 由 N 1s 峰面积计算出的 N2 峰面积和 O/Al 原子比

3.4.4　AlN 薄膜生长 (不同生长阶段及生长模型)

为了探究 hBN 上 AlN 范德瓦耳斯外延生长机制和位错行为以得到初步的生长模型，我们还在这三种衬底上生长了 6.3min 完整的 LT-AlN 缓冲层 (Buffer)、Buffer+2min HT-AlN 和 Buffer+10min HT-AlN，这里的 2min HT-AlN 用于分析 hBN 上长 Buffer 后的高温成核特性。通过不同生长阶段的 AlN 的表面粗糙度来反映 AlN 范德瓦耳斯外延生长机理，他们表征了这些样品的 AFM，并画出了 AlN 粗糙度随生长时间的变化，如图 3-19 所示。在初始阶段，两个 hBN 衬底上 AlN 粗糙度相近，由前面分析可知，相比于 hBN 衬底，AlN 更易在 hBN-O_2 上成核，hBN 表面 AlN 仅能在 hBN 缺陷位置非均匀成核，这里粗糙度相近是由 BN 样品表面的纳米颗粒所致。此后，hBN 上 AlN 粗糙度不断增加，形貌由雪花状过渡为条纹状，无合并趋势，生长模式为三维岛模式，最终形成多孔状薄膜；hBN-O_2 上 AlN 粗糙度逐渐降低并趋于稳定，形貌与蓝宝石上相近，由表面雪花状变化为多孔状，说明生长模式已经由三维模式转变为了准二维模式，最终达到原子级平整。

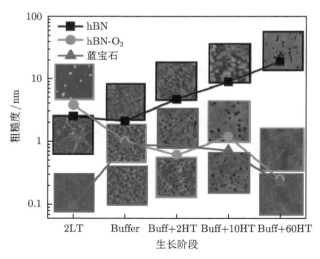

图 3-19　三种衬底上不同生长阶段的 AFM 图及相应的粗糙度的变化趋势 (2LT 表示生长了 2min 的 LT-AlN，Buffer 表示生长了 6.3min 的 LT-AlN，Buff+2HT 表示生长了缓冲层后再生长了 2min 的 HT-AlN，以此类推；AFM 图中 2LT 生长阶段尺寸为 2μm × 2μm，此时 hBN 和 hBN-O_2 表面聚合物纳米颗粒导致粗糙度较大，为了避免 hBN 表面聚合物纳米颗粒的影响，中间三个 AFM 图尺寸为 1μm×1μm，最终 AlN 薄膜 AFM 图尺寸为 5μm×5μm)

根据以上实验结果，他们提出了 hBN 上 AlN 的范德瓦耳斯外延两步法生长模型。由于 hBN 的表面悬挂键对 AlN 的成核能有巨大影响，故分两种情况讨论——有悬挂键和无悬挂键上 AlN 生长模型，对应于上面的是否用氧等离子体处理。在 MOCVD 生长 AlN 时，成核是影响最终 AlN 生长模式和合并情况的关键，故我们主要关注两种 hBN 上 AlN 的高温成核和低温成核阶段。总的来说，从最初的低温成核到最终的 AlN 成膜可分为五个阶段：低温成核、缓冲层形成、高温成核、AlN 三维岛合并和薄膜形成，图 3-20 为两种 hBN 上两步法生长 AlN 的生长模型示意图。

(1) 低温成核和缓冲层形成：图 3-20(a) 和 (d) 分别显示了 hBN 和 hBN-O_2 上 AlN 的初始低温核形貌。hBN 上悬挂键的缺少导致低温时成核能高，AlN 成核困难，hBN 表面稀疏而不均匀的 AlN 核来源于 hBN 中的少量缺陷，且晶核尺寸小，AlN 晶核难以覆盖 hBN 表面；相对应的 hBN-O_2 表面悬挂键多，降低了 AlN 成核能，AlN 晶核尺寸大、均匀而稠密，几乎可覆盖整个材料表面。另外，hBN-O_2 悬挂键的倾斜会导致 AlN 初始晶核的倾斜，如图 3-20(d) 中深绿色 AlN 所示。进一步，hBN 表面晶核的不均匀使得最终的 LT-AlN 缓冲层难以覆盖 hBN 表面，而 hBN-O_2 表面均匀的晶核使得最终的 LT-AlN 缓冲层可覆盖整个 hBN-O_2 表面，表面起伏也更低。

(2) 高温成核和 AlN 三维岛合并：温度升高到 1200℃ 后，AlN 成核变得更容易了，这使得 hBN 和 hBN-O_2 材料表面均可实现成核，图 3-20(b) 和 (e) 为两种 hBN 表面的高温 AlN 晶核示意图。hBN 层表面的高温 AlN 晶核尺寸大小不一，由于缓冲层粗糙而散乱，在有 LT-AlN 的位置 HT-AlN 晶核大 (图 3-20(b) 中浅绿色部分)，在没有 LT-AlN 的位置 HT-AlN 晶核小 (图 3-20(b) 中深绿色部分)，这使得后续的三维岛合并将很困难，AlN 的生长模式将很难从三维模式转变为准二维模式；另一方面，hBN-O_2 层的高温 AlN 晶核尺寸分布均匀一致，由于缓冲层均匀而平坦，后续 AlN 三维岛将很容易合并，AlN 的生长模式将从三维模式转变为准二维模式。

(3) 薄膜形成：图 3-20(c) 和 (f) 为两种 hBN 上最终的 AlN 薄膜形貌。hBN 表面 AlN 的空气孔隙产生于 hBN 表面团簇的 AlN 小晶核及未完全合并晶核间孔隙。因此，hBN 上 AlN 为多孔状，而 hBN-O_2 上 AlN 表面平整。

本节总结了 AlN 范德瓦耳斯外延的基本原理、包括 AlN 在内的氮化物范德瓦耳斯外延研究现状、二维材料表面悬挂键增加方法与成核理论和 AlN 薄膜范德瓦耳斯外延生长的机理。范德瓦耳斯外延用于 AlN 的生长，有望缓解薄膜应力并实现外延层的机械剥离。目前，关于 AlN 的范德瓦耳斯外延研究越来越多，在少层二维材料 (石墨烯或 hBN) 上已经可以得到表面平整、晶体质量好的 AlN 薄膜，但是可剥离的 AlN 外延层裂纹多、晶体质量很差 [174]，故多层二维材料上的 AlN 范德瓦耳斯外延仍需要进一步研究。

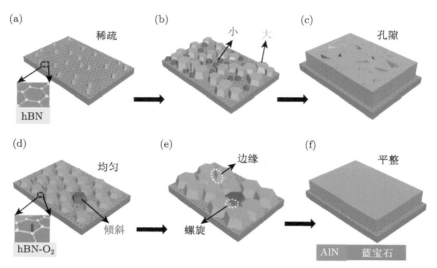

图 3-20   两种 hBN 上两步法生长 AlN 的生长模型示意图 [171]：(a)~(c) hBN 上 AlN 三个生长阶段 (低温成核、高温成核和薄膜形成)；(d)~(f) hBN-O₂ 上 AlN 三个生长阶段 (低温成核、高温成核和薄膜形成)

参 考 文 献

[1] 陆大成，段树坤. 金属有机化合物气相外延基础及应用. 北京：科学出版社，2009.

[2] Stringfellow G B. Organometallic Vapor-Phase Epitaxy: Theory and Practice. New York: Academic Press, 1999.

[3] Chen C H, Liu H, Steigerwald D, et al. A study of parasitic reactions between NH₃ and TMGa or TMAl. Journal of Electronic Materials, 1996, 25 (6): 1004-1006.

[4] Mihopoulos T G, Gupta V, Jensen K F. A reaction-transport model for AlGaN MOVPE growth. Journal of Crystal Growth, 1998, 195(1-4): 733-739.

[5] Uchida T, de Kusakabe K, Ohkawa K, et al. Influence of polymer formation on metalorganic vapor-phase epitaxial growth of AlN. Journal of Crystal Growth, 2007, 304(1): 133-140.

[6] Leys M R. Fundamental growth kinetics in MOMBE/CBE, MBE and MOVPE. Journal of Crystal Growth, 2000, 209 (2/3): 225-231.

[7] Zhao D G, Zhu J J, Jiang D S, et al. Parasitic reaction and its effect on the growth rate of AlN by metalorganic chemical vapor deposition. Journal of Crystal Growth, 2006,

289: 72-75.

[8] Danielsson O, Janzen E. Using N_2 as precursor gas in III-nitride CVD growth. Journal of Crystal Growth, 2003, 253: 26-37.

[9] Creighton J R, Wang G T, Breiland W G, et al. Nature of the parasitic chemistry during AlGaInN OMVPE. Journal of Crystal Growth, 2004, 261: 204-213.

[10] Coltrin M E, Creighton J R, Mitchell C C, et al. Modeling the parasitic chemical reactions of AlGaN organometallic vapor-phase epitaxy. Journal of Crystal Growth, 2006, 287(2): 566-571.

[11] Kondratyev A V, Talalaev R A, Lundin W V, et al. Aluminum incorporation control in AlGaN MOVPE: experimental and modeling study. Journal of Crystal Growth, 2004, 272: 420-425.

[12] Deng Y, Zhao D G, Le L C, et al. Relationship between the growth rate and Al incorporation of AlGaN by metalorganic chemical vapor deposition. Journal of Alloys and Compounds, 2011, 509: 748-750.

[13] Keller S, Parish G, Fini P T, et al. Metalorganic chemical vapor deposition of high mobility AlGaN/GaN heterostructures. Journal of Applied Physics, 1999, 86 (10): 5850.

[14] Bai J, Wang T, Parbrook P J, et al. V-shaped pits formed at the GaN/AlN interface. Journal of Crystal Growth, 2006, 289(1): 63.

[15] Nagamatsu K, Okada N, Kato N, et al. Effect of c-plane sapphire misorientation on the growth of AlN by high-temperature MOVPE. Physica Status Solidi (c), 2008, 5(9): 3048.

[16] Bai J, Dudley M, Sun W H, et al. Reduction of threading dislocation densities in AlN/sapphire epilayers driven by growth mode modification. Applied Physics Letters, 2006, 88: 051903.

[17] Lobanova A V, Yakovlev E V, Talalaev R A, et al. Growth conditions and surface morphology of AlN MOVPE. Journal of Crystal Growth, 2008, 310: 4935-4938.

[18] Bryan I, Bryan Z, Mita S, et al. Surface kinetics in AlN growth: a universal model for the control of surface morphology in III-nitrides. Journal of Crystal Growth, 2016, 438: 81-89.

[19] Tersoff J, Phang Y H, Zhang Z Y, et al. Step-bunching instability of vicinal surfaces under stress. Physical Review Letters, 1995, 75: 2730.

[20] Xie M H, Leung S Y, Tong S Y, et al. What causes step bunching—negative Ehrlich-Schwoebel barrier versus positive incorporation barrier. Surface Science, 2002, 515(1): L459.

[21] Kusch G, Li H N, Edwards P R, et al. Influence of substrate miscut angle on surface morphology and luminescence properties of AlGaN. Applied Physics Letters, 2014, 104(9): 092114.

[22] Venezuela P, Tersoff J. Alloy decomposition during growth due to mobility differences. Physical Review B, 1998, 58 (16): 10871.

[23] Mukherjee K, Beaton D A, Christian T, et al. Growth, microstructure, and luminescent properties of direct-bandgap InAlP on relaxed InGaAs on GaAs substrates. Journal of Applied Physics, 2013, 113 (18): 183518.

[24] Bryan I, Bryan Z, Mita S, et al. The role of surface kinetics on composition and quality of AlGaN. Journal of Crystal Growth, 2006, 451: 65-71.

[25] Kneissl M, Rass J. III-Nitride Ultraviolet Emitters Technology and Applications.Berlin: Springer, 2016.

[26] Kueller V, Knauer A, Brunner F, et al. Investigation of inversion domain formation in AlN grown on sapphire by MOVPE. Physica Status Solidi (c), 2012, 9: 496-498.

[27] Reentila O, Brunner F, Knauer A, et al. Effect of the AlN nucleation layer growth on AlN material quality. Journal of Crystal Growth, 2008, 310: 4932-4934.

[28] Hashimoto T, Terakoshi Y, Ishida M, et al. Structural investigation of sapphire surface after nitridation. Journal of Crystal Growth, 1998, 189: 254-258.

[29] Yoshikawa A, Nagatomi T, Morishita T, et al. High-quality AlN film grown on a nano-sized concave-convex surface sapphire substrate by metalorganic vapor phase epitaxy. Applied Physics Letters, 2017, 111(16): 162102.

[30] Yang J S, Sodabanlu H, Waki I, et al. Low temperature metal organic vapor phase epitaxial growth of AlN by pulse injection method at 800 ℃. Japanese Journal of Applied Physics, 2007, 46(38): L927-L929.

[31] Demir I, Li H, Robin Y, et al. Sandwich method to grow high quality AlN by MOCVD. Journal of Physics D Applied Physics, 2018, 51 (8): 085104.

[32] 冉军学, 蒋国文, 胡强, 等. 48 片 2 英寸生产型高温 MOCVD 生长 AlN 研究. 第 14 届全国 MOCVD 学术会议论文集, 2016: 104.

[33] 杜泽杰, 段瑞飞, 魏同波, 等. 使用溅射 AlN 成核层实现大规模生产深紫外 LED. 半导体技术, 2017, 9: 675-680.

[34] Zhang L S, Xu F J, Wang M X, et al. High-quality AlN epitaxy on sapphire substrates with sputtered buffer layers. Superlattices and Microstructures, 2017, 105: 34-38.

[35] Nakamura K, Hirako A, Ohkawa K, et al. Analysis of pulsed injection of precursors in AlN-MOVPE growth by computational fluid simulation.Physica Status Solidi (c), 2010, 7 (7/8): 2269.

[36] Endres D, Mazumder S. Numerical investigation of pulsed chemical vapor deposition of aluminum nitride to reduce particle formation. Journal of Crystal Growth, 2011, 335 (1): 42-50.

[37] Kroncke H, Figge S, Aschenbrenner T, et al. Growth of AlN by pulsed and conventional MOVPE. Journal of Crystal Growth, 2013, 381: 100-106.

[38] Khan M A, Kuznia J N, Skogman R A, et al. Low-pressure metalorganic chemical vapor

deposition of AlN over sapphire substrates. Applied Physics Letters, 1992, 61(21): 2539-2541.

[39] Khan M A, Skogman R A, van Hove J M, et al. Atomic layer epitaxy of GaN over sapphire using switched metalorganic chemical vapor-deposition. Applied Physics Letters, 1992, 60(11): 1366-1368.

[40] Khan M A, Kuznia J N, Olson D T, et al. GaN/AlN digital alloy short-period superlattices by switched atomic layer metalorganic chemical-vapor-deposition. Applied Physics Letters, 1993, 63(25): 3470-3472.

[41] Khan M A, Adivarahan V, Zhang J P, et al. Stripe geometry ultraviolet light emitting diodes at 305 nanometers using quaternary AlInGaN multiple quantum wells. Japanese Journal of Applied Physics, 2001, 40 (12A): L1308-L1310.

[42] Zhang J P, Kuokstis E, Fareed Q, et al. Pulsed atomic layer epitaxy of quaternary AlInGaN layers for ultraviolet light emitters. Physica Status Solidi(a), 2001, 188(1): 95-99.

[43] Zhang J P, Khan M A, Sun W H, et al. Pulsed atomic-layer epitaxy of ultrahigh-quality $Al_xGa_{1-x}N$ structures for deep ultraviolet emissions below 230nm. Applied Physics Letters, 2002, 81 (23): 4392-4394.

[44] Wang H M, Zhang J P, Chen C Q, et al. AlN/AlGaN superlattices as dislocation filter for low-threading-dislocation thick AlGaN layers on sapphire. Applied Physics Letters, 2002, 81 (4): 604-606.

[45] Zhang J P, Wang H M, Gaevski M E, et al. Crack-free thick AlGaN grown on sapphire using AlN/AlGaN superlattices for strain management. Applied Physics Letters, 2002, 80 (19): 3542-3544.

[46] Adivarahan V, Sun W H, Chitnis A, et al. 250nm AlGaN light-emitting diodes. Applied Physics Letters, 2004, 85 (12): 2175-2177.

[47] Adivarahan V, Wu S, Zhang J P, et al. High-efficiency 269nm emission deep ultraviolet light-emitting diodes. Applied Physics Letters, 2004, 84 (23): 4762-4764.

[48] Adivarahan V, Zhang J P, Chitnis A, et al. Sub-milliwatt power III-N light emitting diodes at 285nm. Japanese Journal of Applied Physics, 2002, 41(4B): L435-L436.

[49] Chitnis A, Zhang J P, Adivarahan V, et al. 324nm light emitting diodes with milliwatt powers. Japanese Journal of Applied Physics, 2002, 41(48): L450-L451.

[50] Zhang J P, Chitnis A, Adivarahan V, et al. Milliwatt power deep ultraviolet light-emitting diodes over sapphire with emission at 278nm. Applied Physics Letters, 2002, 81 (26): 4910-4912.

[51] Sun W H, Zhang J P, Adivarahan V, et al. AlGaN-based 280nm light-emitting diodes with continuous wave powers in excess of 1.5mW. Applied Physics Letters, 2004, 85 (4): 531-533.

[52] Ambacher O. Growth and applications of group III-nitrides. Journal of Physics D

Applied Physics, 1998, 31(20): 2653-2710.

[53] Zhang J P, Hu X H, Lunev A, et al. AlGaN deep-ultraviolet light-emitting diodes. Japanese Journal of Applied Physics, 2005, 44(10): 7250-7253.

[54] Hirayama H, Yatabe T, Noguchi N, et al. 231-261nm AlGaN deep-ultraviolet light-emitting diodes fabricated on AlN multilayer buffers grown by ammonia pulse-flow method on sapphire. Applied Physics Letters, 2007, 91 (7): 071901.

[55] Hirayama H, Yatabe T, Noguchi N, et al. 226-273nm AlGaN deep-ultraviolet light-emitting diodes fabricated on multilayer AlN buffers on sapphire.Physica Status Solidi (c), 2008, 5 (9): 2969-2971.

[56] Hirayama H, Fujikawa S, Noguchi N, et al. 222-282nm AlGaN and InAlGaN-based deep-UV LEDs fabricated on high-quality AlN on sapphire. Physica Status Solidi (a), 2009, 206 (6): 1176-1182.

[57] Banal R G, Funato M, Kawakami Y. Initial nucleation of AlN grown directly on sapphire substrates by metal-organic vapor phase epitaxy. Applied Physics Letters, 2008, 92 (24): 241905.

[58] Banal R G, Funato M, Kawakami Y. Characteristics of high Al-content AlGaN/AlN quantum wells fabricated by modified migration enhanced epitaxy.Physica Status Solidi (c), 2010, 7: 2111-2114.

[59] Chen Z, Fareed R S Q, Gaevski M, et al. Pulsed lateral epitaxial overgrowth of aluminum nitride on sapphire substrates. Applied Physics Letters, 2006, 89 (8): 081905.

[60] Adivarahan V, Fareed Q, Islam M, et al. Robust 290nm emission light emitting diodes over pulsed laterally overgrown AlN. Japanese Journal of Applied Physics, 2007, 46: L877-L879.

[61] Imura M, Nakano K, Kitano T, et al. Microstructure of epitaxial lateral overgrown AlN on trench-patterned AlN template by high-temperature metal-organic vapor phase epitaxy. Applied Physics Letters, 2006, 89 (22): 221901.

[62] Imura M, Nakano K, Narita G, et al. Epitaxial lateral overgrowth of AlN on trench-patterned AlN layers. Journal of Crystal Growth, 2007, 298: 257-260.

[63] Kim M, Fujita T, Fukahori S, et al. AlGaN-based deep ultraviolet light-emitting diodes fabricated on patterned sapphire substrates. Applied Physics Express, 2011, 4 (9): 092102.

[64] Iida K, Watanabe H, Takeda K, et al. High-efficiency AlGaN based UV emitters grown on high-crystalline-quality AlGaN using grooved AlN layer on sapphire substrate. Physica Status Solidi(a), 2007, 204 (6): 2000-2004.

[65] Tsuzuki H, Mori F, Takeda K, et al. Novel UV devices on high-quality AlGaN using grooved underlying layer. Journal of Crystal Growth, 2009, 311 (10): 2860-2863.

[66] Jain R, Sun W, Yang J, et al. Migration enhanced lateral epitaxial overgrowth of AlN and AlGaN for high reliability deep ultraviolet light emitting diodes. Applied Physics

Letters, 2008, 93 (5): 051113.

[67] Shur M S, Gaska R, Shatalov M,et al. Deep-ultraviolet light-emitting diodes.IEEE Transactions on Electron Devices, 2010, 57 (1): 12-25.

[68] Hirayama H, Norimatsu J, Noguchi N, et al. Milliwatt power 270nm-band AlGaN deep-UV LEDs fabricated on ELO-AlN templates. Physica Status Solidi (c), 2009, 6: S474-S477.

[69] Kueller V, Knauer A, Brunner F, et al. Growth of AlGaN and AlN on patterned AlN/sapphire templates. Journal of Crystal Growth, 2011, 315 (1): 200-203.

[70] Kueller V, Knauer A, Zeimer U, et al. Controlled coalescence of MOVPE grown AlN during lateral overgrowth. Journal of Crystal Growth, 2013, 368: 83-86.

[71] Yan J C, Wang J X, Liu N X, et al. High quality AlGaN grown on a high temperature AlN template by MOCVD. Journal of Semiconductors, 2009, 10: 103001.

[72] Dong P, Yan J C, Zhang Y, et al. AlGaN-based deep ultraviolet light-emitting diodes grown on nano-patterned sapphire substrates with significant improvement in internal quantum efficiency. Journal of Crystal Growth, 2014, 395: 9-13.

[73] Allerman A A, Crawford M H, Lee S R, et al. Low dislocation density AlGaN epilayers by epitaxial overgrowth of patterned templates. Journal of Crystal Growth, 2014, 388: 76-82.

[74] Tran B T, Hirayama H, Jo M, et al. High-quality AlN template grown on a patterned Si(111) substrate. Journal of Crystal Growth, 2017, 468: 225-229.

[75] Hagedorn S, Knauer A, Brunner F, et al. High-quality AlN grown on a thermally decomposed sapphire surface. Journal of Crystal Growth, 2017, 479: 16-21.

[76] Nakamura S, Mukai T, Senoh M.Si- and Ge-doped GaN films grown with GaN buffer layers. Journal of Applied Physics, 2010, 108: 043510.

[77] Kirste R, Hoffmann M P, Sachet E, et al. Ge doped GaN with controllable high carrier concentration for plasmonic applications. Applied Physics Letters, 2013, 103 (24): 242107.

[78] Fritze S, Dadgar A, Witte H, et al. High Si and Ge n-type doping of GaN doping—limits and impact on stress. Applied Physics Letters, 2012, 100 (12): 122104.

[79] Adivarahan V, Simin G, Tamulaitis G, et al. Indium-silicon co-doping of high-aluminum-content AlGaN for solar blind photodetectors. Applied Physics Letters,2001, 79:1903.

[80] Nam K B, Li J, Nakarmi M L, et al. Achieving highly conductive AlGaN alloys with high Al contents. Applied Physics Letters, 2002, 81: 1038.

[81] Taniyasu Y, Kasu M, Kobayashi N, et al. Intentional control of n-type conduction for Si-doped AlN and $Al_xGa_{1-x}N(0.42 \leqslant x < 1)$. Applied Physics Letters, 2002, 81: 1255.

[82] Amano H, Kito M, Hiramatsu K, et al. P-type conduction in Mg-doped GaN treated with low-energy electron beam irradiation(LEEBI). Japanese Journal of Applied Physics Part 2- Letter & Express Letters, 1989, 28 (12): L2112-L2114.

[83]　Nakamura S, Iwasa N, Senoh M, et al. Hole compensation mechanism of p-type GaN films. Japanese Journal of Applied Physics, 1992, 31 (5A): 1258-1266.

[84]　Mehnke F, Wernicke T, Pingel H, et al. Highly conductive n-$Al_xGa_{1-x}N$ layers with aluminum mole fractions above 80%. Applied Physics Letters, 2013, 103 (21): 212109.

[85]　Nakarmi M L, Kim K H, Zhu K, et al. Transport properties of highly conductive n-type Al-rich $Al_xGa_{1-x}N(x \geqslant 0.7)$. Applied Physics Letters,2004, 85 (17): 3769.

[86]　Taniyasu Y, Kasu M, Makimoto T, et al. An aluminium nitride light-emitting diode with a wavelength of 210 nanometres. Nature, 2006, 441 (7091): 325.

[87]　Collazo R, Mita S, Xie J Q, et al. Progress on n-type doping of AlGaN alloys on AlN single crystal substrates for UV optoelectronic applications. Physica Status Solidi (c), 2011, 8: 2031-2033.

[88]　Park C H, Chadi D J. Stability of deep donor and acceptor centers in GaN, AlN, and BN. Physical Review B, 1997, 55 (19): 995.

[89]　van de Walle C G. DX-center formation in wurtzite and zinc-blende $Al_xGa_{1-x}N$. Physical Review B, 1998, 57 (4): R2033.

[90]　Son N T, Bickermann M, Janzen E, et al. Shallow donor and DX states of Si in AlN. Applied Physics Letters, 2011, 98 (9): 092104.

[91]　Zeisel R, Bayerl M W, Goennenwein S T B, et al. DX-behavior of Si in AlN. Physical Review B, 2006, 61 (24): R16283.

[92]　Bryan I, Bryan Z, Washiyama S, et al. Doping and compensation in Al-rich AlGaN grown on single crystal AlN and sapphire by MOCVD. Applied Physics Letters, 2018, 112 (6): 062102.

[93]　van de Walle C G, Neugebauer J. First-principles calculations for defects and impurities: applications to III-nitrides. Journal of Applied Physics, 2004, 95 (8): 3851.

[94]　Chen K X, Dai Q, Lee W, et al. Parasitic sub-band-gap emission originating from compensating native defects in Si doped AlGaN. Applied Physics Letters, 2007, 91 (12): 121110.

[95]　Pyeon J, Kim J, Jeon M, et al. Self-compensation effect in Si-doped $Al_{0.55}Ga_{0.45}N$ layers for deep ultraviolet applications. Japanese Journal of Applied Physics, 2015, 54 (5): 051002.

[96]　Kakanakova-Georgieva A, Nilsson D, Trinh X T, et al. The complex impact of silicon and oxygen on the n-type conductivity of high-Al-content AlGaN. Applied Physics Letters, 2013, 102 (13): 132113.

[97]　Silvestri L, Dunn K, Prawer S, et al. Hybrid functional study of Si and O donors in wurtzite AlN. Applied Physics Letters,2011, 99 (12): 122109.

[98]　Chen H C, Ahmad I, Zhang B, et al. Pulsed modulation doping of $Al_xGa_{1-x}N$ ($x>0.6$) AlGaN epilayers for deep UV optoelectronic devices. Physica Status Solidi (c),2014, 11: 408-411.

[99]   Wang W, Gan X W, Xu Y, et al. High-quality n-type aluminum gallium nitride thin films grown by interrupted deposition and in-situ thermal annealing. Materials Science in Semiconductor Processing, 2015, 30: 612-617.

[100] Grandusky J R, Smart J A, Mendrick M C, et al. Pseudomorphic growth of thick n-type $Al_xGa_{1-x}N$ layers on low-defect-density bulk AlN substrates for UV LED applications. Journal of Crystal Growth, 2009, 311 (10): 2864-2866.

[101] Ren Z, Sun Q, Kwon S Y, et al. Heteroepitaxy of AlGaN on bulk AlN substrates for deep ultraviolet light emitting diodes. Applied Physics Letters, 2007, 91 (5): 051116

[102] Knauer A, Zeimer U, Kueller V, et al. MOVPE growth of $Al_xGa_{1-x}N$ with $x \sim 0.5$ on epitaxial laterally overgrown AlN/sapphire templates for UV-LEDs.Physica Status Solidi C, 2014, 11: 377-380.

[103] Armstrong A M, Moseley M, Allerman A A, et al. Growth temperature dependence of Si doping efficiency and compensating deep level defect incorporation in $Al_{0.7}Ga_{0.3}N$. Journal of Applied Physics, 2015, 117: 185704.

[104] Ikenaga K, Mishima A, Yano Y, et al. Growth of silicon-doped $Al_{0.6}Ga_{0.4}N$ with low carbon concentration at high growth rate using high-flow-rate metal organic vapor phase epitaxy reactor. Japanese Journal of Applied Physics, 2016, 55 (5): 05FE04.

[105] Kakanakova-Georgieva A, Sahonta S L, Nilsson D, et al. n-Type conductivity bound by the growth temperature: the case of $Al_{0.72}Ga_{0.28}N$ highly doped by silicon. Journal of Materials Chemistry C Materials for Optical & Electronic Devices, 2016, 4: 8291-8296.

[106] Al tahtamouni T M, Sedhain A, Lin J Y, et al. Si-doped high Al-content AlGaN epilayers with improved quality and conductivity using indium as a surfactant. Applied Physics Letters, 2008, 92(9): 092105.

[107] Sugiura L, Suzuki M, Nishio J, et al. Characteristics of Mg-doped GaN and Al-GaN grown by H_2-ambient and N_2-ambient metalorganic chemical vapor deposition. Japanese Journal of Applied Physics, 1998, 37(7): 3878-3881.

[108] Tanaka T, Watanabe A, Amano H, et al. p-type conduction in Mg-doped GaN and $Al_{0.08}Ga_{0.92}N$ grown by metalorganic vapor phase epitaxy. Applied Physics Letters, 1994, 65: 593.

[109] Suzuki M, Nishio J, Onomura M, et al. Doping characteristics and electrical properties of Mg-doped AlGaN grown by atmospheric-pressure MOCVD. Journal of Crystal Growth, 1998, 189: 511-515.

[110] Chakraborty A, Moe C G, Wu Y, et al. Journal of Applied Physics, 2007, 1010: 053717.

[111] Nam K B, Nakarmi M L, Li J, et al. Mg acceptor level in AlN probed by deep ultraviolet photoluminescence. Applied Physics Letters,2003, 83 (5): 878.

[112] Jiang H X, Lin J Y. Hexagonal boron nitride for deep ultraviolet photonic devices. Semiconductor Science and Technology, 2014, 29(8): 84003-84016.

[113] Nakarmi M L, Kim K H, Khizar M, et al. Electrical and optical properties of Mg-doped

Al$_{0.7}$Ga$_{0.3}$N alloys. Applied Physics Letters, 2005, 86 (9): 092108.

[114] van de Walle C G, Stampfl C, Neugebauer J. Theory of doping and defects in III-V nitrides. Journal of Crystal Growth, 1998, 189: 505-510.

[115] Kinoshita T, Obata T, Yanagi H, et al. High p-type conduction in high-Al content Mg-doped AlGaN. Applied Physics Letters, 2013, 102 (1): 012105.

[116] Taniyasu Y, Kasu M. Aluminum nitride deep-ultraviolet light-emitting p-n junction diodes. Diamond and Related Materials, 2008, 17: 1273-1277.

[117] Jeon S R, Ren Z, Cui G, et al. Investigation of Mg doping in high-Al content p-type Al$_x$Ga$_{1-x}$N(0.3< x <0.5). Applied Physics Letters, 2005, 86 (8): 082107.

[118] Stampfl C, van de Walle C G. Theoretical investigation of native defects, impurities, and complexes in aluminum nitride. Physical Review B, 2002, 65 (15): 1552.

[119] Yang M Z, Fu X Q, Guo J, et al. Electronic structure and optical properties of Al$_{0.25}$Ga$_{0.75}$N with point defects and Mg-defect complexes. Optical & Quantum Electronics, 2018, 50 (2): 60.

[120] Nakarmi M L, Nepal N, Lin J Y, et al. Photoluminescence studies of impurity transitions in Mg-doped AlGaN alloys. Applied Physics Letters, 2009, 94 (9): 091903.

[121] Obata T, Hirayama H, Aoyagi Y, et al. Growth and annealing conditions of high Al-content p-type AlGaN for deep-UV LEDs. Physica Status Solidi (a), 2004, 201:2803-2807.

[122] Liang F, Yang J, Zhao D G, et al. Influence of hydrogen impurity on the resistivity of low temperature grown p- Al$_x$Ga$_{1-x}$N layer (0.08$\leqslant$ x $\leqslant$ 0.104). Superlattices and Microstructures, 2018, 113 : 720-725.

[123] Nagata K, Ichikawa T, Takeda K, et al. High-output-power AlGaN/GaN ultraviolet-light-emitting diodes by activation of Mg-doped p-type AlGaN in oxygen ambient. Physica Status Solidi (a), 2010, 207: 1393-1396.

[124] Wu Z L, Zhang X, Fan A J, et al. Enhanced hole concentration in nonpolar a-plane p-AlGaN film with multiple-step rapid thermal annealing technique. Journal of Physics D Applied Physics, 2018, 51: 095101.

[125] Naranjo F B, Sanchez-Garcia M A, Pau J L, et al. Study of the effects of Mg and Be co-doping in GaN layers. Physica Status Solidi (a), 2000, 180: 97-102.

[126] Yamamoto T, Katayama-Yoshida H. Materials design for the fabrication of low-resistivity p-type GaN using a codoping method. Japanese Journal of Applied Physics, 1997, 36: L180-L183.

[127] Yamamoto T, Katayama-Yoshida H. Electronic structures of p-type GaN codoped with Be or Mg as the acceptors and Si or O as the donor codopants. Journal of Crystal Growth, 1998, 189: 532-536.

[128] Korotkov R Y, Gregie J M, Wessels B W. Electrical properties of p-type GaN: Mg codoped with oxygen. Applied Physics Letters, 2001, 78 (2): 222.

[129] Brandt O, Yang H, Kostial H, et al. High p-type conductivity in cubic GaN/GaAs(113)A by using Be as the acceptor and O as the codopant. Applied Physics Letters, 1996, 69(18): 2707.

[130] Aoyagi Y, Takeuchi M, Iwai S, et al. High hole carrier concentration realized by alternative co-doping technique in metal organic chemical vapor deposition. Applied Physics Letters,2011, 99 (11): 112110.

[131] Kim K S, Han M S, Yang G M, et al. Codoping characteristics of Zn with Mg in GaN. Applied Physics Letters, 2000, 77(8): 1123.

[132] Aoyagi Y, Takeuchi M, Iwai S, et al. Formation of AlGaN and GaN epitaxial layer with high p-carrier concentration by pulse supply of source gases. AIP Advances, 2012, 2(1): 012177.

[133] Schubert E F, Grieshaber W, Goepfert I D. Enhancement of deep acceptor activation in semiconductors by superlattice doping. Applied Physics Letters,1996, 69 (24): 3737.

[134] Li J C, Yang W H, Li S P, et al. Enhancement of p-type conductivity by modifying the internal electric field in Mg- and Si-δ-codoped Al$_x$Ga$_{1-x}$N/Al$_y$Ga$_{1-y}$N superlattices. Applied Physics Letters, 2009, 95: 151113.

[135] Allerman A A, Crawford M H, Miller M A, et al. Growth and characterization of Mg-doped AlGaN-AlN short-period superlattices for deep-UV optoelectronic devices. Journal of Crystal Growth, 2010, 312: 756-761.

[136] Al tahtamouni T M, Lin J Y, Jiang H X, et al. Effects of Mg-doped AlN AlGaN superlattices on properties of p-GaN contact layer and performance of deep ultraviolet light emitting diodes. AIP Advances, 2014, 4: 047122.

[137] Bayram C, Pau J L, McClintock R, et al. Delta-doping optimization for high quality p-type GaN. Journal of Applied Physics, 2008, 104: 083512.

[138] Li T, Simbrunner C, Wegscheider M, et al. GaN: delta-Mg grown by MOVPE: structural properties and their effect on the electronic and optical behavior. Journal of Crystal Growth, 2008, 310: 13-21.

[139] Chen Y D, Wu H L, Han E Z, et al. High hole concentration in p-type AlGaN by indium-surfactant-assisted Mg-delta doping. Applied Physics Letters, 2015, 106: 162102.

[140] Jiang X H, Shi J J, Zhang M, et al. Reduction of the Mg acceptor activation energy in GaN, AlN, Al$_{0.83}$Ga$_{0.17}$N and Mg-Ga δ-doping (AlN)/(GaN): the strain effect. Journal of Physics D Applied Physics, 2015, 48: 475104.

[141] Jiang X H, Shi J J, Zhang M,et al. Improvement of p-type conductivity in Al-rich AlGaN substituted by Mg-Ga delta-doping (AlN)$_m$/(GaN)$_n$ ($m \geqslant n$) superlattice. Journal of Alloys and Compounds, 2016, 686: 484-488.

[142] Burnham S D, Namkoong G, Look D C, et al. Reproducible increased Mg incorporation and large hole concentration in GaN using metal modulated epitaxy. Journal of Applied Physics, 2008, 104: 024902.

[143] Namkoong G, Trybus E, Lee K K, et al. Metal modulation epitaxy growth for extremely high hole concentrations above 10^{19}cm^{-3} in GaN. Applied Physics Letters, 2008, 93: 172112.

[144] Gunning B P, Fabien C A M, Merola J J, et al. Comprehensive study of the electronic and optical behavior of highly degenerate p-type Mg-doped GaN and AlGaN. Journal of Applied Physics, 2015, 117: 045710.

[145] Jena D, Heikman S, Green D, et al. Realization of wide electron slabs by polarization bulk doping in graded III-V nitride semiconductor alloys. Applied Physics Letters, 2002, 81: 4395.

[146] Zhang L, Ding K, Yan J C, et al. Three-dimensional hole gas induced by polarization in (0001)-oriented metal-face III-nitride structure. Applied Physics Letters, 2010, 97: 062103.

[147] Zhang L, Ding K, Liu N X, et al. Theoretical study of polarization-doped GaN-based light-emitting diodes. Applied Physics Letters, 2011, 98: 101110.

[148] Koma A, Sunouchi K, Miyajima T. Fabrication and characterization of heterostructures with subnanometer thickness. Microelectronic Engineering, 1984, 2: 129.

[149] Utama M I B, Zhang Q, Zhang J. Recent developments and future directions in the growth of nanostructures by van der Waals epitaxy. Nanoscale, 2013, 5: 3570-3588.

[150] Sun X, Shi J, Washington M A, et al. Probing the interface strain in a 3D-2D van der Waals heterostructure. Applied Physics Letters, 2017, 111(15): 151603.

[151] Kim Y, Curz S S, Lee K, et al. Remote epitaxy through graphene enables two-dimensional material-based layer transfer. Nature, 2017, 544 (7650): 340-343.

[152] Kim D Y, Han N, Jeong H, et al. Pressure-dependent growth of wafer-scale few-layer h-BN by metal organic chemical vapor deposition. Crystal Growth & Design, 2017, 17 (5): 2569-2575.

[153] Zhang K L, Feng Y L, Wang F, et al. Two dimensional hexagonal boron nitride (2D-hBN): synthesis, properties and applications. Journal of materials Chemistry C, 2017, 5 (46): 11992-12022.

[154] Chen Z L, Guan B L, Chen X D, et al. Fast and uniform growth of graphene glass using confined-flow chemical vapor deposition and its unique applications. Nano Research, 2016, 9 (10): 3048-3055.

[155] Wang G X, Yang D Z, Zhang Z Y, et al. Decoding the mechanism of the mechanical transfer of a GaN-based heterostructure via an h-BN release layer in a device configuration. Applied Physics Letters, 2014, 105 (12): 121605.

[156] Chung K, Lee C H, Yi G C. Transferable GaN layers grown on ZnO-coated graphene layers for optoelectronic devices. Science, 2010, 330 (6004): 655-657.

[157] Chung K, Park S I, Baek H, et al. High-quality GaN films grown on chemical vapor-deposited graphene films. NPG Asia Materials, 2012, 4: e24.

[158] Kim J, Bayram C, Park H, et al. Principle of direct van der Waals epitaxy of single-crystalline films on epitaxial graphene. Nature Communications, 2014, 5: 4836.

[159] Kobayashi Y, Kumakura K, Akasaka T, et al. Layered boron nitride as a release layer for mechanical transfer of GaN-based devices. Nature, 2012, 484 (7393): 223-227.

[160] Makimoto T, Kumakura K, Kobayashi Y, et al. A vertical InGaN/GaN light-emitting diode fabricated on a flexible substrate by a mechanical transfer method using BN. Applied Physics Express, 2012, 5 (7): 072102.

[161] Hiroki M, Kumakura K, Kobayashi Y, et al. GaN on h-BN technique for release and transfer on nitride devices. Proceedings of 4th IEEE International Workshop on Low Temperature Bonding for 3D Integration, Tokyo, July 15-16, 2014: 31.

[162] Hiroki M, Kumakura K, Kobayashi Y, et al. Suppression of self-heating effect in Al-GaN/GaN high electron mobility transistors by substrate-transfer technology using h-BN. Applied Physics Letters, 2014, 105 (19): 193509.

[163] Hiroki M, Kumakura K, Yamamoto H. Efficient heat dissipation in AlGaN/GaN high electron mobility transistors by substrate-transfer technique. Physica Status Solidi (a), 2017, 214: 8.

[164] Paduano Q, Snure M, Siegel G, et al. Growth and characteristics of AlGaN/GaN heterostructures on sp(2)-bonded BN by metal-organic chemical vapor deposition. Journal of Materials Research, 2016, 31 (15): 2204-2213.

[165] Glavin N, Chabak K, Heller E, et al. Flexible gallium nitride for high-performance, strainable radio-frequency devices. Advanced Materials, 2017, 29 (47): 1701838.

[166] Ayari T, Sundaram S, Li X, et al. Wafer-scale controlled exfoliation of metal organic vapor phase epitaxy grown InGaN/GaN multi quantum well structures using low-tack two-dimensional layered h-BN. Applied Physics Letters, 2016, 108 (17): 171106.

[167] Ayari T, Bishop C, Jordan M B, et al. Gas sensors boosted by two-dimensional h-BN enabled transfer on thin substrate foils: towards wearable and portable applications. Scientific Reports, 2017, 7: 8.

[168] Chung K, Oh H, Jo J, et al. Transferable single-crystal GaN thin films grown on chemical vapor-deposited hexagonal BN sheets. NPG Asia Materials, 2017, 9: 6.

[169] Zeng Q, Chen Z L, Zhao Y, et al. Graphene-assisted growth of high-quality AlN by metalorganic chemical vapor deposition. Japanese Journal of Applied Physics, 2016, 55: 5.

[170] Li Y, Zhao Y, Wei T B, et al. Van der Waals epitaxy of GaN-based light-emitting diodes on wet-transferred multilayer graphene film. Japanese Journal of Applied Physics, 2017, 56: 085506.

[171] Wu Q Q, Yan J C, Zhang L, et al. Growth mechanism of AlN on hexagonal BN/sapphire substrate by metal-organic chemical vapor deposition. Cryst Eng Comm, 2017, 19: 5849-5856.

[172] Wu Q Q, Yan J C, Zhang L, et al. Suppression of stress and cracks in the epitaxy of AlN by MOCVD through a hexagonal BN nucleation layer. Acta Photonica Sinica, 2017, 46: 1116001.

[173] Chen Z L, Zhang X, Dou Z P, et al. High-brightness blue light-emitting diodes enabled by a directly grown graphene buffer layer. Advanced Materials, 2018, 30: 1801608.

[174] Xu Y, Cao B, Li Z Y, et al. Growth model of van der Waals epitaxy of films: a case of AlN films on multilayer graphene/SiC. ACS Applied Materials & Interfaces, 2017, 9: 44001-44009.

[175] Al Balushi Z Y, Miyagi T, Lin Y C ,et al. The impact of graphene properties on GaN and AlN nucleation. Surface Science, 2015, 634: 81-88.

[176] Jin J, Cuong T V, Han M, et al. Significant reduction of AlN wafer bowing grown on sapphire substrate with patterned graphene oxide. Materials Letters, 2015, 160: 496-499.

[177] Choi J H, Kim J, Yoo H, et al. Heteroepitaxial growth of GaN on unconventional templates and layer-transfer techniques for large-area, flexible/stretchable light-emitting diodes. Advanced Optical Materials, 2016, 4 (4): 505-521.

[178] Tan X Y,Yang S Y,Li H J. Epitaxy of III-nitrides based on two-dimensional materials.Acta Chimica Sinica,2017, 75: 271-279.

[179] Oh H, Hong Y J, Kim K S, et al. Architectured van der Waals epitaxy of ZnO nanostructures on hexagonal BN. NPG Asia Materials, 2014, 6: e145.

[180] Zhao Y, Wu X J, Yang J L, et al. Oxidation of a two-dimensional hexagonal boron nitride monolayer: a first-principles study. Physical Chemistry Chemical Physics, 2012, 14 (16): 5545-5550.

[181] Wheeler V, Garces N, Nyakiti L, et al. Fluorine functionalization of epitaxial graphene for uniform deposition of thin high-κ dielectrics. Carbon, 2012, 50 (6): 2307-2314.

[182] Chae S J, Kim Y H, Seo T H, et al. Direct growth of etch pit-free GaN crystals on few-layer graphene. RSC Advances, 2015, 5 (2): 1343-1349.

[183] Heilmann M, Sarau G, Goebelt M, et al. Growth of GaN micro- and nanorods on graphene-covered sapphire: enabling conductivity to semiconductor nanostructures on insulating substrates. Crystal Growth & Design, 2015, 15(5): 2079-2086.

第 4 章　深紫外发光二极管的量子效率与结构设计

4.1　LED 基本参数及概念

发光效率是表征 LED 性能最重要的指标，综合反映了其材料的质量、器件结构的合理性、封装 (package) 的好坏等。众所周知，蓝光 LED 以其超高的发光效率 ($\sim$200lm/W) 打败了传统的节能灯 (数十 lm/W)，占据了通用照明市场。相比之下，深紫外 LED 的效率仍有不少提升的空间。

根据不同的场合，多个参数可以描述 LED 的发光效率。插墙效率 (wall plug efficiency，WPE) 或者能量转换效率 (power conversion efficiency，PCE) 表示总的输出光功率与输入电功率的比值，可能更多地在生产实践中被提及。而研究人员在设计器件结构时往往关注的是器件的外量子效率 (EQE)，即从器件发射的光子数与注入器件中的载流子数目之比。两者具有以下关系：

$$\text{WPE} = \frac{P_{\text{out}}}{I \cdot V} = \frac{N_{\text{photon}}\hbar\omega}{N_{\text{electron}}eV} = \eta_{\text{EQE}}\frac{\hbar\omega}{e \cdot V} \tag{4-1}$$

其中 P_{out} 表示光输出功率，I 是 LED 的驱动电流，V 是工作电压，$\hbar\omega$ 是光子能量，N_{photon} 和 N_{electron} 分别表示单位时间内发射的光子数与注入的电子数。可以看到，插墙效率是一个与工作电压相关的量，不良好的接触以及器件当中存在的额外串联电阻都会增大工作电压，从而使得插墙效率降低。

外量子效率是光电器件设计中研究者最为关心的一点，当所有的载流子都参与辐射复合且所有自发辐射的光都被提取到芯片的外面时，其外量子效率为 1。而这是做不到的，当载流子注入器件以后，并不是所有的载流子都会在有源区进行复合，它们有的没有被量子阱俘获，有的虽然已经被量子阱所捕获，但由于热发射等原因，又从量子阱中跑了出来，我们用电注入效率 η_{inj} 代表注入有源区的载流子占总的注入载流子的比例。在有源区中，存在着多种复合机制进行竞争，辐射复合效率 η_{rad} 表示通过辐射复合的载流子占总的注入有源区的载流子的比例。当载流子通过辐射复合发光以后，并不是所有的光子都能从芯片发射出来，有一部分损耗在芯片中，η_{ext} 表示光提取效率。外量子效率可以表示为这三者的乘积：

$$\eta_{\text{EQE}} = \eta_{\text{inj}}\eta_{\text{rad}}\eta_{\text{ext}} \tag{4-2}$$

式中前两项即为器件的内量子效率 η_{IQE}，这里要说明的一点是，有时候在谈论内量子效率的时候会忽略电注入效率，将内量子效率等同于辐射复合效率，尤其是在对器件进行光致发光表征的时候。

本章主要介绍深紫外发光器件的内量子效率，包括对内量子效率的简介以及高内量子效率的器件结构设计。

4.1.1　辐射复合与非辐射复合

半导体内部存在着两种基本的复合机制：辐射复合与非辐射复合。前者将电子与空穴复合的能量转化为光子的形式，在 LED 里是最希望见到的，而后者或将能量传递给晶格振动 (声子)，最终以热能的形式耗散掉，或将能量传递给其他的电子。

辐射复合涉及电子和空穴，是一个双粒子的过程，其复合速率可以表示为

$$R_{\mathrm{sp}} = Bnp \tag{4-3}$$

式中 B 为自发辐射系数，n 和 p 分别为电子浓度和空穴浓度。为了增大辐射复合速率，需要增大载流子的浓度。对于同质结来说，其载流子浓度取决于少子的扩散长度，在该载流子浓度水平下，往往是非辐射复合占主导，通常情况下发光效率较低。或是采用双异质结的形式，用禁带宽度较大的材料作为势垒层，限制载流子，增大载流子的浓度。而最通常的做法是采用量子阱作为有源区，此时辐射复合速率为

$$R = B\frac{n^{\mathrm{2D}}}{L_{\mathrm{QW}}}\frac{p^{\mathrm{2D}}}{L_{\mathrm{QW}}} \tag{4-4}$$

式中 L_{QW} 为量子阱的宽度。可以看到减少量子阱的宽度可以有效提高载流子浓度，增大发光效率。

非辐射复合往往与缺陷有关，对于缺陷来说，其能级一般位于禁带内，当能级靠近禁带的中间时，就会成为有效的复合中心。这种通过深能级复合的方式首先由 Shockley、Read、Hall 讨论，故称为 SRH 复合，其速率由下式给出：

$$R_{\mathrm{nr}} = \frac{np - n_{\mathrm{i}}^2}{\tau_{\mathrm{p}}(n + n_{\mathrm{D}}) + \tau_{\mathrm{n}}(p_0 + p_{\mathrm{D}})} \tag{4-5}$$

其中 $n_{\mathrm{D}} = N_{\mathrm{c}} \cdot \mathrm{e}^{\frac{E_{\mathrm{D}}-E_{\mathrm{C}}}{kT}}$，$p_{\mathrm{D}} = N_{\mathrm{v}} \cdot \mathrm{e}^{\frac{E_{\mathrm{v}}-E_{\mathrm{D}}}{kT}}$，$\tau_{\mathrm{n}}$ 和 τ_{p} 分别为电子和空穴的捕获时间。可以很容易看到非辐射复合的速率和少子的捕获时间有关，因为多子总是能够更容易占据陷阱能级 (trap level)。在深紫外发光器件中，穿透位错 (threading dislocation, TD) 是一种常见的影响发光性能的缺陷，会在 4.1.2 节进行讨论。

另一种非辐射复合机制是俄歇 (Auger) 复合, 俄歇复合指的是电子空穴复合的能量传递给另一个电子或空穴, 这是一个三粒子过程, 复合速率由下式给出:

$$R_{\text{Auger}} = C_{\text{p}} n p^2 \tag{4-6}$$

$$R_{\text{Auger}} = C_{\text{n}} n^2 p \tag{4-7}$$

对于宽禁带半导体来说, 其俄歇系数较小, 可以忽略。

人们常用 ABC 模型来表示平衡状态下 LED 内部的复合竞争关系, 基于不同复合途径对载流子浓度的敏感程度不同。

$$\frac{\eta_{\text{inj}} I}{V} = An + Bn^2 + Cn^3 \tag{4-8}$$

式中 A 为 SRH 系数, B 为辐射复合系数, C 为俄歇系数。

辐射复合效率可以表示为辐射复合速率占总复合速率的比值:

$$\eta_{\text{rad}} = \frac{R_{\text{sp}}}{R_{\text{sp}} + R_{\text{nr}}} \tag{4-9}$$

或是用 ABC 模型来表示:

$$\eta_{\text{rad}} = \frac{Bn}{A + Bn + Cn^2} \tag{4-10}$$

4.1.2 缺陷对内量子效率的影响

AlGaN 材料中的穿透位错对发光效率有着至关重要的影响, 在做定量分析时可以将穿透位错当作处于能隙中间的受主能级。这些杂质能级在有源区内表现为电子 "陷阱", 位错多为空位, 呈现负电荷特性, 从而在其附近形成空间电场, 其半径约为晶格大小, 这一电场指向位错中心, 因此作为少子的空穴会被这一电场俘获, 从而与其中的电子发生复合。

式 (4-5) 表明, SRH 复合与少子的捕获时间 τ_{n} 和 τ_{p} 有关, Karpov 和 Makarov[1] 建立了穿透位错密度与捕获时间的模型, 该模型很好地拟合了有关于少子扩散长度 L_{p} 的实验, 有着较高的可靠性。忽略俄歇复合的影响, 根据式 (4-3)、(4-5)、(4-9), 辐射复合效率可以表示为

$$\eta_{\text{rad}} = \frac{B}{B + [\tau_{\text{p}}(n + n_{\text{D}}) + \tau_{\text{n}}(p + p_{\text{D}})]^{-1}} \tag{4-11}$$

由 Karpov 和 Makarov 的模型, τ_{n} 和 τ_{p} 可以表示为

$$\tau_{\text{n,p}} = (4\pi D_{\text{n,p}} N_{\text{D}})^{-1} \left[\frac{2 D_{\text{n,p}}}{a V_{\text{n,p}} S} - \frac{3}{2} - \ln(\pi a^2 N_{\text{D}}) \right] \tag{4-12}$$

式中 $D_{n,p} = \dfrac{\mu_{n,p} k_B T}{q}$ 为电子、空穴的扩散系数，N_D 为位错密度，$V_{n,p} = \sqrt{\dfrac{3 k_B T}{m_{e,h}}}$
表示载流子的三维热运动。

Ban 等测试了 Al 组分在 0.15～0.73 的 AlGaN 量子阱的内量子效率 [2]，并
根据以上模型进行拟合，在 $1 \times 10^{18} cm^{-3}$ 注入条件下，当位错密度从 $6 \times 10^9 cm^{-2}$
减少到 $2 \times 10^8 cm^{-2}$ 时，内量子效率从 4% 增加到了 64%，如图 4-1 所示。更高的
内量子效率要求材料的穿透位错密度达到 $1 \times 10^7 cm^{-2}$ 以内，这对 AlGaN 材料体
系来说是较为困难的。

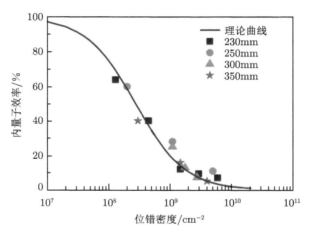

图 4-1   在 $1 \times 10^{18} cm^{-3}$ 注入条件下内量子效率与位错密度的关系 [2]

4.2   高效率深紫外器件结构设计

深紫外 LED 的器件结构与蓝光 LED 稍有不同。首先，在蓝宝石衬底上外延
一层高质量的 AlN 作为整个器件的模板，由于穿透位错的存在，这层模板的质量
很大程度上决定了器件的性能。随后外延 n 型 AlGaN 层，n 型层通常要考虑的
是高电导率，从而缓解横向结构带来的电流拥挤。在 AlN 和 n 型层之间通常会插
入一层 AlN/AlGaN 的超晶格，周期在数十纳米左右，这是由于底下 AlN 模板层
和 nAlGaN 层组分变化较大，直接生长会产生大量位错，超晶格层可以起到应力
释放、应变弛豫和位错阻断的作用。随后生长的是有源区，来产生深紫外光，通
常采用多量子阱 (MQW) 结构增大载流子的密度，提高发光效率。随后生长 p 掺
杂的高 Al 组分 AlGaN 层作为电子阻挡层 (electron-blocking layer, EBL) 防止载

流子泄漏。和蓝光 LED 不同的是，紧接着 EBL 生长的是 pAlGaN/pGaN 的异质结构作为 p 型层。

AlGaN 基紫外发光器件在器件结构设计上仍有几大难题，首先是 AlN 和 GaN 的自发极化系数存在着较大的差异，这导致在阱和垒的界面处存在着较大的极化诱导的界面电荷，使得能带弯曲、电子空穴的波函数分离 (量子限制斯塔克效应 (QCSE))，降低了辐射复合的效率。二是电注入效率低，LED 的电子泄漏从蓝光开始就被研究者所关注，但是电子泄漏的起源以及相关模型仍然需要被确认，这是由于电子泄漏是一个很难在实验上被测量的量。EBL 用于阻挡电子泄漏是一种常见的设计，在紫外 LED 中，由于低效的 p 型注入以及 EBL 的 p 型掺杂，其面临更为严重的电子泄漏问题。典型深紫外 LED 器件结构与相应的研究热点如图 4-2 所示。

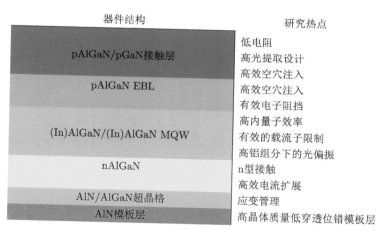

图 4-2 典型深紫外 LED 器件结构与相应的研究热点

4.2.1 提高器件辐射复合效率

提高器件辐射复合效率最为直接的方法当然是提高晶体质量，所以对于材料质量的提高或者寻求非极面的外延生长一直也是研究者关心的事。同时，我们也可以对有源区的结构或者有源区的掺杂进行优化，在材料质量无法改变时提高辐射复合效率。这里补充说明的一点是，理想情况下，由于通过缺陷进行复合的过程只和载流子浓度的 1 次方相关，我们可以通过不断地提升注入电流密度从而"减弱"缺陷的影响。然而当注入达到一定水平后，由于电子泄漏[3,4]，或者是发热[5]，甚至是俄歇复合[6]等因素的影响，内量子效率不再随着注入的增加而继续增加，反而逐渐下降，这就是所谓的效率 droop 效应[7]。由于效率 droop 效应的存在，LED 的工作电流存在一个最优值，对于紫外 LED 来说一般为数 A/cm^2。
下面将介绍对有源区进行优化从而提高辐射复合效率的方法。

1. 阱垒的优化

我们组通过外延三种不同的结构对 280nm 左右的深紫外 LED 的阱垒进行优化：在平面蓝宝石衬底上的 $1\mu m$ AlN 模板层，$1\mu m$ Si 掺杂的 $nAl_{0.55}Ga_{0.45}N$，10 个周期的 $Al_{0.55}Ga_{0.40}N/Al_{0.45}Ga_{0.55}N$ MQW 有源区。其中 $Al_{0.55}Ga_{0.45}N$ 量子垒的厚度均为 13.5nm，$Al_{0.4}Ga_{0.6}N$ 量子阱的厚度分别为 3nm、6.0nm 和 9nm。采用北京同步辐射装置 (BSRF) 作为激发光源进行 PL 测试，测试结果如图 4-3 所示。图中可以看到，随着阱宽的增加，PL 峰值波长发生红移，峰位发生展宽，说明宽阱的 QCSE 更加严重。

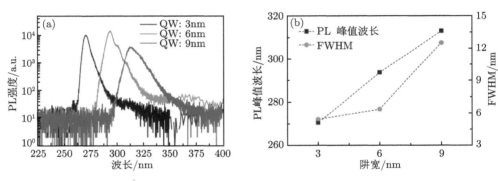

图 4-3　(a) 不同阱宽的低温 (15K)PL 谱；(b) 峰值波长和 FWHM 随阱宽的变化

同样对量子垒进行优化，在固定阱宽为 3nm 的条件下，分别选用 7.5nm、13.5nm、27.5nm 的垒进行 PL 测试，结果如图 4-4 所示。图中可以看到，除了

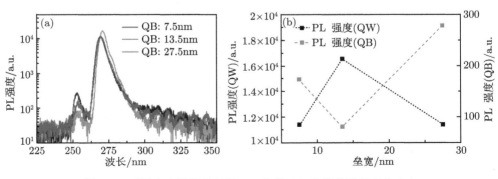

图 4-4　不同垒宽样品的低温 PL 光谱 (a) 和峰值强度变化 (b)

270.1nm 的主峰之外，还出现了 253nm 左右的次级发光峰，但是 13.5nm 垒宽对应的次级峰的强度最低，说明垒宽为 13.5nm 时，对载流子的限制能力更强。

2. 有源区 n 掺

n 掺有源区 (阱垒) 在深紫外 LED 的实际制造中是一种比较有效地提高内量子效率的方法。Li 等在生长 AlGaN/AlN 多量子阱时引入了 Si 掺杂，并以不掺杂的样品作对照进行 CL 测试 [8]，图 4-5 为 CL 测试结果。从图中可以明显看到，相对于不掺杂 Si 的样品，采用 Si 掺杂的样品的发光效率提升了 4 倍左右。Murotani 等详细地讨论了在高 Al 组分下 Si 掺杂量子阱效率提升的可能原因 [9]，并且认为对于 Si 的掺杂浓度具有一个优化窗口，如图 4-6 所示，图中的空心方形和实心圆形代表了两种不同组分的多量子阱的常温内量子效率与 Si 掺杂浓度的关联，虚线代表了该趋势。可以看到，Si 掺杂对内量子效率的提升非常明显，同时，存在一个非常狭窄的优化窗口。有多种不同的理论被提出来解释该优化窗口。

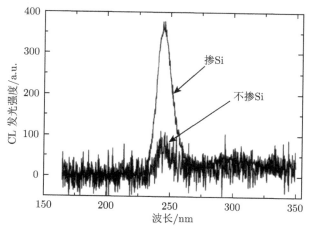

图 4-5 Si 掺杂与不掺杂量子阱的 CL 发光强度对比 [8]

首先，若假设 Si 的引入不改变材料质量，不引入额外缺陷，只是提高了有源区导带电子的数目。根据前面内量子效率的表达式 (4-11)，分母部分的 n 增大，内量子效率提升，这是由于辐射复合速率比非辐射复合速率对载流子浓度更加敏感。同时由于 $\tau_p > \tau_n$，所以 n 掺比 p 掺更有优势。但实际上，Si 杂质的引入会改变材料的质量和应力。而且该效应要求掺杂的浓度和注入的载流子浓度能够相比，但实际上由掺杂导致的电子浓度数量级在 $10^{17} \mathrm{cm}^{-3}$，而通常注入的电子浓度应该会在 $10^{18} \mathrm{cm}^{-3}$ 数量级或以上，故该效应不会太过于明显。

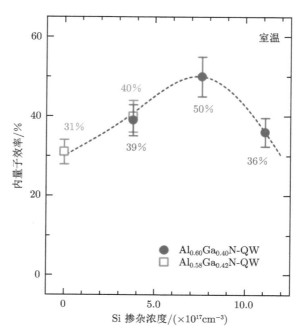

图 4-6　不同 Si 掺杂浓度下高 Al 组分 AlGaN 的内量子效率 [9]

　　除了从掺杂引起载流子浓度改变的角度，Si 掺杂对晶体质量的改善也有不少人进行研究。Li 等通过 XRD 测试，发现和不掺杂 Si 的样品相比，Si 掺杂的样品除了能够看到 MQW 的卫星峰外，还能清晰地看到二阶的伴峰，这是由 MQW 中垒和阱优异的界面质量所导致的。Si 掺杂对晶体质量提升的另一种可能性是，适度的 Si 掺杂减少了有源区点缺陷的形成，降低了有源区非辐射复合。Uedono 等通过对 Si 掺 AlGaN 进行正电子湮没谱测试，实验上给出了 Si 掺杂与 AlGaN 中金属元素空位的联系 (主要为 Al 空位)[10]。如图 4-7 所示，S 参数代表了由金属元素空位处的电子的不同动量导致的湮没谱线的展宽，可以定量地表示材料中金属元素空位及空位相关复合缺陷的数目。我们可以看到，当少量 Si 掺时，空位数目减少，但是存在一个最小值，在这之后，随着 Si 掺杂浓度的增加，金属元素空位相关缺陷不断增加。对于该现象的解释是，Si 掺初期，加入的 Si 或充当了表面活性剂，提供浸润条件来改善外延层的表面形态，或形成的 N—Si 键导致了金属元素空位的形成。但是随着 Si 浓度进一步增加，费米能级效应使得金属元素空位与其相关络合物 V_{III}-Si_{Al}(Ga) 的形成能大大降低。

　　该效应也与 AlGaN 薄膜 n 型重掺杂补偿效应的实验观测一致 [11]，由于 V_{III} 与 V_{III}-X 的出现，高浓度下的 Si 掺杂出现补偿。从图 4-8 中可以看到，当 Si 掺

杂浓度到达 $2 \times 10^{18}\mathrm{cm}^{-3}$ 时，载流子浓度随着 Si 掺杂浓度的继续增加反而开始下降。金属空位与其相关络合物 V_{III}-Si_{Al}(Ga) 不但是造成补偿效应的原因，同样也会充当陷阱能级，减少非辐射复合的寿命，对于发光器件来说是不利的。

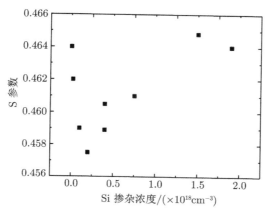

图 4-7 不同 Si 掺杂浓度 AlGaN 薄膜的正电子湮没测试 [10]

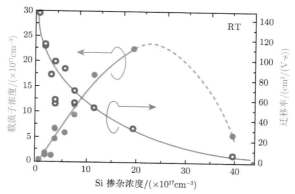

图 4-8 $Al_{0.65}Ga_{0.35}N$ 的载流子浓度与迁移率随 Si 掺杂浓度的变化图 [11]

综上所述，有源区的 Si 掺杂在 $10^{17}\mathrm{cm}^{-3}$ 左右可以提升发光效率，该浓度应该低于 n 型层掺杂的补偿点。

3. InAlGaN 四元合金量子阱

许多人认为，In 组分的存在是蓝光 LED 在异质外延如此高穿透位错的存在下仍能保持高内量子效率的原因。在 InGaN 中，In 发生偏析，造成合金组分的波动，使得量子阱中存在着许多局域态，载流子在 In 的局域态内进行复合发光，可以屏蔽位错，像是量子点 (QD) 的效应。同样的，许多人想把这个效应复制到深紫外 LED 中，解决低 AlN 模板质量带来的低内量子效率问题。

Hirayama 等在 310nm 紫外 LED 中使用了四元合金作为阱和垒，通过 CL 测试发现亚微米级的尺寸存在着发光的波动，如图 4-9 所示，证明了 In 的局域化效应[12]。

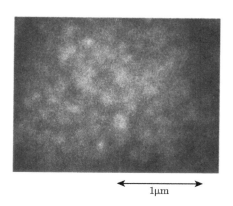

图 4-9　150K 下 $In_{0.05}Al_{0.34}Ga_{0.61}N/In_{0.02}Al_{0.60}Ga_{0.38}N$ 单量子阱的 CL 测试图

然而，AlInGaN 材料的外延十分困难，原因是高 Al 组分薄膜的外延要求非常高的温度，而 In 组分的并入则要求较低的温度。一般在四元合金的外延中，会选用 $800\sim900℃$ 的温度，此时的薄膜质量通常较低，而 In 的含量一般在 5% 以内。所以 InAlGaN 量子阱通常难以达到预期的效率，这一方面是由于相比于 InGaN 中的 In 组分 (在 10% 以上)，5% 以内的 In 组分的局域效应不够明显，另一方面是由于其较差的晶体质量。图 4-10 为文献中报道的 InAlGaN 量子阱的内量子效率[13-17]。

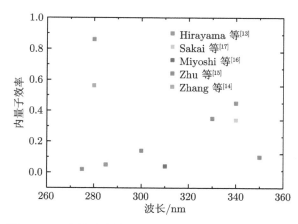

图 4-10　不同组报道的 InAlGaN 量子阱的内量子效率

4.2.2 提高电子注入效率

1. 电子泄漏的机理简介

电子泄漏是 LED 器件设计的一大难题。之所以是难题,原因有两点:①电子泄漏一个比较公认的原因是注入的不对称性,在 AlGaN 材料体系中,p 型掺杂要比 n 型掺杂困难得多,即电子的浓度要远大于空穴,同时电子的迁移率也远大于空穴,即这是由材料内在的属性所造成的;②电子泄漏是一个很难表征的量,通常的做法是,在测得材料的外量子效率和内量子效率以后,通过光学仿真的手段计算出光提取效率,从而推导出电子注入效率,但是这样的估计势必有很大的误差。所以对于电子注入的优化通常使用外量子效率的提升来估计,而外量子效率的影响因素就更多,表征的不准确性会带来优化的不可靠性。

电子泄漏主要有两个途径,一是电子从量子阱中逃逸,二是电子过冲 [18],如图 4-11 所示。电子在热效应下从量子阱中的分离能级逃逸到量子阱外的连续能级通常只在大注入下才可能发生,一般几百 meV 的势垒高度就能有效地阻止电子的热发射。电子过冲可以用平均自由程来解释,其主要思想是,电子被量子阱俘获需要与其他电子或者晶格发生相互作用,从而能量弛豫。当量子阱的宽度与电子的平均自由程可比拟时,电子就有可能直接飞跃量子阱。电子飞跃量子阱的概率可以用下式描述:

$$p = \mathrm{e}^{-\frac{d}{\lambda n}} \tag{4-13}$$

式中 d 代表量子阱的宽度,λn 为电子的平均自由程。从式中可以看到,电子的平均自由程越长或量子阱越窄,则越不容易被阱所捕获。

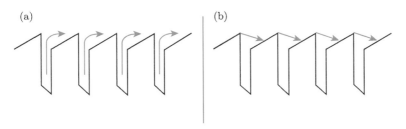

图 4-11　(a) 电子从量子阱中逃逸;(b) 电子过冲

2. 电子阻挡层的设计及优化

为了缓解电子泄漏的效应,EBL 的设置是必需的。电子阻挡层的禁带宽度 E_{g} 比 p 型层更宽,其厚度一般在几十纳米。一般认为,EBL 与最后一个量子垒价带和导带的带阶比为 0.7/0.3, 即 EBL 虽然对电子的阻挡效应更大, 但也影响了空穴的注入。为了能使 EBL 在阻挡电子的同时尽量减少对空穴的阻挡, p 掺 EBL 是通用的做法。理想情况下, p 掺杂 EBL 使得价带的带阶消失, 导带的带阶增加, 如图 4-12 所示。然而, 由于 AlGaN 材料的 p 型掺杂难度的影响, 实际上的价带存在着明显的带阶。更重要的一点是, 最后一个量子垒与 EBL 的 Al 组分差异使得界面处存在着正的极化电荷, 拉低了能带。该能带弯曲 (band bending) 效应不但使得价带的带阶增大 (图 4-13 中①), 增大了空穴注入的难度, 还使得最后一个量子垒与 EBL 的带阶减小 (图 4-13 中②③), 减小了对电子的束缚。所以, 对于 EBL 需要进行优化设计。

图 4-12　理想情况下 p 掺杂 EBL 对能带的改变

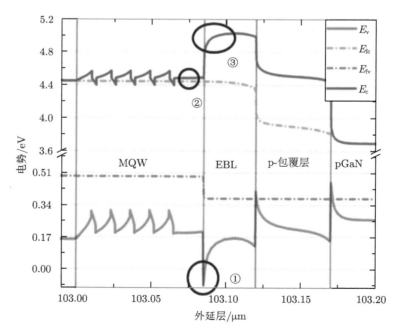

图 4-13　深紫外 LED 的能带仿真图

　　我们组在设计时发现，采用 20nm 厚的 EBL 在 EL 测试时会在 320nm 处出现明显的寄生峰，当把厚度优化为 30nm 时，寄生峰消失，且主峰的强度明显增大，如图 4-14 所示。我们认为，该寄生峰来源于三价氮空位 V_N^{3+} 到 Mg 的受主能级 Mg^0 之间的跃迁发光。这说明当 EBL 的厚度增加到一个合理值以后就能够明显地消除电子泄漏带来的寄生峰的现象，增加了发光强度。

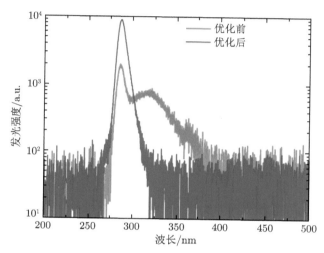

图 4-14　优化前 (20nm EBL) 与优化后 (30nm EBL)EL 峰对比

　　为了增加 EBL 对电子的有效阻挡，多量子垒结构的 EBL 在 AlGaN 基发光器件中也是一种有效的手段。Hirayama 等在 250nm AlGaN 基 LED 中使用了 $Al_{0.95}Ga_{0.05}N(4nm)/Al_{0.77}Ga_{0.23}N(2nm)$ 作为 EBL 和 25nm $Al_{0.95}Ga_{0.05}N$ 的单量子垒 EBL 作对比，发现采用了多量子垒 EBL 后，其外量子效率能够提升 2~3 倍[19]，如图 4-15 所示。多量子垒作为 EBL 的原理由 Iga 等提出，他们通过求解波函数方程发现，多量子垒结构的 EBL 对与电子的能量高于 EBL 势垒高度时仍有较高的反射率[20]。

　　除了多量子垒结构的 EBL 以外，Sumiya 等[21] 在设计 265nm 深紫外 LED 时，在有源区和 EBL 之间插入一层 1nm 厚的 AlN 插入层，通过 EL 测试表明，1nm 厚的 AlN 插入层能够有效地抑制 320nm 左右的寄生峰，同时使主峰的强度提高了近一倍。Mehnke 等认为增加的 AlN 插入层相当于使用了电子阻挡异质结构 (electron blocking heterostructure，EBH)，并对 EBH 的参数进行了优化[22,23]。针对 290nm 的深紫外 LED，采用 $Al_xGa_{1-x}N(x > 0.7)/Al_{0.7}Ga_{0.3}N$ 异质结作为 EBL，首先将厚度固定为 4nm/25nm，针对 Al 组分 x 进行优化，发

现当 x 从 0.8 增加到 0.9 时，20mA 下的光输出功率有了明显的提高，同时，通过仿真发现电子注入效率从使用 $Al_{0.8}Ga_{0.2}N/Al_{0.7}Ga_{0.3}N$ 时的 48％增加为使用 $AlN/Al_{0.7}Ga_{0.3}N$ 时的 92％。随后，将 x 固定为 1，发现当该 AlN 层的厚度为 3nm 时具有最大的 EL 强度。

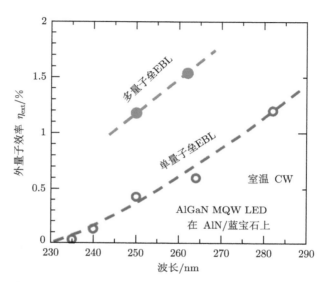

图 4-15   多量子垒 EBL 对于不同波长的深紫外 LED 外量子效率的提升[19]

3. 空穴注入层的设计及优化

理想的深紫外 LED 的空穴注入层为高 Al 组分的 pAlGaN 层。但高 Al 组分的 AlGaN 掺杂非常困难。Kakanakova-Georgieva 等测试了室温下 Mg 掺杂的 $Al_{0.85}Ga_{0.15}N$、$Al_{0.70}Ga_{0.30}N$、$Al_{0.60}Ga_{0.40}N$ 的电导率分别为 7 kΩ·cm、2kΩ·cm、60Ω·cm，根据空穴迁移率 $2cm^2/(V \cdot s)$，其空穴浓度分别在 $10^{14}cm^{-3}$、$3.5\times 10^{14}cm^{-3}$、$10^{16}cm^{-3}$ 左右。当 Mg 的掺杂浓度提高时，N 空位的补偿效应就会变得明显，导致空穴浓度不能继续提高。同时，对于高 Al 组分的 AlGaN 材料，鲜有金属能够形成 p 型的欧姆接触。

所以传统的深紫外 LED 用 pAlGaN/pGaN 的异质结构代替 pAlGaN 作为空穴的提供层，即使 GaN 层对于深紫外波段光的吸收导致最终的光提取效率可能只有不到 10％。在这里不得不提到的一点是，在 AlGaN/GaN 异质结的界面处靠 GaN 一侧，由于负极化电荷，存在着较高浓度的空穴，相当于起到了空穴积累的效果[24]。通过仿真，可以看到界面处的空穴浓度达到 $10^{19}cm^{-3}$，如图 4-16 所示。

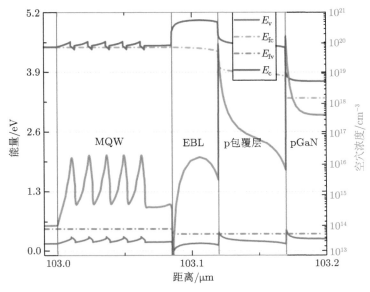

图 4-16 AlGaN 基 DUV LED 在工作状态下能带结构和空穴分布图

即使 AlGaN 作为 p 型接触层会导致更高的工作电压以及更不平衡的载流子注入，对紫外波段的透光性使其有着诱人的研究价值。Hirayama 等在蓝宝石图形衬底上生长的 275nm 深紫外 LED，使用 $Al_{0.65}Ga_{0.35}N$ 作为接触层，并使用高反射率的铑金属作为反射电极，其外量子效率能达到 20% 以上，插墙效率能达到 5.7%[25]。

采用 pAlGaN/nAlGaN 隧道结实现空穴的隧穿注入 (TJ) 是代替 pGaN 层的又一种思路。空穴通过带间隧穿注入 pAlGaN 层，既可以解决 pAlGaN 低空穴浓度的问题，又可以避免 pGaN 层对紫外光的吸收。

然而，宽禁带半导体的 pn 隧道结的设计是一个大难题。载流子要想实现隧穿需要经过一个三角形的势垒 (空穴所经过的势垒在其对称的位置)，如图 4-17 所示。根据 WKB(Wentzel-Kramers-Brillouin) 近似

$$T_t \approx e^{-2\int_0^x |k(x)|dx} \tag{4-14}$$

由 E-k 关系 $k(x) = \sqrt{\dfrac{2m^*}{\hbar^2}(-qEx)}$，并假设势垒宽度 $x = \dfrac{E_g}{Eq}$，可得

$$T_t \approx e^{-\frac{4\sqrt{2m^*}E_g^{\frac{3}{2}}}{3q\hbar E}} \tag{4-15}$$

可以看到，为了获得大的隧穿概率，有效质量和禁带宽度应很小，而电场应很大。

然而，对于宽禁带半导体来说，禁带宽度很大，而且很难进行 n 型或者 p 型的非简并掺杂，这将导致其势垒的宽度很大，隧穿十分困难。Simon 等提出可以利用氮基 III 组化合物半导体特殊的极化效应，使用极化场增大原本的内建电场，从而减小势垒的宽度[26]。这要求，在插入层与 n 型层界面处为正极化电荷，而插入层与 p 型层界面处为负极化电荷。这里特别提醒，对于 AlGaN 材料来说，在 [0001] 方向上，高 Al 组分与低 Al 组分界面处的极化电荷为负，反之为正。所以 Simon 等使用 AlN 作为 [0001] 方向依次生长 nGaN、pGaN 的 TJpn 结的插入层。假设 GaN:Mg 和 GaN:Si 掺杂的掺杂浓度分别达到了 $10^{19}\mathrm{cm}^{-3}$ 和 $9\times10^{18}\mathrm{cm}^{-3}$，若无 AlN 插入层，耗尽区的宽度约为 25nm，其内建电场强度约为 2.7 MV/cm，而插入 AlN 层后，由极化电偶极子诱发的电场强度能达到 12 MV/cm，大大减小了耗尽区的宽度，如图 4-18 所示。

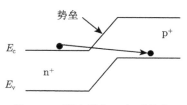

图 4-17   隧穿结与三角形势垒

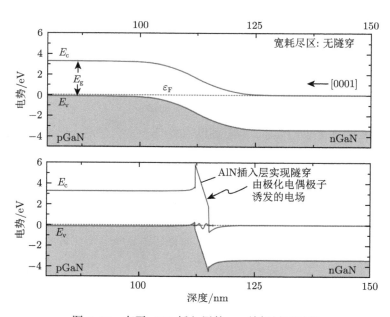

图 4-18   有无 AlN 插入层的 pn 结耗尽区对比

　　然而，宽禁带的 AlN 增加了隧穿的难度。Krishnamoorthy 等使用 InGaN 作为插入层 [27−29]，若还是按照 nGaN、pGaN 的生长顺序，则要求生长的极性为 N 面，实验观察到了明显的隧穿电流，如图 4-19 所示。其中，$N_D \sim 5 \times 10^{18} \mathrm{cm}^{-3}$、$N_A \sim 1 \times 10^{19} \mathrm{cm}^{-3}$，InGaN 的组分和厚度分别约为 33.5％和 6.4nm。

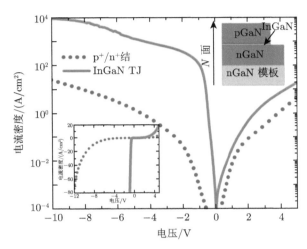

图 4-19　使用 InGaN 作为插入层的 TJ pn 结的 I-V 特性曲线 [27]

　　Zhang 等实现了紫外波段的 TJ 结构的 LED[30−32]。图 4-20 为深紫外波段的隧穿注入 LED 基本结构。经过 EL 测试表明，该结构 LED 在 6mA 下的光功率为 0.1mW，其 EQE 约为 0.4％。说明高 Al 组分器件的空穴隧穿注入仍是可能的。通过时域有限差分 (finite difference time domin, FDTD) 模拟，对比传统结构，其横电场 (TE) 模光提取由 14％增加到了 60％，横磁场 (TM) 模由 8％增加到了 40％，而外量子效率无提升，说明该注入的效率还有待优化。

　　从根本上来说，要想得到高性能的深紫外光电器件，优秀的材料质量、合理的器件结构、后期的工艺及封装都是需要的。材料质量对于器件性能的提升是明显的，我们可以通过 XRD、AFM、SEM、TEM 等手段来表征材料的位错密度、界面的平整度、表面的粗糙度，然后再对器件的性能进行表征，很容易就能看到器件的性能由于材料质量的提升而得到提升。然而器件结构的优化是否提升了器件性能较难判断。这是由于光提取效率的不确定性导致了在器件的工作状态下 η_{inj}、η_{rad}、η_{ext} 这些量都很难被评估，故虽然有很多文章 [22,23,33−36] 都表示通过对器件结构的优化提高了电子的注入效率，但并不能直接通过实验测量泄漏电子来说明。所以对于 LED 器件工作状态更有深度的表征是值得研究的，这一方面有助于我们对 LED 工作状态与模型更深入地理解，另一方面对于器件结构的优化更具有指导性。

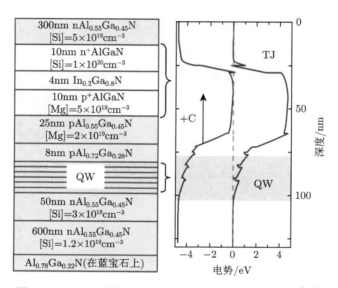

图 4-20　292nm 隧穿注入 LED 的结构与能带示意图 [30]

4.3　量子点及超薄量子阱深紫外发光结构

4.3.1　极端量子限制 GaN/AlN 结构

1. 传统 AlGaN 有源区材料体系的局限性

传统的深紫外光子器件 (LED 和激光器) 使用高 Al 组分 $Al_xGa_{1-x}N$ 合金作为有源区材料，使用 $Al_xGa_{1-x}N$ 的优势是其发光波长在 200nm(x: 1.0, 6.2eV) 到 360nm(x:0.0,3.4eV) 范围内连续可调，包括 UVA(400~320nm)、UVB(320~280nm) 和 UVC(280~200nm) 三个紫外波段。但是当波长短于 250nm 后，AlGaN 基有源区光子器件面临着诸多挑战。

到目前为止，280nm LED 的外量子效率仍非常低 (<10%)[37]，可部分归因于材料和物理两方面的挑战。材料方面，包括高的位错密度 (AlGaN 和 AlN 层中约为 $10^{10}cm^{-2}$)[22,38] 使电子在有源区中发生非辐射复合，降低了 IQE，以及 n 型、p 型 AlGaN 层高的电阻率 [39-44] 带来的欧姆损耗和注入效率的降低。物理方面，传统 AlGaN 量子阱结构，由于能带劈裂 [45-49]，高 Al 组分下为 TM 极化

发射, 导致光提取效率的降低, 以及 QCSE 带来的波函数重叠的降低使 IQE 进一步降低 [50,51]。

具体来说, 在高 Al 组分时 ($x > 68\%$, λ 约 220~230nm), 由于晶体场劈裂, 子带 CH 占据能量最高位置, AlGaN 量子阱发光以 TM 模极化为主。当 Al 组分下降时, 重空穴带逐渐向高能方向移动, 导带到重空穴带 (C-HH) 跃迁与导带到轻空穴带 (C-LH) 跃迁和导带到晶体场劈裂空穴带 (C-CH) 跃迁概率相似。然而, 即使此时自发辐射相比于 TM 极化更倾向于 TE 极化, TE 极化的自发辐射速率 TE-R_{sp} 可以高于 TM-R_{sp}, 但由于以下两个原因, 两者都很低: ① HH、LH 和 CH 三个价带子带的近简并导致低的子带态密度; ② QCSE 致使电子和 HH 子带发生空间上的分离, 波函数重叠减弱, 复合速率下降。因此, 显而易见, 传统的 AlGaN 量子阱结构不能满足实现高效率高功率中紫外波段发光器件的要求。

2. GaN 代替 AlN 的优势

为了增强中紫外波段的 TE 极化发光, Liu 等提出了一种新型的 AlN-δ-GaN 量子阱有源区结构来代替传统的 AlGaN 量子阱结构 [52]。在有源区插入 δ-GaN 层有两个优势: ① 显著的价带混合使重空穴带占据最高能位置, 获得了 50~300nm 处高的 TE-R_{sp} 值, 使光提取更易实现; ② δ-GaN 量子阱重电子和空穴波函数的强局域化和高度重叠, 减缓了 QCSE, 提高了 IQE。为了进一步增强量子限域效应, GaN/AlN 量子点结构能够为 GaN 提供额外的横向量子限制, 有效阻止了载流子因热扩散而进入非辐射复合中心, 降低了对位错的敏感性, 从而可获得更高的 IQE[53]。

在整个 UV 范围 (200~400nm) 内, 对于根据 MBE 生长的 GaN/AlN 量子结构测量的 IQE 和实验报道的基于 AlGaN 有源区域的 IQE, 随着波长短于 250nm, AlGaN 基异质结构的 IQE 出现急剧下降。如图 4-21(a) 所示, QCSE 引起载流子波函数重叠降低, 导致了 IQE 的急剧下降。

相反, GaN 基有源区在 220nm 发射处表现出显著的 IQE 增强。例如, GaN QD 在 219nm 处 IQE 为 40%[54], 在 222nm 处 IQE 为 36%[42]。IQE 的显著增强可以归因于超薄有源区对 QCSE 的减弱作用。如图 4-21(b) 所示, 载流子波函数重叠得到了有效增强。在低于 250nm 的深紫外发射中, 相比于 AlGaN, 基于 GaN 的异质结构在获得高 IQE 方面具有独特的优势。

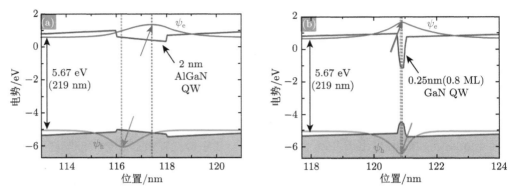

图 4-21　使用超薄 GaN 量子结构对波函数重叠的改善：(a) 2nm AlGaN QW；(b) 0.25nm GaN QW[54]

4.3.2　超薄 GaN/AlN 量子阱结构

1. DUV 发射的实现

到目前为止，Kamiya 等[55]、Taniyasu 和 Kasu[56] 分别报道了较薄 AlN 势垒 (1.75nm) 下 1 单原子层 (monolayer, ML) GaN 量子结构的 224nm 发射和 237nm 发射。此外，少数其他研究小组也已经实现了 GaN QW/AlN 异质结构及其深紫外发射。

超薄 GaN/AlN QW 结构中，由于极端的量子限域作用，量子阱中电子基态 e1 和空穴基态 h1 向各自的高能方向移动，对应的辐射复合能量 ΔE 大于 GaN 体材料的禁带宽度，因此可以实现紫外波段甚至是深紫外波段的发射。

如图 4-22 所示，分别为 GaN 体材料、AlN 中 GaN 超薄插入层 (1~2ML) 的能带结构。GaN 体材料的能带结构是宽度为 3.37eV 的直接带隙。经计算得出，在极端的量子限域作用下，2 ML GaN/AlN 异质结构的带隙宽度为 4.65eV(266nm)，而 1 ML GaN/AlN 异质结构的带隙宽度则增大至 5.45eV(227nm)。1 ML 和 2 ML 异质结构都仍为直接带隙，有利于其在深紫外发光领域的应用[57]。

2. TE 极化发射的增强

低 Al 组分 (小于 30%)AlGaN 异质结构可用于 UVA 和 UVB 波段的发光。图 4-23(a) 为对应 UVA 和 UVB 波段的 $Al_{0.2}Ga_{0.8}N$/AlN QW 的价带结构，其价带包含了 HH、LH 和 CH 子带。光跃迁发生在导带最低处和价带最高处，在 $Al_{0.2}GaN$/AlN QW 中，价带最高处是 HH1 子带。HH 子带的性质使与其相关的跃迁为 TE 极化。而用于波长小于 280nm 的 UVC 波段高 Al 组分的 AlGaN 材料，

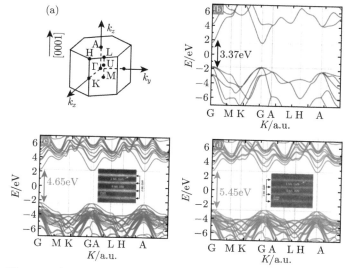

图 4-22 第一性原理能带结构计算：(a) 传统的能带结构对称点；
(b) GaN 体材料；(c) 2ML GaN/AlN；(d) 1ML GaN/AlN 超晶格

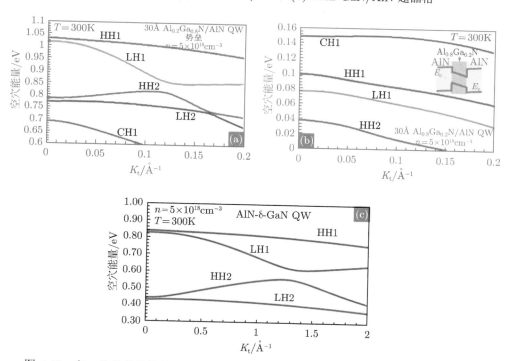

图 4-23 归一化价带结构第一性原理能带结构计算：(a) 3nm $Al_{0.2}Ga_{0.8}N$/AlN QW；
(b) $Al_{0.8}Ga_{0.2}N$/AlN；(c) 0.5nm GaN/AlN QW[58]

也是目前实际应用中需求最大的部分。图 4-23(b) 为高 Al 组分 $Al_{0.8}Ga_{0.2}N/AlN$
QW 的价带结构，其 CH1 子带占据价带最高处，对应为 TM 极化发射而不是 TE
极化。图 4-23(c) 为 GaN/AlN QW 价带结构。GaN 势阱的厚度为 0.5nm(2 ML)，
对应计算的能带宽度为 4.65eV。在这种情况下，HH1 子带仍占据价带最高处，倾
向于 TE 极化发射，因此更有利于光提取。

　　对 3~4ML GaN /AlN(2.5nm) QW 结构进行极化表征，发射的光子用 Glan-
Taylor 偏振器过滤并通过光纤光谱仪收集，图 4-24 右图为极化相关的 EL 测试
设备示意图，将 LED 样品装载在固定的台面，偏振器和光纤可绕 x 轴旋转，θ 表
示 c 轴和收集光纤之间的角度。偏振器可围绕发光方向旋转以分析 y-z 平面中的
电场和 $E_\perp$(x 轴的电场)。

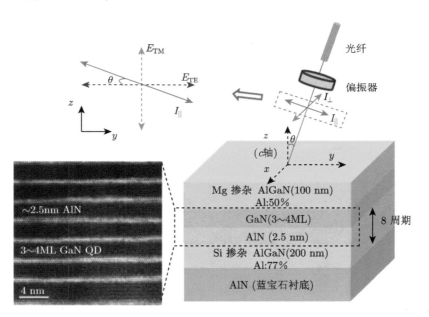

图 4-24　3~4ML GaN /AlN (2.5nm)TEM 图像 (左图) 和极化相关的 EL 测试设备示意图
(右图)[52]

　　在特定的角度上，$I_\parallel$ 和 $I_\perp$ 不由单独的 TE 和 TM 的成分组成，可表示如
下 [59−61]：

　　(1) $I_\parallel = I_{TEy}\cos^2\theta + I_{TM}\sin^2\theta$

　　(2) $I_\perp = I_{TEx}$

　　如图 4-25 所示，300K 时，在 40A/cm² 注入电流密度下，对 3~4ML GaN/
AlN(2.5nm) QW-LED 进行极化相关 EL 谱测试，$\theta = 30°$ 时，$I_\perp/I_\parallel=1.157$，$\theta = 45°$

时，$I_\perp/I_\parallel = 1.149^{[52]}$，根据：

(3) $\text{TE}_{\text{total}} = I_{\text{TE}y}\cos^2\theta + I_{\text{TE}x}$

(4) $\text{TM}_{\text{total}} = I_{\text{TM}}\sin^2\theta$

可计算出，$\theta = 30°$ 时 TE/TM=15.3，$\theta = 45°$ 时 TE/TM=4.05[62]，证明了 GaN 替代传统 AlGaN 材料，可以有效增强 TE 发射，抑制 TM 发射，因而可以有效提高光提取效率。根据理论模型预测，与重叠积分为 13.94％的 $Al_{0.35}Ga_{0.65}N$ QW(298nm) 相比，采用超薄 GaN 层可获得 74.83％的波函数重叠积分和增强 30 倍的 TE 极化自发辐射 [52]。

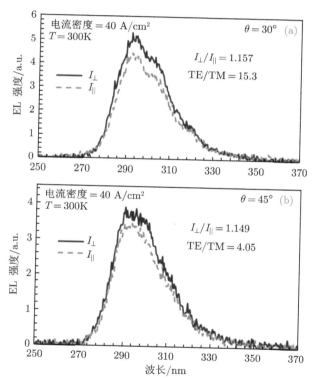

图 4-25　在注入电流密度为 40A/cm² 下，$\theta = 30°$ 和 45° 的 GaN/AlN QW-LED 极化相关 EL 谱[52]

3. GaN 厚度对超薄 GaN/AlN QW 的影响

超薄 GaN 层厚度的变化会影响 GaN/AlN QW 的性质，随着 GaN 层厚度的降低，由 QCSE 引起的载流子波函数分离效果减弱，对应超薄 GaN/AlN 异质结构的发射波长向高能方向移动。

图 4-26 为模拟的重叠积分和发射波长随 GaN 厚度的变化。首先，随着 GaN 厚度由 4ML→3ML→2ML→1ML，发射波长则由 301nm→280nm→253nm→225nm，厚度越小，发射波长越短。通过模拟，2ML QW 中的电子和空穴波函数之间的重叠积分较大，具有高的 IQE。然而，尽管 1ML QW 的理论重叠积分大于 80%，表明对应的 QW 应当有高的 IQE，但实际测得的 IQE 却急剧下降。

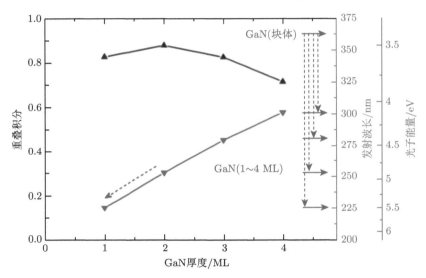

图 4-26　GaN/AlN 多量子阱异质结构的模拟重叠积分和发射波长随 GaN 厚度的变化 [42]

如图 4-27(a) 所示，为在蓝宝石/1μm AlN 模板上 MBE 生长 10 周期的 1~2 ML GaN/4nm AlN QW 结构。图 4-27(b) 为 GaN/ AlN QW 和 AlN 衬底的 X 射线双晶三轴衍射谱。XRD 谱中的卫星条纹表明 QW 样品形成了超晶格，而 AlN 模板衬底的 XRD 谱不存在卫星峰。图 4-27(c)~(e) 为 QW 样品的扫描透射电子显微 (STEM) 图像，表明 GaN QW 和 AlN 势垒都达到了相应的厚度，且 GaN QW 在整个样品平面都是连续和均匀的。

对 QW 样品进行光致发光和吸收的测量。如图 4-28(a)、(b) 所示，2ML QW 在室温下的发射峰位于 261nm 处，而在 5K 时蓝移至 256nm，这可以由能带宽度随温度下降而增大的 Varshnis 定律解释。同样的，1ML QW 在 300K 的发射峰为 224nm，而在 5K 时蓝移至 222nm，且光致发光和吸收数据显示出良好的一致性。

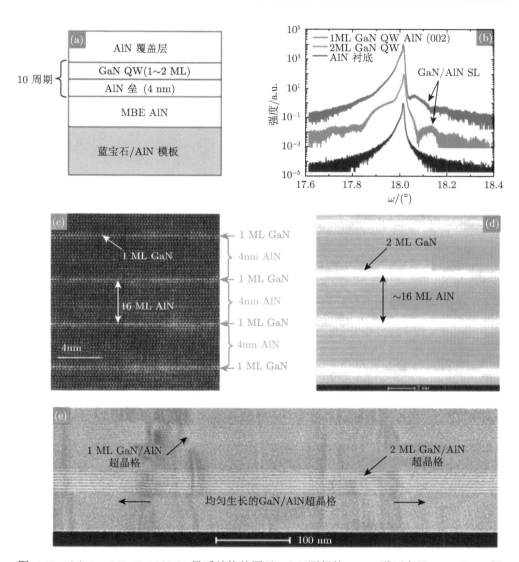

图 4-27 (a) 1~2ML GaN/AlN 异质结构的图示；(b) 测得的 XRD 谱证实了 GaN/AlN 超晶格的存在；(c) 1ML GaN STEM 图像；(d) AlN 基质中的 2ML GaN；(e) 1ML 和 2ML GaN 层的长程均匀性 [42]

　　假设非辐射复合过程在 5K 时冻结，因此 IQE 可以根据这些样品的温度相关光致发光测量估计。300K 时，1ML 和 2ML GaN QW 样品的 IQE 分别为 17% 和 49%。一般认为，1ML GaN QW 虽然具有较高的重叠积分，但随着 GaN 厚度的降低，载流子波函数更容易穿透进入 AlN 势垒层，导致载流子泄漏而引起 IQE

的降低 [54]。

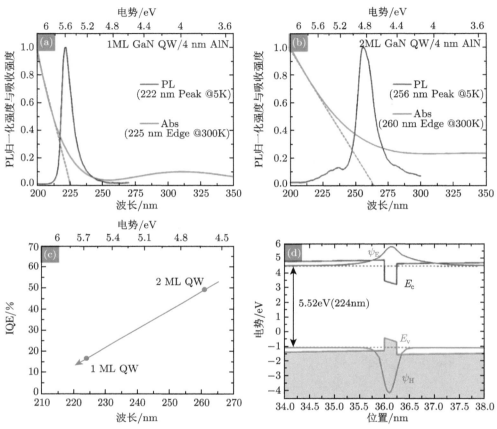

图 4-28　光致发光 (PL) 和吸收 (Abs) 谱：(a) 1ML 和 (b) 2ML GaN/AlN 异质结构；(c) 温度相关 PL 谱测得的 IQE；(d) 用于解释 1ML GaN/AlN 异质结构低 IQE 的模拟能带结构 [42]

　　总体来说，在 300K 时，1~2 ML GaN 量子阱可产生低至 224nm 的深紫外发射，且发射波长随着 GaN 厚度的降低而降低。此外，可能由于载流子在量子阱中的泄漏，在较短波长 (1ML) 处观察到的 IQE 明显降低。

　　4. AlN 势垒厚度对超薄 GaN/AlN QW 的影响

　　势垒越厚，载流子波函数穿透进入势垒的概率越低，量子限制效应就越强，对应的发射波长越短。图 4-29 展示了两种不同 GaN QW 厚度 (1ML，2ML) 在不同 AlN 势垒厚度下发射波长的模拟与实验结果。根据理论预测，1ML 和 2ML 厚的 GaN QW 可以分别实现 5.2eV 和 4.5eV 的深紫外发光。当 AlN 势垒厚度超过 8ML 后，有效带隙保持相对恒定。PL 测试的实验数据与理论符合较好，尤其是 1 ML GaN QW，与理论值差距保持在 150meV 以内，而 2 ML GaN 结构中观察到了稍大的偏差，这可能是样品平面上的势阱厚度不均匀造成的。

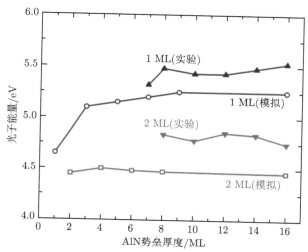

图 4-29 两种不同 GaN QW 厚度在不同 AlN 势垒厚度下发射波长的模拟与实验结果 [57]

当 AlN 势垒超过一定厚度后，量子限制效应达到饱和，辐射能量不再增加。然而，使用厚的势垒层的缺点是降低了势垒隧穿概率，对发光二极管和激光器所需的载流子传输特性产生了负面影响。所以在实际的器件设计中，选择合适的 AlN 厚度，以实现有利于载流子注入的隧穿概率较大的量子限制。

5. 不同生长速率对超薄 GaN/AlN QW 的影响

图 4-30 为三种不同生长速率 (0.13ML/s，0.19 ML/s 和 0.27 ML/s) 下 2 ML GaN /4nm AlN 结构的高分辨 X 射线衍射 (HRXRD) 谱和 PL 谱。如图 4-30(a) 所示，存在 GaN 的二次卫星峰。从图 4-30(b)PL 谱中可以看到，可能是由于形成了量子点而不是量子阱结构，生长速率为 0.19 ML/s 的样品相比于其他两个样品出现了蓝移。XRD 测量中，没有观察到来自该样品的二次卫星峰，可以进一步证实这一观点。三个样品中，生长速率最高的样品的 PL 谱强度最大。

目前尚未研究比 0.27ML/s 更高的生长速率，因为此时单原子层沉积时间降低到几秒以下，会导致生长层的厚度难以控制。由于 PL 强度与生长速率在厚度可控速率范围内依赖性并不显著，在 GaN/AlN 异质结构的生长过程中，通常选择低的生长速率以准确控制厚度。

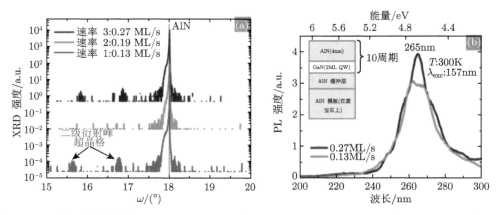

图 4-30　生长速率的优化: (a) 从 HRXRD 谱中可以看到 GaN QW 的反射; (b) 不同生长速率下的 PL 谱

6. 分数 ML 和非均匀展宽

对 1~2ML GaN/8~9 ML AlN 结构的实验光谱数据进行理论模拟时发现 (图 4-31 为对应的模拟结果), 选择合适的拟合参数, SvR 模型可以高度拟合 2ML GaN 结构的谱线形状和峰值位置。相比之下, 无论如何改变参数, 尽管谱线形状拟合精确, SvR 模型也不能正确地预测 1ML GaN 结构的峰值位置, 其辐射能量远大于实验所测的数据。

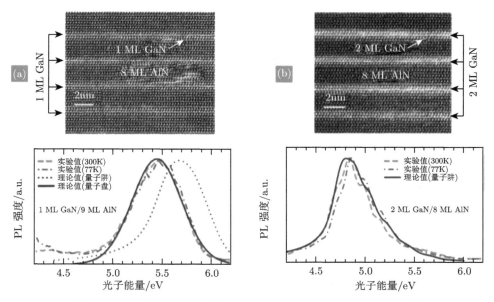

图 4-31　PL 谱的非均匀展宽: (a) 1 ML GaN; (b) 2 ML GaN[57]

弱拟合表明，1ML GaN 没有显示出量子阱性质，而是一种电子带隙均匀展宽的量子盘发光 [63]。考虑到量子盘特性，改变 1ML GaN 结构的模型可以达到很好的拟合效果。

展宽可归因于分数 GaN ML 的形成 [64]。正如在 InN/GaN 异质结构中观测到的，任何与形成理想单层的偏离都会导致分数 ML 的形成 [62]，这也是 1ML 和 2ML GaN 结构 PL 性质差异的原因。由超薄 GaN 生长动力学可知，1ML GaN 生长时往往不是完全覆盖的，而 2ML GaN 的生长则是一层完整的 GaN 加上一层不完整的 GaN。因此，1ML 表现出分立的量子盘特性，而 2ML GaN 因为覆盖连续仍保持量子阱特性。分数 ML 形成的另一个特征是，单层厚度波动超过 5~10nm 的横向距离时，可能导致 PL 谱可观测的展宽。

4.3.3 GaN/AlN 量子点/盘结构

与只在一个维度有限制的 QW 不同，QD 异质结构中存在三维的限制作用。增强的限制能力可以帮助其捕获无缺陷区域中的载流子，并因此产生有效的辐射复合过程。正如所知的，InAs/GaAs 材料体系光子器件常使用 QD 来增强内量子效率 [65]。同样的，在目前的工艺水平下，GaN 基质中 InGaN 量子点有源区也使 InGaN/GaN 异质结构的可见光光子器件获得高的外量子效率 [66]。

1. SK 量子点/盘

MBE 的生长模式取决于衬底和沉积在衬底上的吸附原子之间的相互作用和作用力，存在三种生长模式，分别为 Frank-van der Merwe (FM) 模式、Volmer-Weber(VW) 模式和 Stranski-Krastanov (SK) 模式。SK 模式是 FM 模式和 VW 模式的组合。在 SK 模式中，初始阶段为层状 (2D) 的生长，在生长数个单原子层后，转变为三维岛状生长。通常认为，晶格失配带来的应变是形成三维岛的驱动力。Ga/N 比是 SK 模式生长十分关键的参数。三个 4nm AlN 势垒厚度下的 2ML GaN QD 样品以 MBE 在不同 Ga/N 比下生长，Ga/N 比为 0.88 (样品 A)、0.75 (样品 B) 和 0.6 (样品 C)。

图 4-32(a)、(b) 描绘了结构图示和 MBE 生长过程。HRXRD 表征结果表明，所有样品都存在源自衬底的一个强的 AlN 峰，QD 样品的卫星峰的存在表明形成了 GaN/AlN 超晶格。从卫星峰值强度的趋势可以看出，随着 Ga/N 比的减小，GaN QD 几何结构变得更像 QW 那样，即因光滑的 GaN 层相干反射而产生明显的条纹 [67]。Ga/N 比为 0.6 的样品 C 的卫星峰强度最大，清楚地表明其更接近于 QW 结构。图 4-33 展示了样品 A 的 STEM 图像，表明生长的 GaN/AlN 晶体质量高，界面清晰。

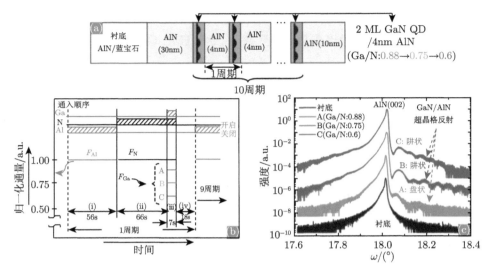

图 4-32　SK GaN QD：(a) 结构图示；(b) MBE 生长过程；(c) HRXRD 谱表明超晶格的
形成 [54]

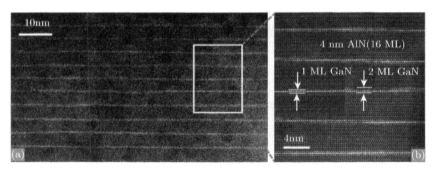

图 4-33　1~2 ML SK GaN QD 的 STEM 图像：(a) 缩小图；(b) 放大图 [54]

图 4-34 中，当 Ga/N 比从 0.88→0.75→0.6 时，可以观察到发射波长从 234nm→222nm→219nm 的单调蓝移变化。在 300K 下测得的吸收谱与 PL 谱表现出一致的趋势。由 PL 峰位置可提取有效的 GaN 厚度，提取到的 GaN 厚度展示在图 4-34(a) 中，表明可以通过调整 Ga/N 比来控制有效的 GaN 厚度，并且可以相应地改变发射波长。

假设 5K 下，非辐射复合过程不再发生，内量子效率可由 300K 与 5K 下积分 PL 比值算得。当 Ga/N 比由 0.88→0.75→0.6 时，内量子效率则从 29%→34%→40%。通过降低 Ga/N 比可以减小 QD 的尺寸，随着 QD 尺寸的减小，量子限制作用加强，从而导致内量子效率的增加和发射波长的降低。较小的量子点也很可能与非辐射复合中心分离，因此效率更高。与任意成分 AlGaN 相比，219nm 发射波长处的 40% 是这种短波长目前报道的最高内量子效率值。

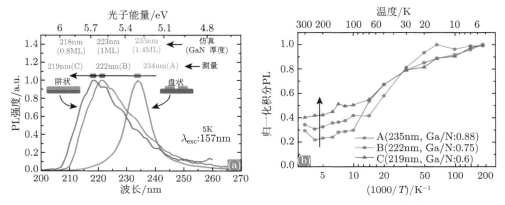

图 4-34　SK GaN QD 光学性质：(a) PL；(b) 内量子效率 [54]

综上所述，通过 MBE 生长超薄 (1~2ML)GaN / AlN SK QD 可以实现深紫外发射。在 300K 时，1ML QW 可以实现 224nm 的短波发射，但内量子效率仅为 17%。对于 SK QD，获得的最短发射波长为 219nm，内量子效率为 40%，比在 5K 时在 222nm 处发射的 QW 大 2 倍。

2. 改良 SK 量子点/盘

Verma 等证明，与 SK 模式相比，改良 SK QD 具有更好的发光性质，其 PL 光谱 FWHM 更窄 [43]。改良的 SK 模式，即 GaN 层在富金属条件沉积以确保得到光滑的 2D 薄膜生长。然后经过一段时间的熟成，在高的衬底温度下，多余的 Ga 会从表面解吸附。如果熟成时间更长 (>30s)，GaN 薄膜开始分解并变得粗糙。粗糙的 2D 层相当于 3D GaN 岛或者 QD。因此在这个方法中，QD 的形状可由熟成持续时间控制。

不同的熟成时间对 GaN QD 会产生不同的影响。图 4-35 为改良 SK QD 的生长流程图，2ML GaN 层沉积在 3nm AlN 势垒层中，并重复 10 周期。熟成时间分别为 30s(样品 F)、45s(样品 G)、60s(样品 H)，以 1ML 和 2ML GaN QW 样品作为对照样品。如图 4-36 所示，所有样品都存在一个高强度 AlN 衬底峰。QW 样品存在来自平滑 GaN 层的相干反射的次级卫星峰。由于 GaN QD 的非相干散射，QD 样品 F 中不存在这样的卫星峰。QD 样品 G 和 H 存在类似于 QW 样品的卫星峰，表明 GaN 层更接近于 QW 而不是 QD。

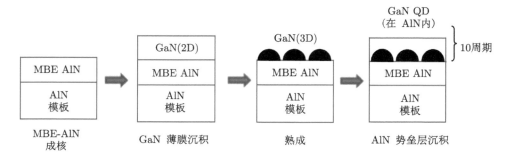

图 4-35   改良 SK QD 生长流程图 [42]

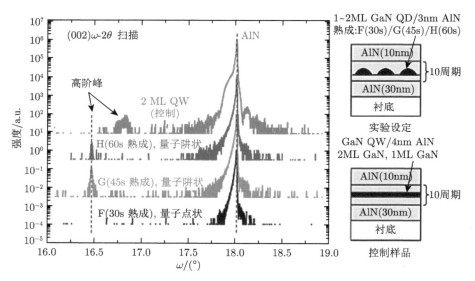

图 4-36   QD 样品 (F/G/H) 和 2ML QW 对照样品的 (002)-2 triple axis HRXRD 分析 [42]

图 4-37(a) 是 5K 下测得的 QD 样品的 PL 谱。5K 下，当 QD 熟成时间由 30s→45s→60s 时，发射波长表现出由 231nm→227nm→222nm 的单调蓝移。随着熟成时间的增加，QD 的尺寸因 GaN 分解而变小，导致了更强的横向量子限制作用。所有样品测得的 PL FWHM 都较小 (∼10nm)。5K 下的 1ML(2ML)QW 样品，其 FWHM 为 9nm(16nm)。

2ML QW 相对较宽的发射峰表明在不同周期内 GaN 层厚度可能并不均匀。对于 F→G →H QD 样品，FWHM 存在轻微的增大，其变化为 11nm→12nm→13nm，表明 QD 尺寸的分布相对均匀，且 QD 较小时，其随机性略有增加。

图 4-37(b) 展示了 QD 样品温度相关的 IQE 变化趋势。从积分 PL 强度比值 (IPL(300K)/ IPL(5K)) 来看，IQE 最高为样品 F(37%)，最低为样品 G(24%)。

样品 H 的 IQE 为 36%。量子限制有两个作用：它通过增加有效带隙来缩短发射波长，并且可能通过能垒来隔离非辐射复合中心和量子点，从而增加 IQE。将 QD(改良 SK) 和 QW 对照样品的 IQE 进行比较，QW 的 IQE 随着波长的变短，由 49%(2ML) 降低至 17%(1ML)。对于改良 SK QD 样品，IQE 在整个 222～231nm 范围内保持在 35%，比 1ML GaN QW 222nm 处 IQE 高 200%。这种效率的相对提高表明改良 SK QD 中三维量子限制同样得到了增强。

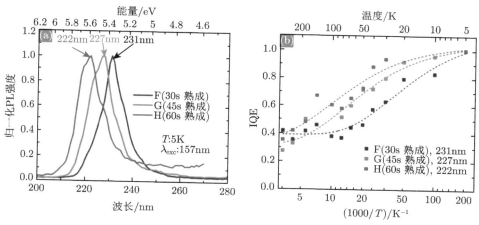

图 4-37　SK GaN QD 光学性质：(a) PL 谱；(b) IQE[42]

综上所述，MBE 生长的 AlN 势垒下 1～2ML GaN 改良 SK QD 成功实现了 230nm 以下的可调的深紫外发光。发射波长可由 GaN QD 的退火时间控制。在整个 222～231nm 发射波段，FWHM 较窄 (11～13nm)。在相近的发射波长下，GaN QD 由温度相关 PL 测得的 IQE 比 QW 增加了 200%。

3. 隧穿注入和极化诱导掺杂在 GaN/AlN QD 中的应用

传统的白光 LED 中，为了减少 InGaN 有源区材料发射光子的再吸收，通常选择 GaN 材料作为多量子阱的 n 型和 p 型接触层。同样，在紫外 LED 的外延结构设计中，为了减少紫外光的再吸收，需要高 Al 组分的 AlGaN 材料作为 n 型、p 型接触层，但高 Al 组分会导致低的载流子浓度和低的注入效率。同时，与传统白光 LED 相同，热载流子注入因声子发射、俄歇复合和载流子泄漏会导致能量损失[43]。Weng 等证明，通过隧穿注入，InGaN 绿光 LED 由热载流子注入导致的效率 droop 效应得到有效抑制[68]。类似地，通过降低 AlGaN 覆层的 Al 组分和隧穿注入的方式，可有效提高掺杂效率、抑制紫外 LED 中热载流子注入带来的能量损失。

　　AlGaN 覆层的 Al 组分通常选择在对应带隙略大于有源区发射光子能量的位置，在不发生再吸收的前提下，尽可能降低 Al 组分以提高 n 型、p 型接触层的掺杂效果。然而，即使 Al 组分得到一定程度的降低，AlGaN 材料体系的 p 型掺杂仍十分困难，而传统的 pGaN 型接触层的再吸收问题则会严重影响光提取效率。为了解决上述问题，引入极化诱导掺杂，可以有效提升 pAlGaN 的空穴浓度。

　　如图 4-38 所示，样品 I 为非极化诱导掺杂，结构包含 73%nAlGaN 层、50%

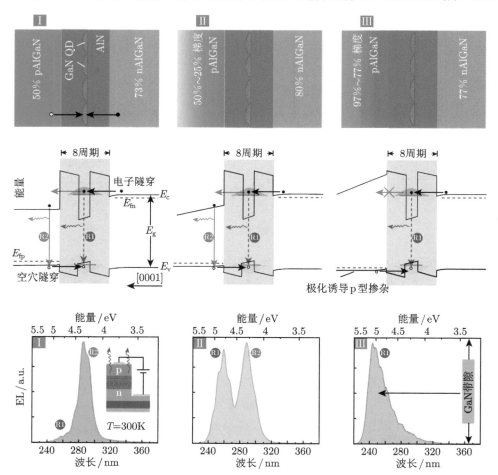

图 4-38　GaN/AlN QD 紫外 LED 截面示意图 (样品 I: 73%nAlGaN, 50%pAlGaN; 样品 II: 80%nAlGaN, 50%~25% 梯度 pAlGaN; 样品 III: 77% 梯度 nAlGaN, 97%~77% pAlGaN)，对应的正向偏压下能带图 (展示了 QD(R1) 和 AlGaN 覆层 (R2) 的隧道传输和复合机制)，以及 3 种结构的 EL 光谱[41]

pAlGaN 层以及 GaN/AlN QD, 样品 II 则为 80%nAlGaN 层和极化诱导掺杂的 50%~25% 梯度 pAlGaN 层, 样品 III 则为 77%nAlGaN 层和极化诱导掺杂的 97%~77% 梯度 pAlGaN 层。在正向偏置电压下, GaN/AlN QD 有源区中的电子基态与 nAlGaN 层导带底位置接近, 而有源区空穴基态则与 pAlGaN 层中的价带顶接近, 载流子的注入机制为量子隧穿注入, 有效避免了热载流子注入的能量损失。大的导带阶和小的价带阶可有效平衡电子、空穴的注入。由 EL 谱可以看到, 有源区发光峰 R1 波长 λ_1 为 259nm, 而样品 I 存在一个 290nm 的 R2 峰, 对应 50%pAlGaN 的能带宽度, 因此可以认为, R2 峰的存在是泄漏电子在 pAlGaN 区与空穴复合以及有源区发射的光子在 pAlGaN 再吸收导致的。在样品 II 中, 仍存在 R2 峰, 原因与样品 I 相同。而样品 III 中, 极化诱导掺杂的 pAlGaN 组分提高至 97%~77%, 对应的吸收波长大于 259nm, 再吸收消失, 此外, 高组分 pAlGaN 起到电子阻挡层的作用, 有效抑制了电子的泄漏, 因而其 EL 谱只存在一个 R1 峰。

极化诱导掺杂可以有效提高 pAlGaN 层的空穴浓度。如图 4-39(a) 所示, 在 24A/cm² 注入电流密度 (J_{inj}) 下, 非极化诱导掺杂样品 I 谱的强度很低, 而采用极化诱导掺杂的样品 II 的 EL 强度约为样品 I 的 23 倍[41], 证实了极化诱导掺杂的有效性。样品 III 的 EL 谱中, 随着注入电流密度的增加, R1 峰发生蓝移, 并在 $J_{inj} > 15$ A/cm² 后, 稳定在 243nm, 这可由 QD 尺寸的不均匀性和大电流密度下的载流子占据效应解释[41]。

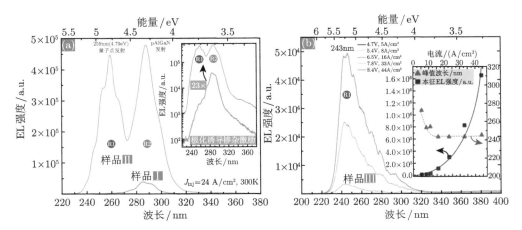

图 4-39 (a)24A/cm² 注入电流密度下样品 I 和样品 II 的 EL 谱; (b) 不同注入电流密度下样品 III 的 EL 谱[41]

4. 极性面与半极性面 GaN/AlN 量子点

通过在蓝宝石 (0001)c 面和 (1T00)m 面外延生长，可得到极性和半极性面的 GaN QD。如图 4-40 所示，c 面生长的 QD 分布弥散，而 m 面生长的 QD 呈现链状 [69]。

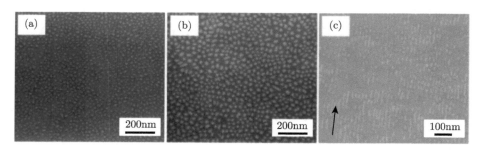

图 4-40　(a)(0001)$Al_{0.5}Ga_{0.5}N$ 上直径为 1.5nm 的 GaN QD；(b)2.6nm；

(c)(11$\bar{2}$2)$Al_{0.5}Ga_{0.5}N$ 上直径为 3.1nm 的 GaN QD，箭头为 $\langle 1\bar{1}00\rangle$ 方向 [69]

由 c 面蓝宝石和 m 面蓝宝石生长得到的 GaN/$Al_{0.5}Ga_{0.5}N$ QD 的室温 PL 谱 (图 4-41) 可以看出，半极性 QD 相比于极性 QD 存在蓝移。这是因为，半极性 QD 内极化电场相对较弱，量子限制斯塔克效应减弱，导致其发射波长更短。

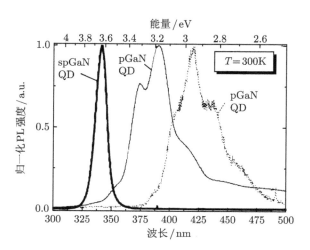

图 4-41　直径为 2.6nm(虚线)、1.5nm(细实线) 和 1.6nm(粗实线) 的极性 (p) 和半极性 (sp)GaN / $Al_{0.5}Ga_{0.5}N$ QD 的室温 PL 谱 [69]

5. GaN 纳米线 GaN/AlN QD 结构

作为传统平面工艺新的可替代选择，数十年来，纳米线器件受到了广泛的关注 [70−77]。由于高的表面积/体积比，纳米线的应力释放可通过其表面来完成，纳米线异质结构能够在适应大的晶格失配的同时不产生位错。因此，纳米线的生长不需要晶格高度匹配的衬底，且可以生长在低成本、大尺寸的单晶衬底上，如单晶硅、非晶材料、金属等 [78−81]。同时，纳米线对应力的适应也有利于极化诱导掺杂的实现。

如图 4-42 所示，为 100nm 长、直径为 40nm 的 GaN 纳米线 (0001) 面上生长 10 周期的 GaN (1nm)/AlN (4nm) 多层量子盘超晶格结构，并在径向覆盖一层

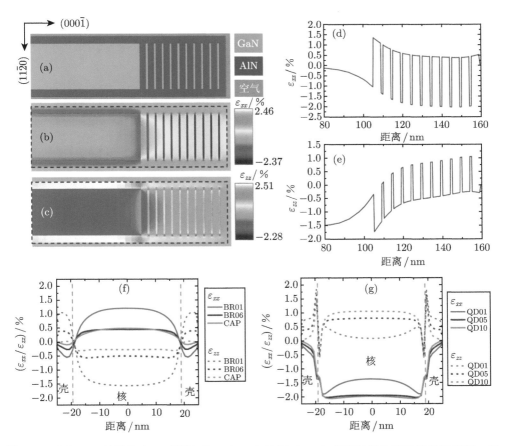

图 4-42 (a)GaN 纳米线上 10 周期 GaN (1nm)/AlN (4nm) 多层量子盘超晶格结构图示；应变分布 (b)ε_{xx} 和 (c)ε_{zz}；整个结构轴线应力分布 (d)ε_{xx} 和 (e)ε_{zz}；径向应变分布 (ε_{xx} /ε_{zz}) (f) AlN 势垒和 (g) GaN QD[82]

5nm 厚的 AlN 壳层。GaN 纳米线受到单轴应力的作用，轴向 $\varepsilon_{zz} = -1.5\%$，径向 $\varepsilon_{xx} = -0.1\%$，而 AlN 壳层底部沿 c 轴的张应变 $\varepsilon_{zz} = 2.42\%$，径向 $\varepsilon_{xx} < 0$；轴线处有源区材料受到双轴应力作用，GaN 的 $\varepsilon_{xx} < 0$，$\varepsilon_{zz} > 0$，受到张应变，AlN 的 $\varepsilon_{xx} > 0$，$\varepsilon_{zz} < 0$，受到张应变，且越靠近顶端，GaN 的压应变越大，AlN 的张应变越小；图 4.42(f)、(g) 为径向方向的应变分布 (从底部到顶部依次标记 GaN 为 QD01-QD10,AlN 为 BR01-BR09-CAP)，在核结构处，AlN 的 $\varepsilon_{xx} > 0$，$\varepsilon_{zz} < 0$，而在壳处恰恰相反，因此存在应变为 0 的过渡层，而 GaN 在径向始终为压应变，ε_{xx} 始终小于 0，在核处因泊松效应受到张应变，$\varepsilon_{zz} > 0$，而在核/壳界面因 AlN 壳层而受到了压应变，$\varepsilon_{zz} < 0$[48]。由于内建极化电场的影响，GaN 纳米线/GaN/AlN QD 能带结构沿轴向由底部至顶端发生向低能方向的弯曲，QD 中电子和空穴的波函数发生空间上的分离 [82]。

如图 4-43 所示，为 Si (111) 面上无催化自组织生长 [83] 的 150nm 长的 GaN 纳米线，其上为 50 周期 1~2ML GaN/AlN(5nm) 结构。

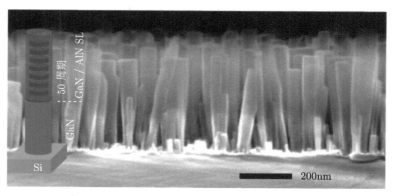

图 4-43　纳米线 GaN/AlN 超晶格结构 SEM 图像，插图为结构示意图 [83]

图 4-44 为室温下，以 239nm 波长的激光激发，50 周期 2 ML GaN/AlN(5nm) MQD 超晶格和 1ML GaN/AlN(5nm) MQD 超晶格的归一化 PL 谱，2ML 样品存在 295nm 的发光峰以及 265nm 的肩峰，而 1ML 样品只存在一个 283nm 的发光峰 [83]。可能的解释为，由于不能完全控制纳米线的直径一致，直径大的纳米线对应的 GaN 垂直生长速率低 [84]，GaN 厚度的变小引起发射波长蓝移，因此 2ML 样品存在 265nm 的肩峰，而 1ML 样品可能存在小于 265nm 的发光峰，但因与激发波长接近而无法观测到。

将极化诱导掺杂 [74,85] 与纳米线结构相结合，可实现极化掺杂的纳米线深紫外 LED[82]。有源区为 3 周期的 1ML GaN/AlN(5nm) QD，Ti(10nm)/Au(20nm)

作为顶部半透明 n 电极，p 型层通过 In 焊接在 p-Si 晶圆上，形成垂直结构器件。如图 4-45 所示，器件的 *I-V* 特性曲线表现出大的整流比 $10^8(\pm10\text{V})$，但开启电压较大，为 9.5V。通过引入隧穿注入可有效降低 n、p 型接触层的禁带宽度以降低开启电压[74,86]。EL 谱中，存在 240nm、320nm 两个峰，240nm 发光峰因渐变层再吸收，强度仅为 320nm 发光峰的一半。随着注入电流的增大，240nm 和 320nm 发光强度都逐渐增强并饱和，而峰值位置发生蓝移，但波长变化小，间接说明该器件结构中 QCSE 弱，大电流下的极化电荷的屏蔽效应弱。

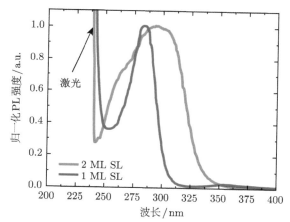

图 4-44   室温下 50 周期 2ML GaN/ AlN(5nm) MQD 超晶格和 1 ML GaN/ AlN(5nm)
MQD 超晶格的归一化 PL 谱[83]

通过在 GaN 纳米线上生长 GaN/AlN QD 结构，可得到高晶体质量的有源区结构，实现了波长短于 250nm 的深紫外发光，并证实了一种新型的纳米线垂直结构的深紫外 LED 器件。

综上所述，传统 AlGaN 有源区材料在高 Al 组分为 TM 极化发光，导致光提取效率降低；QCSE 使载流子波函数发生空间上的分离，导致 AlGaN 紫外 LED 低的量子效率。通过引入 GaN/AlN 量子结构，利用极端 QCSE 可实现深紫外发光；GaN 材料替换 AlGaN 材料，可以有效提升 TE/TM 出光比；在超薄 QW 和 QD 结构中，有效提高了载流子波函数的重叠，内量子效率得到提升；与超薄 QW 相比，QD 能提高三维的量子限制，对非辐射复合中心不敏感，因此内量子效率更高，且热稳定性更好。此外，应力适应的 GaN 纳米线 GaN/AlN 量子结构，也提供了新型深紫外 LED 垂直器件的设计新思路。

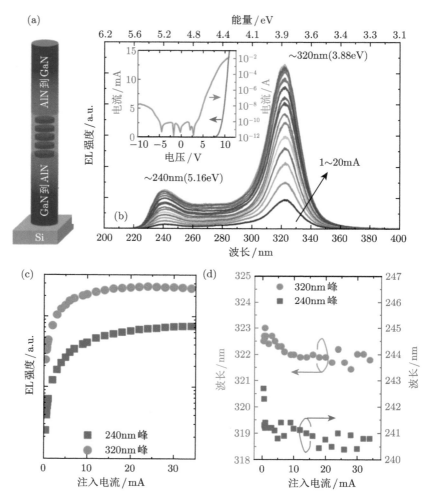

图 4-45　(a) 双组分渐变极化诱导掺杂纳米线 LED 图示结构；(b) 直流电流注入下 1ML GaN QD LED EL 谱；不同注入电流下 240nm 峰和 320nm 峰的 (c)EL 强度变化和 (d) 波长变化 [82]

4.4　同质衬底深紫外 LED

4.4.1　引言

DUV LED 外延结构中 n 型层、p 型层和有源区均为 AlGaN 材料，AlGaN 材料的质量与 DUV LED 的发光效率密切相关。Kolbe 等模拟了 280nm UV LED 的内量子效率与位错密度的关系：当位错密度 $>10^{10}\mathrm{cm}^{-2}$ 时，内量子效率只有百分之几，而当位错密度降低至 $10^9 cm^{-2}$ 量级时，280nmUV LED 的内量子效率会提高到 10%～40%，而要将内量子效率提高到 40% 以上，位错密度则要降低到 $10^8 cm^{-2}$ 甚至更低的水平 [87]。通常 AlGaN 异质外延在 AlN 材料上，其晶体质量很大程度上取决于 AlN 材料。由于缺少 AlN 衬底，早期的 AlN 材料都是外延在蓝宝石、SiC 或 Si 衬底上。由于这些衬底和外延层之间存在大的晶格失配和热膨胀系数差异，AlN 外延层中位错密度高达 10^{10} ～$10^{11} cm^{-2[88]}$。即使采用侧向外延或者图形衬底等技术，位错密度仍然高达 $10^8 cm^{-2}$，AlN 层中的这些位错在继续外延中会穿透到 AlGaN 层，从而使 DUV LED 性能恶化。随着物理气相传输 (PVT) 技术的进步，已经获得了位错密度低于 $10^4 cm^{-2}$ 的 AlN 衬底 [89]，制备的 DUV LED 展示了出色的性能。

4.4.2 AlN 同质外延

当 AlN 材料暴露于潮湿空气时，表面上形成厚度 5～10nm 的氧化物层，这由 AlOOH、$Al(OH)_3$ 或者两者混合物组成 [90,91]。这些氧化物层将导致外延 AlN 层中的位错密度增加 [92]。此外，机械抛光 (MP) 的 AlN 衬底表面形成大量的划痕，当再次外延时，划痕附近的成核和颗粒聚集导致大的应变和粗糙表面。因此，AlN 衬底的表面处理对实现高质量的同质外延至关重要。

目前，AlN 衬底的表面处理工艺包括间接和直接工艺。间接工艺是依次通过化学机械抛光 (CMP) 和强酸刻蚀去除表面划痕和铝的氧化层。AlN 衬底机械抛光后，在亚微米级磨料的碱性浆液中进行化学机械抛光，从而去除衬底表面划痕，粗糙度明显降低，同时表面氧化物减少 [93]。接着，用硫酸和磷酸混合物 (3:1)80℃ 腐蚀 10min，进一步减少表面氧化物。直接工艺是外延前的原位氮化处理，通常在 NH_3 气氛和生长温度下退火 15min，可以将氧化物层转变成 AlN 层。

由于没有晶格和热失配，同质外延 AlN 不需要低温缓冲层，外延层能延续衬底的晶体质量，表面呈现明显的台阶流。此外，同质外延 AlN 层具有低浓度的背景杂质，Si 浓度和 C、O 浓度分别降低 2 个数量级和 1 个数量级 [94]。图 4-46 为我们在 PVT-AlN 衬底 (样品来自中电集团第四十六所) 上的同质外延结果，外延前后 XRD(002)FWHM 分别为 86″ 和 76″，AFM 均方根 (RMS) 粗糙度接近 0.1nm(5μm×5μm)。

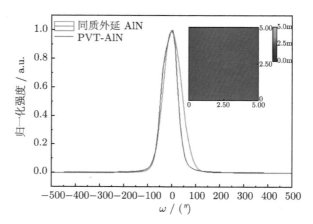

图 4-46　PVT-AlN 衬底以及同质外延 XRD (002) 摇摆曲线，插图为同质外延 AlN 的表面
AFM 像

4.4.3　AlGaN 及深紫外 LED 赝晶生长

在同质 AlN 层上继续外延 AlGaN 材料，晶格失配导致 AlGaN 层受到压应力，应变能最终产生或者弯曲位错引起表面粗糙或塑性变形，这取决于中间层和生长参数。为了延续 AlN 衬底的低缺陷密度，生长组分渐变的 AlGaN 层或者超晶格可以实现 AlGaN 的赝晶生长[93,95]。赝晶生长有很多优点。首先，赝晶的 AlGaN 没有失配位错和新的线位错产生，相比之下，弛豫的 AlGaN 层位错密度明显增加[95]，图 4-47 显示了 FWHM 变化。其次，赝晶的 AlGaN 层可以更厚。根据 Matthews 模型预测[96]，AlN 上外延 $Al_{0.6}Ga_{0.4}N$ 临界厚度仅 40nm，超过这个厚度，失配位错将形成，导致线位错穿透整个 AlGaN 层。然而，赝晶的 $Al_{0.6}Ga_{0.4}N$ 层厚度超过 0.5μm，赝晶的 $Al_{0.7}Ga_{0.3}N$ 层厚度超过 1μm。最后，赝晶的 AlGaN 具有光滑的表面，类似于同质外延的 AlN 呈现明显的台阶流。

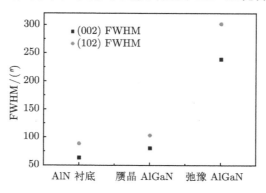

图 4-47　AlN 衬底及 AlGaN 的 XRD FWHM

在 AlN 衬底上制备赝晶 DUV LED 器件,通常外延结构由多量子阱 (MQW)、电子阻挡层 (EBL)、pAlGaN 层和 pGaN 层构成。除了最上面的 pGaN 层,赝晶 DUV LED 的其余各层都是赝晶层,没有失配位错和新位错产生,因此具有与 AlN 衬底一样的低位错密度,其内量子效率已经超过 80%[97]。相反,pGaN 和 pAlGaN 之间存在大的晶格失配,在界面处观察到失配位错和穿透位错[98]。此外,由于高质量的赝晶层和 AlN 衬底高的导热性,赝晶 DUV LED 器件的可靠性和寿命都明显提高,DUV LED 器件 L50 寿命超过 1000h[99,100]。

4.4.4　赝晶深紫外 LED 的光提取效率

AlN 衬底上赝晶生长的 DUV LED 在降低位错密度方面是成功的,然而这些器件的外量子效率仍然很低,一个重要原因是光提取效率低。一方面,由于 pAlGaN 的功函数大,很难形成欧姆接触,尽管 pGaN 层对深紫外光有强烈的吸收,DUV LED 仍然需要一个 pGaN 层作为电极接触层。为了避免 pGaN 层的吸收,DUV LED 通常采用倒装结构,因此,AlN 衬底上赝晶生长的 DUV LED 光提取需要透过 AlN 衬底。理论上,AlN 衬底大的禁带可以透过波长在 210nm 以上的深紫外光。然而,目前 PVT 制备的 AlN 衬底含有大量的杂质,使得衬底对深紫外光有强烈的吸收。另一方面,AlN 衬底的高折射率 ($n = 3.2$) 也降低了赝晶 DUV LED 的光提取效率。FDTD 模拟计算表明,透明 AlN 衬底上发光波长为 265nm 的 DUV LED 的光提取效率小于 4%。

针对上述限制因素,一些技术已经用于提高赝晶 DUV LED 光提取效率。①降低 PVT-AlN 衬底中的杂质含量或者减薄衬底。通过 HVPE 外延获得 HEPE-AlN 衬底,杂质含量大大降低而晶体质量没有下降,紫外透过率大大提高,HVPE-AlN 衬底在 220~300nm 深紫外波段的光透射率在 63% 以上[101,102]。此外,减小 AlN 衬底的厚度也可以明显提高紫外透过率,对于吸收系数 35 cm^{-1} 的 AlN 衬底,衬底厚度从 425μm 减小到 200μm,吸收衬底的紫外吸收降低 1 个数量级[103]。②AlN 衬底表面粗糙化和光子晶体[104,105]。通过粗化 AlN 衬底的出光面,265nm 的 DUV LED 输出功率超过 150mW(@850mA),而具有纳米光子结构表面粗化,赝晶 DUV LED 输出功率提高了 20 倍。

总之,AlN 衬底的低缺陷密度在制备 DUV LED 方面具有优势,然而,有 3 个关键工艺或者技术需克服。首先,外延前衬底表面处理。化学机械抛光、强酸刻蚀以及高温氮化等直接和间接工艺处理,是高质量 AlN 同质外延的关键。其次,AlGaN 层及有源区的赝晶生长技术。通过在 AlN 与 AlGaN 之间插入合适的超晶格或者渐变 AlGaN 层,使 AlGaN 赝晶外延在 AlN 上,以保持衬底的高质量和光滑表面。最后，增强的光提取技术。通过降低 AlN 衬底的吸收和采用表面粗化、光子晶体等增强光提取技术，将进一步提高 DUV LED 的外量子效率。

参 考 文 献

[1]   Karpov S Y, Makarov Y N. Dislocation effect on light emission efficiency in gallium nitride. Applied Physics Letters, 2002, 81(25): 4721-4723.

[2]   Ban K, Yamamoto J, Takeda K, et al. Internal quantum efficiency of whole-composition-range AlGaN multiquantum wells. Applied Physics Express, 2011, 4(5): 052101.

[3]   Yun J J, Shim I, Hirayama H. Analysis of efficiency droop in 280-nm AlGaN multiple-quantum-well light-emitting diodes based on carrier rate equation. Applied Physics Express, 2015, 8(2): 022104.

[4]   Schubert M F, Xu J, Kim J, et al. Polarization-matched GaInN/AlGaInN multi-quantum-well light-emitting diodes with reduced efficiency droop. Applied Physics Letters, 2008, 93(4): 041102.

[5]   Sun W, Shatalov M, Deng J, et al. Efficiency droop in 245-247nm AlGaN light-emitting diodes with continuous wave 2mW output power. Applied Physics Letters, 2010, 96(6): 061102.

[6]   Piprek J. How to decide between competing efficiency droop models for GaN-based light-emitting diodes. Applied Physics Letters, 2015, 107(3): 031101.

[7]   Verzellesi G, Saguatti D, Meneghini M, et al. Efficiency droop in InGaN/GaN blue light-emitting diodes: physical mechanisms and remedies. Journal of Applied Physics, 2013, 114(7): 071101.

[8]   Li D B, Aoki M, Katsuno T, et al. Influence of growth interruption and Si doping on the structural and optical properties of Al_xGaN/AlN ($x>0.5$) multiple quantum wells. Journal of Crystal Growth, 2007, 298: 500-503.

[9]   Murotani H, Akase D, Anai K, et al. Dependence of internal quantum efficiency on doping region and Si concentration in Al-rich AlGaN quantum wells. Applied Physics Letters, 2012, 101(4): 042110.

[10]   Uedono A, Tenjinbayashi K, Tsutsui T, et al. Native cation vacancies in Si-doped AlGaN studied by monoenergetic positron beams. Journal of Applied Physics, 2012, 111(1): 013512.

[11]   Shimahara Y, Miyake H, Hiramatsu K, et al. Growth of high-quality Si-doped AlGaN by low-pressure metalorganic vapor phase epitaxy. Japanese Journal of Applied Physics, 2011, 50(9): 095502.

[12]   Hirayama H, Enomoto Y, Kinoshita A, et al. Room-temperature intense 320 nm band ultraviolet emission from quaternary InAlGaN-based multiple-quantum wells. Applied Physics Letters, 2002, 80(9): 1589-1591.

[13] Hirayama H, Fujikawa S, Noguchi N, et al. 222-282nm AlGaN and InAlGaN-based deep-UV LEDs fabricated on high-quality AlN on sapphire. Physica Status Solidi (a), 2009, 206(6): 1176-1182.

[14] Zhang J, Zhu Y, Egawa T, et al. Quantum-well and localized state emissions in AlInGaN deep ultraviolet light-emitting diodes. Applied Physics Letters, 2007, 91(22): 221906.

[15] Zhu M, Zhang X, Wang S, et al. Epitaxial growth and optical characterization of AlInGaN quaternary alloys with high Al/In mole ratio. Journal of Materials Science-Materials in Electronics, 2014, 26(2): 705-710.

[16] Miyoshi M, Kato M, Egawa T, et al. Experimental and simulation study on ultraviolet light emission from quaternary InAlGaN quantum wells with localized carriers. Semiconductor Science and Technology, 2014, 29(7): 075024.

[17] Sakai Y, Egawa T. Metal-organic chemical vapor deposition growth and characterization of InAlGaN multiple quantum wells. Japanese Journal of Applied Physics, 2009, 48(7): 071001.

[18] Huang Y, Liu Z, Yi X, et al. Overshoot effects of electron on efficiency droop in InGaN/GaN MQW light-emitting diodes. AIP Advances, 2016, 6(4): 045219.

[19] Hirayama H, Tsukada Y, Maeda T, et al. Marked enhancement in the efficiency of deep-ultraviolet AlGaN light-emitting diodes by using a multiquantum-barrier electron blocking layer. Applied Physics Express, 2010, 3(3): 031002.

[20] Iga K, Uenohara H, Koyama F. Electron reflectance of multiquantum barrier (MQB). Electronics Letters, 1986, 22(19): 1008-1010.

[21] Sumiya S, Zhu Y, Zhang J, et al. AlGaN-based deep ultraviolet light-emitting diodes grown on epitaxial AlN/sapphire templates. Japanese Journal of Applied Physics, 2008, 47(1): 43-46.

[22] Kolbe T, Mehnke F, Guttmann M, et al. Improved injection efficiency in 290nm light emitting diodes with Al(Ga)N electron blocking heterostructure. Applied Physics Letters, 2013, 103(3): 031109.

[23] Mehnke F, Kuhn C, Guttmann M, et al. Efficient charge carrier injection into sub-250nm AlGaN multiple quantum well light emitting diodes. Applied Physics Letters, 2014, 105(5): 051113.

[24] Shur M, Bykhovski A, Gaska R, et al. Accumulation hole layer in p-GaN/AlGaN heterostructures. Applied Physics Letters, 2000, 76(21): 3061-3063.

[25] Takano T, Mino T, Sakai J, et al. Deep-ultraviolet light-emitting diodes with external quantum efficiency higher than 20%at 275nm achieved by improving light-extraction efficiency. Applied Physics Express, 2017, 10(3): 031002.

[26] Simon J, Zhang Z, Goodman K, et al. Polarization-induced Zener tunnel junctions in wide-band-gap heterostructures. Physical Review Letters, 2009, 103(2): 026801.

[27] Krishnamoorthy S, Nath D, Akyol F, et al. Polarization-engineered GaN/InGaN/GaN

tunnel diodes. Applied Physics Letters, 2010, 97(20): 1-3.

[28] Krishnamoorthy S, Akyol F, Park P, et al. Low resistance GaN/InGaN/GaN tunnel junctions. Applied Physics Letters, 2013, 102(11): 113503.

[29] Krishnamoorthy S, Akyol F, Rajan S, et al. InGaN/GaN tunnel junctions for hole injection in GaN light emitting diodes. Applied Physics Letters, 2014, 105(14): 113503-113164.

[30] Zhang Y, Krishnamoorthy S, Akyol F, et al. Design and demonstration of ultra-wide bandgap AlGaN tunnel junctions. Applied Physics Letters, 2016, 109(12): 121102.

[31] Zhang Y, Krishnamoorthy S, Akyol F, et al. Design of p-type cladding layers for tunnel-injected UV-A light emitting diodes. Applied Physics Letters, 2016, 109(19): 93631.

[32] Zhang Y, Krishnamoorthy S, Akyol F, et al. Tunnel-injected sub-260nm ultraviolet light emitting diodes. Applied Physics Letters, 2017, 110(20): 201102.

[33] Lu Y H, Fu Y K, Shyh J, et al. Efficiency enhancement in ultraviolet light-emitting diodes by manipulating polarization effect in electron blocking layer. Applied Physics Letters, 2013, 102(14): 143504.

[34] Huang J, Guo Z, Guo M, et al. Study of deep ultraviolet light-emitting diodes with a p-AlInN/AlGaN superlattice electron-blocking layer. Journal of Electronic Materials, 2017, 46(7): 4527-4531.

[35] Chang J Y, Huang M F, Chen F M, et al. Effects of quantum barriers and electron-blocking layer in deep-ultraviolet light-emitting diodes. Journal of Physics D: Applied Physics, 2018, 51(7): 075106.

[36] He L, Zhao W, Zhang K, et al. Performance enhancement of AlGaN-based 365nm ultraviolet light-emitting diodes with a band-engineering last quantum barrier. Optics Letters, 2018, 43(3): 515-518.

[37] Shatalov M, Sun W, Lunev A, et al. AlGaN deep-ultraviolet light-emitting diodes with external quantum efficiency above 10%. Applied Physics Express, 2012, 5(8): 2101.

[38] Ren Z, Sun Q, Kwon S Y, et al. Heteroepitaxy of AlGaN on bulk AlN substrates for deep ultraviolet light emitting diodes. Applied Physics Letters, 2007, 91(5): 051116.

[39] Jo M, Maeda N, Hirayama H. Enhanced light extraction in 260nm light-emitting diode with a highly transparent p-AlGaN layer. Applied Physics Express, 2016, 9(1): 012102.

[40] Zhang Y W, Allerman A A, Krishnamoorthy S, et al. Enhanced light extraction in tunnel junction-enabled top emitting UV LEDs. Applied Physics Express, 2016, 9(5): 052102.

[41] Verma J, Islam S M, Protasenko V, et al. Tunnel-injection quantum dot deep-ultraviolet light-emitting diodes with polarization-induced doping in III-nitride heterostructures. Applied Physics Letters, 2014,104(2): 181907.

[42] Islam S M, Protasenko V, Rouvimov S, et al. Sub-230nm deep-UV emission from GaN quantum disks in AlN grown by a modified Stranski-Krastanov mode. Japanese Journal

of Applied Physics, 2016, 55(5S): 05FF06.

[43] Verma J, Kandaswamy P K, Protasenko V, et al. Tunnel-injection GaN quantum dot ultraviolet light-emitting diodes. Applied Physics Letters, 2013, 102(4): 1-4.

[44] Pandey A, Shin W J, Gim J, et al. High-efficiency AlGaN/GaN/AlGaN tunnel junction ultraviolet light-emitting diodes. Photonics Research, 2020, 8(3): 331-337.

[45] Zhang J, Zhao H P, Tansu N, et al. Effect of crystal-field split-off hole and heavy-hole bands crossover on gain characteristics of high Al-content AlGaN quantum well lasers. Applied Physics Letters, 2010, 97(11): L761.

[46] Kolbe T, Knauer A, Chua C, et al. Optical polarization characteristics of ultraviolet (In)(Al)GaN multiple quantum well light emitting diodes. Applied Physics Letters, 2010, 97(17): 171105-171105-3.

[47] Li X H, Kao T T, Satter M M. Demonstration of transverse-magnetic deep-ultraviolet stimulated emission from AlGaN multiple-quantum-well lasers grown on a sapphire substrate. Applied Physics Letters, 2015, 106(4): 041115.

[48] Northrup J E, Chua C L, Yang Z, et al. Effect of strain and barrier composition on the polarization of light emission from AlGaN/AlN quantum wells. Applied Physics Letters, 2012, 100(2): 325-367.

[49] Reich C, Guttmann M, Feneberg M, et al. Strongly transverse-electric-polarized emission from deep ultraviolet AlGaN quantum well light emitting diodes. Applied Physics Letters, 2015, 107(14): 1.

[50] Miller D A B, Chemla D S, Damen T C, et al. Band-edge electroabsorption in quantum well structures: the quantum confined stark effect. Physical Review Letters, 1984, 53(22): 2173-2176.

[51] Bernardini F, Fiorentini V. Nonlinear behavior of spontaneous and piezoelectric polarization in III-V nitride alloys. Physica Status Solidi (a), 2002, 190(1): 65-73.

[52] Liu C, Ooi Y K, Islam S M, et al. Physics and polarization characteristics of 298nm AlN-delta-GaN quantum well ultraviolet light-emitting diodes. Applied Physics Letters, 2017, 110(7): 071103

[53] Zhang Y, Sturge M, Kash K. Temperature dependence of luminescence efficiency, exciton transfer, and exciton localization in GaAs/$Al_x Ga_{1-x}$As quantum wires and quantum dots. Physical Review B, 1995, 51(19): 13303.

[54] Islam S M, Lee K, Verma J, et al. MBE-grown 232-270nm deep-UV LEDs using monolayer thin binary GaN/AlN quantum heterostructures. Applied Physics Letters, 2017, 110(4): 041108.1-041108.5.

[55] Kamiya K, Ebihara Y, Shiraishi K, et al. Structural design of AlN/GaN superlattices for deep-ultraviolet light-emitting diodes with high emission efficiency. Applied Physics Letters, 2011, 99(15): 45.

[56] Taniyasu Y, Kasu M. Polarization property of deep-ultraviolet light emission from c-

· 118 ·   第 4 章　深紫外发光二极管的量子效率与结构设计

plane AlN/GaN short-period superlattices. Applied Physics Letters, 2011, 99(25): 1211.

[57] Bayerl D, Islam S M, Jones C M, et al. Deep ultraviolet emission from ultra-thin GaN/AlN heterostructures. Applied Physics Letters, 2016, 109(24): 241102.

[58] Zhang J, Zhao H P, Tansu N, et al. Large optical gain AlGaN-delta-GaN quantum wells laser active regions in mid- and deep-ultraviolet spectral regimes. Applied Physics Letters, 2011, 98(17): L761.

[59] Kneissl M, Rass J. III-Nitride Ultraviolet Emitters: Technology and Applications// Springer Series in Material Science Vol. 227.Berlin: Springer International Publishing, 2016.

[60] Shakya J, Knabe K, Kim K H, et al. Polarization of III-nitride blue and ultraviolet light-emitting diodes. Applied Physics Letters, 2005, 86(9): 091107-091107-3.

[61] Chen X J, Ji C, Xiang Y, et al. Augular distribution of polarized light and its effect on light extraction efficiency in AlGaN deep-ultraviolet light-emitting diodes. Optics Express, 24(10): A935-A942.

[62] Lee L K, Zhang L, Deng H. Room-temperature quantum-dot-like luminescence from site-controlled InGaN quantum disks. Applied Physics Letters, 2011, 99(26): 939.

[63] Ferrer-Pérez J A, Claflin B, Jena D, et al. Photoluminescence-based electron and lattice temperature measurements in GaN-based HEMTs. Journal of Electronic Materials, 2014, 43(2): 341-347.

[64] Bhattacharya R, Pal B, Bansal B, et al. On conversion of luminescence into absorption and the van Roosbroeck-Shockley relation. Applied Physics Letters, 2012, 100(22): 222103.

[65] Zheng Z R, Ji H N, Yu P, et al. Recent progress towards quantum dot solar cells with enhanced optical absorption. Nanoscale Research Letters, 2016, 11(1): 266.

[66] Kuo Y K, Wang T H, Chang J Y, et al. Advantages of blue InGaN light-emitting diodes with InGaN-AlGaN-InGaN barriers. Applied Physics Letters, 2012, 100(3): 031112.

[67] Passow T, Leonardi K, Stockman A, et al. High-resolution x-ray diffraction investigations of highly mismatched II-VI quantum wells. Journal of Physics D: Applied Physics, 1999, 32(10A): A42.

[68] Weng G E, Ling A K, Lv X Q, et al. III-nitride-based quantum dots and their optoelectronic applications. Nano-Micro Letters, 2011, 3(3): 200-207.

[69] Brault J, Damilano B, Leroux M, et al. AlGaN/GaN nanostructures for UV light emitting diodes. Proceedings of Asia Communications and Photonics Conference, November 11-14, Shanghai, 2014.

[70] Carnevale S D, Kent T F, Philips P J, et al. Polarization-induced pn diodes in wide-band-gap nanowires with ultraviolet electroluminescence. Nano Letters, 2012, 12(2): 915-920.

[71] Wang Q, Connie A T, Nguyen H T, et al. Highly efficient, spectrally pure 340nm ultravi-

olet emission from Al$_x$Ga$_{1-x}$N nanowire-based light emitting diodes. Nanotechnology, 2013,24(34): 345201

[72] Kent T F, Carnevale S D, Sarwar A T M, et al. Deep ultraviolet emitting polarization induced nanowire light emitting diodes with Al$_x$Ga$_{1-x}$N active regions. Nanotechnology, 2014, 25(45): 455201.

[73] Sarwar A T M G, Carnevale S D, Kent T F, et al. Tuning the polarization-induced free hole density in nanowires graded from GaN to AlN. Applied Physics Letters, 2015, 106(3): 032102.

[74] Sarwar A T M G, May B J, Deitz J I, et al. Tunnel junction enhanced nanowire ultraviolet light emitting diodes. Applied Physics Letters, 2015, 107(10): 101103.

[75] Li K H, Liu X, Wang Q, et al. Ultralow-threshold electrically injected AlGaN nanowire ultraviolet lasers on Si operating at low temperature. Nature Nanotechnology, 2015, 10(2): 140-144.

[76] Zhao S, Connie A T, Dastjerdi M H T, et al. Aluminum nitride nanowire light emitting diodes: breaking the fundamental bottleneck of deep ultraviolet light sources. Scientific Reports, 2015, 5: 8332.

[77] Zhao S, Liu X Y, Woo S, et al. An electrically injected AlGaN nanowire laser operating in the ultraviolet-C band. Applied Physics Letters, 2015, 107(4): 043101.

[78] Tu L W, Hsiao C L, Chi T W, et al. Self-assembled vertical GaN nanorods grown by molecular-beam epitaxy. Applied Physics Letters, 2003, 82(10): 1601-1603.

[79] Stoica T, Sutter E, Meijers R J, et al. Interface and Wetting layer effect on the catalyst-free nucleation and growth of GaN nanowires. Small, 2008, 4(6): 751-754.

[80] Choi J H, Zoulkarneev A, Kim S I, et al. Nearly single- crystalline GaN light-emitting diodes on amorphous glass substrates. Nature Photonics, 2011, 5(12): 763-769.

[81] Wolz M, Hauswald C, Flissikowski T, et al. Epitaxial growth of GaN nanowires with high structural perfection on a metallic TiN film. Nano Letters, 2015, 15(6): 3743-3747.

[82] Sarwar A G, Carnevale S D, Yang F, et al. Semiconductor nanowire light-emitting diodes grown on metal: a direction toward large-scale fabrication of nanowire devices. Small, 2015, 11(40): 5402-5408.

[83] Sarwar A T M G, May B J, Chisholm M F, et al. Ultrathin GaN quantum disk nanowire LEDs with sub-250nm electroluminescence. Nanoscale, 2016, 8(15): 8024-8032.

[84] Carnevale S D, Yang J, Philips P J, et al. Three-dimensional GaN/AlN nanowire hetero-structures by separating nucleation and growth processes. Nano Letters, 2011, 11(2): 866-871.

[85] Carnevale S D, Kent T F, Philips P J, et al. Mixed polarity in polarization-induced p-n junction nanowire light-emitting diodes. Nano Letters, 2013, 13(7): 3029-3035.

[86] Sarwar A, May B, Myers R, et al. Tunnel junction integrated ultraviolet nanowire LEDs. Proceedings of 73rd Device Research Conference, Ohio State Univ, Columbus,

June 21-24,2015.

[87] Kneissl M, Kolbe T, Chua C, et al. Advances in group III-nitride-based deep UV light-emitting diode technology. Semiconductor Science and Technology, 2011, 26: 014036.

[88] Khan A, Balakrishnan K, Katona T, et al. Ultraviolet light-emitting diodes based on group three nitrides. Nature Photonics, 2008, 2(2): 77-84.

[89] Hartmann C, Dittmar A, Wollweber J, et al. Bulk AlN growth by physical vapour transport. Semi conductor Science and Technology, 2014, 29: 084002.

[90] Svedberg L M, Arndt K C, Cima M J, et al. Corrosion of Aluminum Nitride (AlN) in aqueous cleaning solutions.Journal of the American Ceramic Society, 2000, 83: 41-46.

[91] Dalmau R, Collazo R, Mita S, et al. X-ray photoelectron spectroscopy characterization of aluminum nitride surface oxides: thermal and hydrothermal evolution. Journal of Electronic materials, 2007, 36(4): 414-419.

[92] Nikishin S A, Borisov B A, Chandolu A, et al. Short-period superlattices of $AlN/Al_{0.08}$ $Ga_{0.92}N$ grown on AlN substrates. Applied Physics Letters, 2004, 85(19): 4355-4357.

[93] Rice A, Collazo R, Tweedie J, et al. Surface preparation and homoepitaxial deposition of AlN on (0001)-oriented AlN substrates by metalorganic chemical vapor deposition. Journal of Applied Physics, 2010, 108(4): 043510.

[94] Dalmau R, Moody B, Schlesser R, et al. Growth and characterization of AlN and AlGaN epitaxial films on AlN single crystal substrates. Journal of The Electrochemical Society, 2011, 158(5): H530-H535.

[95] Grandusky J R, Smart J A, Mendrick M C, et al. Pseudomorphic growth of thick n-type $Al_xGa_{1-x}N$ layers on low-defect-density bulk AlN substrates for UV LED applications. Journal of Crystal Growth, 2009, 311(10): 2864-2866.

[96] Matthews J, Blakeslee A. Defects in epitaxial multilayers. I. Misfit dislocations. Journal of Crystal Growth, 1974, 27(DEC): 118-125.

[97] Bryan Z, Bryan I, Xie J Q, et al. High internal quantum efficiency in AlGaN multiple quantum wells grown on bulk AlN substrates. Applied Physics Letters, 2015, 106(14): 142107.

[98] Grandusky J R, Gibb S R, Mendrick M C, et al. Properties of mid-ultraviolet light emitting diodes fabricated from pseudomorphic layers on bulk aluminum nitride substrates. Applied Physics Express, 2010, 3(7): 072103.

[99] Moe C G, Grandusky J R, Chen J, et al. High-power pseudomorphic mid-ultraviolet light- emitting diodes with improved efficiency and lifetime. Proceedings of Conference on Gallium Nitride Materials and Devices IX, San Francisco, February 3-6, 2014.

[100] Kinoshita T, Obata T, Nagashima T, et al. Performance and reliability of deep-ultraviolet light-emitting diodes fabricated on AlN substrates prepared by hydride vapor phase. Applied Physics Express, 2013, 6(9): 092103.

[101] Kinoshita T, Hironaka K, Obata T, et al. Deep-ultraviolet light-emitting diodes fab-

ricated on AlN substrates prepared by hydride vapor phase epitaxy. Applied Physics Express, 2012, 5(12): 122101.

[102] Kumagai Y, Kubota Y, Nagashima T, et al. Preparation of a freestanding AlN substrate from a thick AlN layer grown by hydride vapor phase epitaxy on a bulk AlN substrate prepared by physical vapor transport. Applied Physics Express, 2012, 5(5): 055504.

[103] Grandusky J R, Chen J F, Gibb S R, et al. 270nm pseudomorphic ultraviolet light-emitting diodes with over 60mW continuous wave output power. Applied Physics Express, 2013, 6(3): 032101.

[104] Inoue S, Tamari N, Kinoshita T, et al. Light extraction enhancement of 265nm deep-ultraviolet light-emitting diodes with over 90mW output power via an AlN hybrid nanostructure. Applied Physics Letters, 2015, 106(13): 131104.

[105] Inoue S, Tamari N, Taniguchi M, et al. 150mW deep-ultraviolet light-emitting diodes with large-area AlN nanophotonic light-extraction structure emitting at 265nm. Applied Physics Letters, 2017, 110(14): 141106.

第 5 章　深紫外发光二极管的芯片工艺关键技术

5.1　深紫外 LED 的芯片工艺流程

由于 pGaN 接触层对有源区辐射光强烈吸收，AlGaN 基深紫外 LED 通常采用倒装结构。图 5-1 是倒装结构深紫外 LED 芯片的工艺流程示意图。

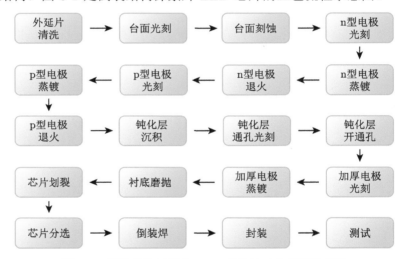

图 5-1　倒装结构深紫外 LED 芯片的工艺流程示意图

接下来，我们对深紫外 LED 芯片工艺的几个关键环节做介绍。

1) 外延片清洗

清洗过程对各步工艺和器件性能有着重要的影响，是半导体工艺的重要步骤。在进行芯片工艺前，通常先对外延片进行有机清洗，以除去表面的各种沾污、油污等碳氢化合物；之后再使用酸溶液处理，以除去外延片表面的本征氧化层。这里值得注意的是，如果外延片上有铟点等金属物，需先使用王水浸泡溶解。

2) 台面刻蚀

此步骤的目的是暴露出底层的部分 nAlGaN 层，方便后续制作 n 型电极。干法刻蚀和湿法腐蚀均可形成台面，但干法刻蚀过程没有晶向选择性，对材料的缺陷不敏感，且刻蚀后材料表面光滑，因而是形成 LED 台面的优选方法。Ⅲ 族氮化物材料的干法刻蚀一般使用等离子体，包括电感耦合等离子体 (inductively coupled plasma，ICP) 刻蚀、反应离子刻蚀 (reactive ion etching，RIE)、化学辅助离子束刻蚀 (chemically assisted ion-beam etching，CAIBE) 等。AlGaN 基紫外 LED 常采用 Cl 基气体 (BCl_3、Cl_2 等) 和惰性气体 (Ar、He 等) 的混合气体进行低损伤的干法刻蚀，其中 Cl_2 起主要的化学刻蚀作用。

3) n 型和 p 型电极制作

为获得低的器件工作电压，我们需要在 LED 的 n 型层和 p 型层上分别制作电极，并快速热退火形成良好的欧姆接触。关于高 Al 组分 AlGaN 材料的欧姆接触制备，在 5.2 节会有详细的介绍。通常 n 型电极的快速热退火温度较 p 型电极更高，因此一般要先制作 n 型电极，以避免 p 型电极在二次高温退火时接触性能变差。

4) 钝化层

为减少漏电、避免短路以及抑制台面刻蚀后裸露的量子阱的表面复合，通常会在芯片表面覆盖钝化层来保护量子阱和隔离 n 型、p 型电极。钝化层通常使用等离子增强化学气相沉积 (plasma enhanced chemical vapor deposition，PECVD) 的 SiO_2、SiN_x 等介质层，或苯并环丁烯 (benzocyclobutene)、旋涂玻璃 (spin-on glass) 等。

5) 加厚电极

依版图设计，将 p 型、n 型电极上的钝化层通过光刻和刻蚀开出通孔 (via hole)，然后采用电子束蒸发 (electron beam evaporation，EBE) 等方法在通孔内填入厚的金属层，即加厚电极。加厚电极分别与 n 型、p 型电极电互连，并成为芯片与基板、外电路等的电气连接点。

6) 芯片划裂

在对芯片衬底做适当的减薄、抛光后，常采用激光划片技术结合机械裂片来隔离 LED 芯片。激光划片技术大致可分为两类：长脉冲激光表面切割和超短脉冲激光隐形切割。

如图 5-2 (a) 所示，前者是一种表面烧蚀过程，激光照射到蓝宝石表面，其脉冲能量被蓝宝石的晶格吸收；激光照射区域的温度迅速上升到数千摄氏度，远远超过蓝宝石的熔点 (2050℃)；照射区域的蓝宝石瞬间发生熔化和气化，同时热量向四周扩散使得附近的蓝宝石也开始熔化。随着激光脉冲能量被晶格吸收，其强度开始衰减，沿激光入射方向会形成 V 形深划槽。当热量扩散出去后，熔化、气化的蓝宝石又重新凝结在深划槽的表面和切口附近，形成吸光的碎屑或颗粒 (图 5-2(c))。后者利用超短脉冲 (皮秒、飞秒等) 激光对蓝宝石衬底进行隐形切割时，其切割机理则完全不同。由于激光光斑较小，且激光脉冲极短，焦点处的激光能量密度更高。虽然激光波长低于蓝宝石的带边吸收波长，但当激光能量密度超过 $10^8 \mathrm{J}/(\mathrm{s \cdot cm}^2)$ 时，就会出现多光子吸收效应从而将蓝宝石的共价键打开 [1]。隐形切割后的典型形貌如图 5-2(d) 所示，此过程中几乎不会产生碎屑、颗粒等吸光物质。另外，由于激光脉冲持续时间很短，其产生的热量无法在该时间内传导出焦点以外的区域，因此给蓝宝石带来热损伤的范围就会相对较小，焦点附近大部分区域的蓝宝石仍保持晶体相，其透过率基本不变 [2]。因此，超短脉冲激光隐形切割逐渐成为 LED 芯片隔离的主流技术。

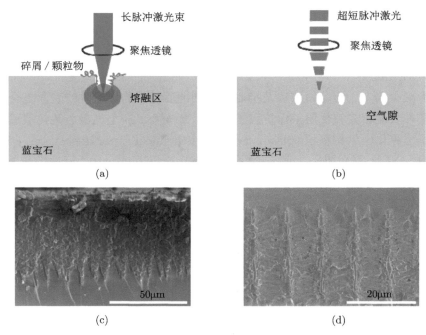

图 5-2　(a) 长脉冲激光表面切割示意图；(b) 超短脉冲激光隐形切割示意图；(c) 激光表面切割蓝宝石的截面形貌；(d) 激光隐形切割蓝宝石的截面形貌

7) 倒装焊

LED 芯片的倒装焊主要有金球焊和共晶焊两种。金球焊是通过超声波将紫外LED 芯片倒装在制作有金属凸点电极 (或金球) 的高导热系数的硅、AlN 陶瓷等基板 (submount) 上；金球既是电气通道，也是芯片散热的主要通道。共晶焊则是通过热超声将芯片的厚金与基板的电极焊接起来，芯片与基板间的散热通道截面积更大，热管理效果更佳。

8) 封装

封装对于 LED 的光提取、光场分布、光输出功率和可靠性等特性有重要影响。一般来说，封装需要具有良好的光提取效率、散热性，并给芯片提供足够的保护，防止芯片长期暴露在空气、水汽中或因机械损伤而失效。这部分内容，我们在第 6 章有更详细的介绍。

5.2　高铝组分氮化物半导体材料的欧姆接触

5.2.1　欧姆接触

限制 AlGaN 基深紫外 LED 效率提升的一个重要原因是高 Al 组分的 AlGaN 材料的欧姆接触难以获得。同样，实现良好低阻的欧姆接触不仅限于深紫外 LED 器件的工艺需求，也是实现所有 AlGaN 基激光器、光电探测器和功率微波器件等光电子器件应用的关键。金属–半导体的接触分为欧姆接触和肖特基接触两种类型，欧姆接触又分为隧道结欧姆接触和热电发射欧姆接触。热电发射欧姆接触中载流子是通过载流子的热电子发射完成输运，而隧道结欧姆接触[3] 的载流子主要是通过隧穿效应进行输运。

过去的很长一段时间里，人们已经发展了多种技术来实现金属与 AlGaN 材料的欧姆接触，但直到现在依然很难获得低电阻的良好欧姆接触。在与 n 型 AlGaN 形成欧姆接触时，采用较多的是 Ti、Pt、V、Co、Ni、Zn、Ta、Mn、Pb 等金属元素。目前使用较为成熟的金属体系，一般包括低功函数的 Ti 或者 V，与另一种低功函数的金属 Al 组成 Ti(V)/Al 双层结构，以及 Ti(V)/Al/Ni/Au、Ti(V)/Al/Ti(V)/Au、Ti(V)/Au/Ti(V)/Al/Pd/Au 和 Ti(V)/Al/Mo/Au 多层结构的金属体系[4–11]。而 p 型 AlGaN 中的空穴浓度非常低，尤其涉及高 Al 组分时基本很难获得 p 型欧姆接触，因此在深紫外 LED 的设计中常采用 pGaN 作为欧姆接触层和空穴注入层。在 pGaN 与金属的接触中，常采用 Ni 或者 Au 以及 Ni/Au 合金作为欧姆接触金属，因为这两种金属具有大的功函数[3]。

在器件的实际高功率、高温条件应用中，使用单层 Ti 或者单层 Al 作为 n 型 AlGaN 的欧姆接触电极是不可靠的。这两种单层金属很容易被氧化，在升温环境中常常有出现部分失效的可能。相比单层 Ti 或者单层 Al 的结构，Ti/Al 双层结构的欧姆接触更稳定，但是通常在快速退火过程中仍然会引入大量的氧化物，从而形成 Al_2O_3 包覆层，增加器件的电阻。Ti/Al/金属/Au 多层结构是目前 n 型 GaN 制备欧姆接触的标准金属化方案。由于 AlGaN 研究是在 GaN 之后兴起，因此有关 GaN 的不少研究结果可以借鉴到 AlGaN 体系中。

AlGaN 器件欧姆接触的研究内容归纳起来可以分为 4 个方面，即接触机理、金属化方案、退火工艺的选择、接触前的表面处理工艺。

5.2.2　欧姆接触电阻率测试

接触电阻率 $\rho_{\rm c}$ 是定量描述金属与半导体接触质量的重要参数，$\rho_{\rm c}$ 定义为

$$\rho_{\rm c} = [\partial J/\partial V]_{V=0}^{-1} \tag{5-1}$$

这里电压的单位为 V，电流密度的单位为 $\rm A/cm^2$，接触电阻率的单位为 $\rm \Omega/cm^2$。

对于薄膜材料上的金属-半导体接触电阻率的测量通常采用传输线模型 (transmission line model，TLM) 以及在此基础上发展出来的圆点型传输线模型 (circular transmission line model，C-TLM)。下面介绍这两种测试方法。

1. TLM

TLM 最先由 Schockley 提出，并由 Berger 作了进一步改进。图 5-3 为 TLM 的测试结构图。通过光刻和刻蚀制作宽度为 W' 的半导体矩形台面，然后在台面上制作多个平行排列的长度为 W、宽度为 S、间距 L_N ($N = 1, 2, 3, 4$) 线性增加的矩形金属电极。在工艺允许的条件下，W 和 W' 应该尽量接近，以减小间隙从而降低寄生电阻的影响。

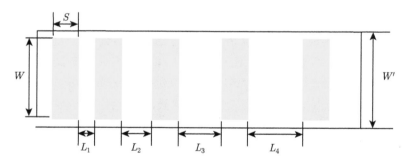

图 5-3　TLM 测试结构图

相邻两个金属电极的总电阻 $R(L_N)$ 包括两个欧姆接触电阻和金属电极之间半导体薄层的电阻。

$$R(L_N) = 2R_{\rm C} + R_{\rm SH}\frac{L_N}{W} \tag{5-2}$$

其中 $R_{\rm C}$ 为金属-半导体的接触电阻，$R_{\rm SH}$ 为半导体的薄层电阻。

用四探针法测量时通过分别在间距 L_N 的相邻矩形电极之间通入恒定电流 I_N，测其相应电压 V_N，从而分别得到两个相邻矩形之间的总电阻 $R(L_N)$，然后以 L_N 为横坐标，以 R_N 为纵坐标进行拟合，得到 $R(L_N)$-L_N 曲线，如图 5-4 所示，

理想情况下，$R(L_N)$-L_N 曲线是一条直线，直线的斜率为 $\dfrac{R_{\mathrm{SH}}}{W}$，直线与 $R(L_N)$ 轴的截距为 $2R_{\mathrm{C}}$，然后根据公式

$$\rho_{\mathrm{c}} = L_t^2 \times R_{\mathrm{SH}} \tag{5-3}$$

即可求出接触电阻率 ρ_{c}

$$\rho_{\mathrm{c}} = \frac{R_{\mathrm{C}}^2 W^2}{R_{\mathrm{SH}}} \tag{5-4}$$

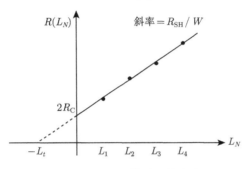

图 5-4　传输线模型计算曲线

　　TLM 方法是测量接触电阻率比较传统和较为准确的方法，但在实际应用中需要进行矩形台面刻蚀，增加了工艺复杂性。

2. C-TLM

　　为了避免进行台面制作和免除寄生电阻的影响，Mailow 等提出圆形替代矩形接触，用 TLM 方法来测量接触电阻率。如图 5-5 所示为 C-TLM 测试结构，图中黄色区域为金属电极，白色圆环区域没有金属电极，其中 R 和 r 分别为圆环的外圆半径和内圆半径，我们保持内圆半径 r 不变，外圆半径依次增加。

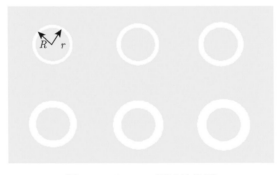

图 5-5　C-TLM 测试结构图

圆环间两个接触电极之间的总电阻为

$$R_{\text{total}} = \frac{R_{\text{SH}}}{2\pi} \times \left[\ln\left(\frac{R}{r}\right) + L_t\left(\frac{1}{r} + \frac{1}{R}\right) \right] \tag{5-5}$$

用四探针法测量时我们通过分别测出不同圆环的 $I\text{-}V$ 曲线，根据 $I\text{-}V$ 曲线分别拟合出不同圆环的总电阻 R_{total}，并作出 $R_{\text{total}}\text{-}\ln(R/r)$ 曲线，然后用最小二乘法进行线性拟合，如图 5-6 所示。由 $Y = KX + R_0$，得到拟合直线的斜率为

$$K = \frac{R_{\text{SH}}}{2\pi} \tag{5-6}$$

因此得出半导体薄层电阻：

$$R_{\text{SH}} = 2\pi \times K \tag{5-7}$$

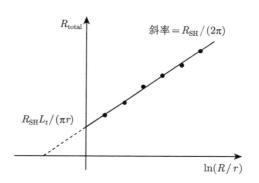

图 5-6　$R_{\text{total}}\text{-}\ln(R/r)$ 拟合曲线

当 $\ln(R/r) = 0$ 时，$R = r$，因此直线与 R_{total} 轴的截距为

$$R_0 = \frac{R_{\text{SH}}}{2\pi} \times L_t \times \frac{2}{r} = \frac{R_{\text{SH}} L_t}{\pi r} \tag{5-8}$$

$$L_t = \frac{\pi r}{R_{\text{SH}}} R_0 = \frac{r \times R_0}{2K} \tag{5-9}$$

因此得出接触电阻率 ρ_{c}：

$$\rho_{\text{c}} = L_t^2 \times R_{\text{SH}} = \frac{\pi r^2 \times R_0^2}{2K} \tag{5-10}$$

C-TLM 不需要制作台面结构，工艺简单，而且对光刻精度要求不高，避免了寄生电阻的产生，测试精度高。

5.2.3 欧姆接触设计原则

金属和半导体接触，形成 Schottky-Mott 势垒，其势垒高度理想状态下按照如下表述 [12]：

$$q\phi_{\mathrm{SM}} = q\phi_{\mathrm{M}} - \chi_{\mathrm{S}} \tag{5-11}$$

其中 ϕ_{M} 为金属的功函数，χ_{S} 为半导体的电子亲和能。在实际情况中，AlGaN 材料的表面附近及体内存在有 N 空位，尤其在表面附近的 N 空位通常比体内要多。因而在表面附近表现出重掺杂特性，在导带边引入大量的施主能级，将原本分离的施主能级连接形成杂质能带，引起带隙宽度变窄 (band-gap narrowing，BGN)，半导体–金属接触的有效势垒高度将降低。ϕ_{B} 为没有 BGN 影响的半导体–金属接触势垒高度，ϕ_{BE} 为存在 BGN 影响的半导体金属接触势垒高度。新的势垒高度 ϕ_{BE} 满足下面公式：

$$q\phi_{\mathrm{BE}} = q\phi_{\mathrm{B}} - \Delta\phi_{\mathrm{B}} \tag{5-12}$$

其中 $\Delta\phi_{\mathrm{B}}$ 按照镜像电荷模型计算可以表示为

$$\Delta\phi_{\mathrm{B}} = \left(\frac{q^3 N_{\mathrm{D}}}{8\pi^2 \varepsilon_{\mathrm{S}}} \left(V_0 - \frac{k_{\mathrm{B}}T}{q} \right) \right)^{\frac{1}{4}} \tag{5-13}$$

式中 ε_{S} 为 nAlGaN 材料的介电常数，N_{D} 为半导体的掺杂浓度。

按照热电子发射模型计算有效势垒高度小的半导体–金属接触形成的接触电阻率可以表示为

$$\rho = \frac{k_{\mathrm{B}}}{qTA^*} \exp\left(\frac{q\phi_{\mathrm{BE}}}{k_{\mathrm{B}}T} \right) \tag{5-14}$$

其中 A^* 为有效理查德森 (Richardson) 常数。

隧穿模型下的电阻率表示为

$$\rho = \frac{k_{\mathrm{B}}}{\pi T^2 A^*} \sin\left(\pi c_1 k_{\mathrm{B}}T \right) \exp\left(\frac{q\phi_{\mathrm{BE}}}{E_{00}} \right) \tag{5-15}$$

其中

$$E_{00} = \frac{\hbar q}{2} \sqrt{\frac{N_{\mathrm{D}}}{m_{\mathrm{n}}^* \varepsilon_{\mathrm{S}}}} \tag{5-16}$$

$$c_1 = \frac{1}{2E_{00}} \left(\frac{4\phi_{\mathrm{BE}}}{V_{\mathrm{p}}} \right) \tag{5-17}$$

$$V_{\mathrm{p}} = \frac{k_{\mathrm{B}}T}{q} \ln\left(\frac{N_{\mathrm{C}}}{N_{\mathrm{D}}} \right) \tag{5-18}$$

式中 N_{C} 为导带的有效电子态密度。

　　制备低电阻率的金属-nAlGaN 欧姆接触，首先要选择合适的接触金属，并需要有高浓度的半导体–金属界面态 (N 空位)，同时要保证电极本身的可靠性，不能团聚，不能被氧化。因此在通常设计中采用如下的四层结构。如图 5-7 所示为 nAlGaN 欧姆接触金属体系示意图，其中图 5-7(a) 为蒸镀金属的结构，图 5-7(b)

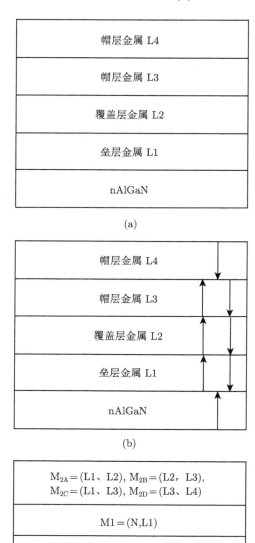

图 5-7　nAlGaN 欧姆接触金属体系示意图

为退火工艺合金化过程中各层原子的相对移动示意图，图 5-5(c) 为退火工艺后的电极合金化的结构。从 nAlGaN 表面往上，蒸镀金属的顺序和结构分别为垒层金属 L1、覆盖层金属 L2、帽层金属 L3 和帽层金属 L4。这四层金属各起着重要作用，下面做一一介绍。在经过高温退火工艺之后，各层金属之间有了相互扩散以及合金化，最终形成如图 5-7(c) 所示的合金化结构。一个好的欧姆接触必须包括如图 5-7(c) 所示的垒层 M1，其在自然状态下为金属或半金属以及可以忽略的电阻，之所以叫做垒层，是因为垒层 M1 有着低的功函数，并起到阻止其他大功函数的金属扩散到 nAlGaN 表面的作用。要获得良好性能的垒层 M1，在图 5-7(a) 中的垒层金属 L1 选择上就要求其能与 nAlGaN 表面附近的 N 原子形成化学与热力学稳定的氮化物垒层 M1，具有低的功函数，阻止其他金属的穿透，同时由于与 N 原子形成化合物，增加了 nAlGaN 表面附近的 N 空位浓度，降低了 AlGaN 的有效带隙。因此，选择垒层金属 L1 的原则有如下两个：① 能形成低电阻、低功函数、超薄、热力学稳定的合金化垒层化合物；② 能够在 nAlGaN 的表面附近区域产生高浓度的 N 空位。

同样，一个好的欧姆接触也要具有满足设计要求的覆盖层金属 L2，这一覆盖层金属可以起催化剂作用，吸引 nAlGaN 中的 N 原子进入垒层金属 L1 中，增加 L1 中金属原子与 N 原子的固相化学反应。要求 L2 能与 L1 形成具有低电阻、低厚度和低功函数的合金，甚至形成稳定的 L2N 化学物。同时非常重要的一点是 L1 和 L2 层金属不能与空气接触形成高电阻的氧化层。但是通常选取的满足上面要求的 L1 和 L2 层金属都是非常容易被氧化的金属，因此需要帽层金属对其进行覆盖，防止暴露在空气中形成氧化物。原则上可以使用一层帽层金属 L4，使用 L3 和 L4 两层帽层金属主要是为了让系统自由能更低，形成更多的金属间合金，让整个金属体系更加稳定，或者为了阻止 L2 和 L4 在合金化过程中生成高阻物质。

L1、L2、L3 和 L4 以及 nAlGaN 之间建立化学平衡，需要经过合金化过程。nAlGaN 的合金化过程，通常采用快速退火的方式，在这个过程中有大量的金属间化合物形成。如图 5-7(b) 和 (c) 所示，其中这些层的真实合金组分取决于快速退火的时间和温度，以及 L1、L2、L3 和 L4 的相对厚度。因此，优化快速退火的时间和温度以及各层厚度也是形成低功函数、化学性质稳定的合金层的关键因素。

形成欧姆接触的另一个重要因素是 nAlGaN 表面附近存在大量的 N 空位。如果 N 空位和 Ga 空位在快速退火和表面处理过程中都将产生，则要求 N 空位的产生量要高于 Ga 空位。因此常在 nAlGaN 制作金属前采用表面等离子体刻蚀以及湿法腐蚀对 nAlGaN 做表面处理。表面处理工艺同样是制备低电阻率欧姆接触的必要因素，其工艺目的包括去除 nAlGaN 的氧化物和氢氧化物层，以及去除表面的 Ga 和 Al 原子，露出 N 原子面的 nAlGaN，其次是形成粗糙表面以增大金属在 nAlGaN 表面的黏附力，再次是在 nAlGaN 表面形成高浓度的 N 空位。

5.3　深紫外发光结构的高反射电极和透明电极

5.3.1　高反射 p 型电极

典型的紫外 LED 采用 pGaN/pAlGaN 异质结来提高空穴注入效率和改善 p 型欧姆接触。pGaN 层的禁带宽度较小，带边波长约 365nm，会强烈吸收有源区辐射的紫外光，造成紫外 LED 特别是深紫外 LED 正面出射的光被大量吸收。这也是深紫外 LED 基本采用倒装结构 [13](或垂直结构 [14,15]) 的主要原因。如果使用半透明或透明的 p 型层来减少半导体层的吸收，同时在 p 型层上覆盖高反射率的 p 型电极，就可将向正面出射的光有效反射到衬底一侧，提高紫外 LED 的光提取效率。

pGaN 图形化可有效减少该层对紫外光的吸收，增大光子逸出概率。UV Craftory 公司的 Inazu 等 [16] 干法刻蚀去除紫外 LED 表面的部分 pGaN 层，pGaN 的表面占比降到 33%。随后在 pGaN 层上形成接触电极，并在暴露出的 pAlGaN 窗口内以及裸露的 nAlGaN 中表面蒸镀高反射率的 Al/Ti/Au 加厚电极，288nm LED 的光提取效率提高至 1.55 倍，峰值外量子效率达到 5.4%(10mA)，而器件在 20mA 下的工作电压仅增加了 0.45V。浦项科技大学的 Fayisa 等 [17] 制备了 5×5 的微环阵列紫外 LED，微环内侧的 pGaN 层被刻蚀去除 (pGaN 的表面占比 ~0.56)，而外侧为倾斜的台面侧壁，微环内、外覆盖以 MgF_2/Al 全向反射镜。与未去除内侧 pGaN 的参照组相比，微环阵列紫外 LED 的输出光功率提高了 70%。

为彻底避免 pGaN 层的吸收问题，SETi 的 Shatalov 等 [18,19]、日本理化研究所的 Hirayama 等 [20-22] 先后提出用透明的 pAlGaN/pAlGaN 短周期超晶格 (short period superlattice, SPSL)、透明的 pAlGaN 来取代吸光的 pGaN 层。Shatalov 等 [19] 证实，采用 p-SPSL 后，深紫外 LED 在 275nm 波长的正入射光透过率由 5% 提高至 60% 以上，对应的 p 型层的吸收系数小于 $1000cm^{-1}$。采用透明的 pAlGaN 层和高反射率的 Ni/Al p 型电极，Hirayama 等将 287nm[21]、279nm[23] 紫外 LED 的光提取效率提升了 70% 以上；Ni 金属在 UVC 波段的透过率较低 (~25%)，通过进一步优化 Ni 层的厚度，紫外 LED 的外量子效率提升了 80%，裸片的峰值量子效率达到 9%[24]。但受限于 pAlGaN 低的电导率和差的金属–半导体接触，这些方法不可避免地带来了器件工作电压的上升。近期，厦门大学的 Zheng 等 [25] 提出多维掺 Mg 的 p-SL 可降低电流传输方向 (c 轴) 上的空穴势垒，提高空穴的垂直电导率。MOCVD 生长的 p 型 3D $Al_{0.63}Ga_{0.37}N/Al_{0.51}Ga_{0.49}N$ SL 的空穴浓度高达 3.5×10^{18} cm^{-3}，对应的室温电阻率约 $0.7\Omega \cdot$cm；与常规的 2D SL 相比，电导率有十倍的改善。这为降低高 Al 组分紫外 LED 的工作电压、提升 LED 的性能提供了新的思路。

日本理化研究所的 Kashima 等 [26] 还尝试在 pAlGaN 接触层上刻蚀出二维光子晶体结构并覆盖高反射率的 Ni/Mg p 型电极，如图 5-8 所示，利用光子晶体的横向布拉格谐振效应将面内的驻波转化到垂直方向出射，283nm 紫外 LED 的外量子效率因此由 4.8% 提升至 10%。

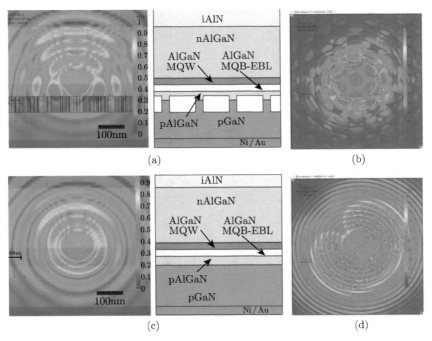

图 5-8　深紫外 LED 的电场强度分布图 [26]：(a) 截面，有光子晶体结构；(b) 面内，有光子晶体结构；(c) 截面，无光子晶体结构；(d) 面内，无光子晶体结构

5.3.2　侧壁高反射结构

Al(Ga)N 外延层的折射率 ($n = 2.16 \sim 2.6$) 远大于蓝宝石衬底 ($n = 1.8$) 和空气的折射率 ($n = 1.0$)，从有源区辐射出的光有相当部分在外延层与衬底、空气的界面处发生全反射，这部分光被限制在外延层中并沿侧向传播，最终被吸收 [27]。

如图 5-9(b) 所示，TM 模的光主要沿面内传播，在各界面处的入射角更大，因而更容易发生全反射，无法有效提取出去。

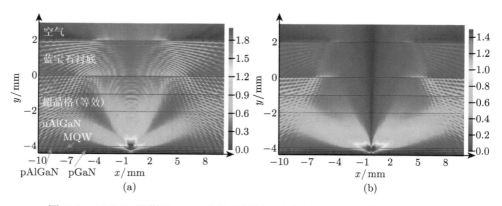

图 5-9　AlGaN 基紫外 LED 中的电场强度分布图：(a) TE 模；(b) TM 模

　　为提高外延层中波导光的逃逸概率，LED 的台面侧壁设计就显得尤为重要。例如，台湾成功大学的 Chang 等 [28] 设计了微米级的波浪形台面侧壁结构，与常规的侧壁平滑的 LED 相比，采用新结构的 GaN 基 LED 在 20mA 注入电流下的输出光功率由 8.4mW 提升至 9.3mW；台湾中兴大学的 Lin 等 [29]、台湾交通大学的 Huang 等 [30] 分别通过光电化学腐蚀和聚苯乙烯小球自掩膜结合干法刻蚀的方法粗化台面侧壁，将 GaN 基 LED 的输出光功率分别提升了 82% 和 26.5%。对倒装结构的 GaN 基 LED，三星综合技术院的 Kim 等 [31] 在倾斜的台面侧壁沉积了 SiO_2-Al 全方位反射镜，研究了侧壁金属反射率、台面的倾斜角和深度对光提取效率的影响，LED 的输出光功率最高提升了 18%。浦项科技大学的 Lee 等 [32] 设计了多条条形的紫外 LED 发光台面，台面侧壁倾斜且覆盖 MgF_2/Al 全方位反射镜，可将面内传输的光有效反射到衬底一侧，光提取效率较垂直侧壁的紫外 LED 有了显著的提升。为了消除台面几何结构各向异性的影响，他们还提出截角圆锥状的台面阵列设计 [33]；随着发光台面数量增加，台面周长增大，器件的光提取效率增加，但台面面积减小，电流密度增大，效率下降效应加剧，器件的输出光功率反而会下降。

　　针对限制在外延层中的波导光，我们也提出了台面侧壁增强光反射技术来调制光的传播路径 [34]；如图 5-10 所示，使用在紫外波段具有高反射率的加厚电极金属层 (以下简称厚金) 包覆倾斜的台面侧壁，使有源区内横向传输的光被厚金有效反射至朝向蓝宝石衬底一侧；同时紫外 LED 的发光台面设计为六角密排、边长为微米级的六边形台面微阵列，充分利用芯片空间来增加侧壁光反射的面积。

图 5-10 台面侧壁增强光反射 LED 的结构示意图, 插图为器件的光学显微镜图 (局部)

实验制备的芯片尺寸为 1mm×1mm, 台面边长为 30μm。这里, 我们比较了两种厚金体系 Cr/Al/Ti/Au(70nm/1700nm/50nm/200nm) 和 Al/Ti/Au(1700nm/50nm/200nm) 对台面侧壁光反射和器件输出光功率的影响。前者是实验室标准流片常使用的厚金体系, 第一层金属 Cr 与半导体层和其他金属层间有较好的黏附性, 但 Cr 在深紫外波段的反射率并不高。图 5-11 是两种厚金体系在退火前后的反射率。可以看出, Al/Ti/Au 在 270~280nm 波段的反射率在 80% 以上, 而 Cr/Al/Ti/Au 的反射率在 30% 左右。由于在后续的金球倒装焊过程中, 芯片和基板需要经受 125℃ 的加热处理, 所以我们将两样品置于 125℃ 热板上加热了 30min, 然后重新测试其反射率。不难看出, 加热前后, 两种厚金的反射率基本不发生变化。此外, 使用 Al/Ti/Au 作为厚金的 LED 的漏电流和工作电压的分布情况与使用 Cr/Al/Ti/Au 作为厚金的常规 LED 并无显著区别, 这说明新的厚金体系能很好地兼容紫外 LED 的制备工艺, 不存在金属黏附性或电流扩展的问题。

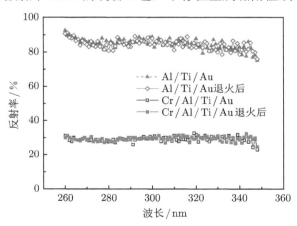

图 5-11 两种厚金体系在退火前后的反射率

为比较使用两种厚金体系的紫外 LED 器件的发光特性，我们将分立的 LED 芯片金球焊倒装到硅基板上并做点胶封装，然后用校准过的积分球系统进行光功率测试。使用 Al/Ti/Au 作为厚金的 LED 的最大光功率可达 5.58mW，平均光功率有 30.1% 的提升。这主要是因为使用 Al/Ti/Au 厚金后，减少了加厚金属电极对深紫外光的吸收，更有效地在台面侧壁处将限制在外延层中的波导光反射到衬底一侧，提高了量子阱区辐射光的逃逸概率，从而提高了 LED 的光提取效率。

如果继续增加台面侧壁光反射的面积，则有可能进一步提升 LED 的光提取效率和光输出功率。芯片的面积仍为 1mm×1mm，我们设计了三种芯片，每个六边形台面的边长分别为 20μm、30μm 和 40μm。随台面边长变小，芯片的发光台面总面积减小，台面总周长亦即台面侧壁光反射的总面积增加；n 型金属电极的条数增加，n 型电极接触的总面积增大。如图 5-12 (a) 所示，随着台面边长由 40μm 减为 20μm，紫外 LED 的输出光功率增加了约 7%。这主要是因为台面总周长增大，能够进行台面侧壁光反射增强的面积也增大。此外，由于单个台面的面积变小，光子在外延层中的传输距离变短，吸收减少，且电流拥堵效应也有所缓解[35]。

电压与台面总周长则呈现非单调的关系 (图 5-12 (b))，这是台面面积和金属面积综合作用的结果：当台面总面积减小时，来自 p 型层和量子阱区的电阻增加；但同时金属总面积增加，来自 n 型层的电阻减小。从实验结果看，当台面边长为 30μm 时，紫外 LED 的工作电压取得最小值；台面边长为 40μm 的 LED 次之。

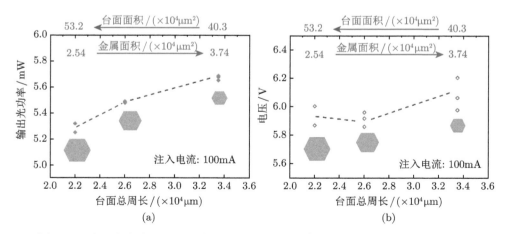

图 5-12　注入电流为 100mA 时，不同台面设计对紫外 LED 的输出光功率 (a) 和
电压 (b) 的影响

5.3.3 透明电极

目前有不少研究组致力于正装紫外 LED 的透明导电电极的研发, 在高 Al 组分的 pAlGaN 层上制备对有源区紫外光透明、导电的电极并实现两者间的欧姆接触。pAlGaN 层中的空穴浓度很低, 常规的电极与 pAlGaN 的功函数差距较大, 而且通常会吸收紫外光。2014 年, 韩国大学的 Kim 等 [36] 提出采用电击穿 (electrical breakdown, EBD) 的方法, 在宽带隙材料 (如 SiO_2、AlN、Al_2O_3 和 Si_3N_4) 形成导电的细丝 (conductive filaments), 这些细丝成为透明导电电极与 p(Al)GaN 层之间的电流通道。图 5-13 是他们提出的 pGaN 层和 $pAl_{0.5}Ga_{0.5}N$ 层上的各种透明电极在电击穿后的接触电阻 ρ_c 及 250nm 处的透过率。透明电极的透过率取决于其带隙宽度。透明电极的 ρ_c 与透明电极的带隙相关, 当透明电极的带隙大于 (或接近) p 型层的带隙时, 借由透明电极内及透明电极/半导体层界面上的导电细丝, 电子/空穴更容易从半导体层中输运到透明电极中, 反之亦然。

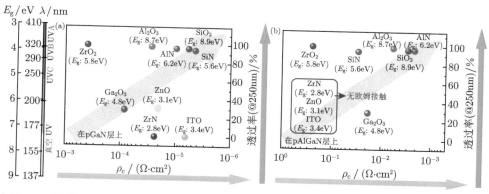

图 5-13 透明电极在电击穿后的接触电阻 ρ_c 和透过率 (@250nm) 的关系图: (a) pGaN 层;
(b) $pAl_{0.5}Ga_{0.5}N$ 层 [36]

2016 年, 韩国大学的 Lee 等 [37] 在 365nm、385nm 紫外 LED 的 pAlGaN 层上制备了电击穿的 AlN 导电薄膜, 并在 AlN 薄膜下插入 10nm 厚的 ITO 缓冲层来缓解量子阱区的损伤和实现更好的电流扩展。与仅使用 ITO 电极的 LED 相比, 采用 AlN 透明电极的 LED 的正向工作电压更低、输出光功率更高。但 ITO 会吸收深紫外 LED 辐射的光, 仅 10nm 的 ITO 薄膜在 280nm 处的吸收率大于 36%, 因此需要寻找一种在宽带隙材料中形成导电细丝的新方式, 对量子阱区无损伤且能保证电流扩展。

2017 年, 他们提出采用交流脉冲电击穿 (alternating current-pulse-based EBD, PEBD) 的方法来制备高导电性、透明的 AlN 薄膜 [38], 如图 5-14 所示。形成导电细丝后，AlN 与 $pAl_{0.4}Ga_{0.6}N$ 的接触电阻低至 $3.2 \times 10^{-2} \Omega \cdot cm^2$。从图 5-15(b) 中可以看出，PEBD 方法在 AlN 薄膜中形成了比较均匀的导电细丝。从图 5-15(d) 的电子能力损失谱中可以看出，交流脉冲电击穿后，Ni 原子向内扩散，甚至进入 $pAl_{0.4}Ga_{0.6}N$ 层，而 N 原子向外扩散，$pAl_{0.4}Ga_{0.6}N$ 层中出现氮空位。XRD 表征发现，$pAl_{0.4}Ga_{0.6}N$ 表面形成了 Ni_3N 薄膜，这对提升 pAlGaN 层表面的载流子浓度、改善接触性能极为有利。他们将这种结构应用于 280nm 正装紫外 LED

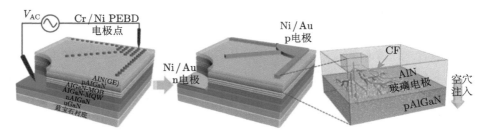

图 5-14　使用 AlN 透明导电层的 AlGaN 基深紫外 LED 的结构示意图 [38]

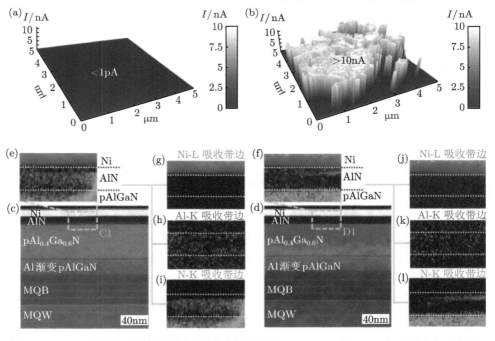

图 5-15　AlN 透明导电层的导电探针原子力显微镜 (C-AFM) 图：(a) 交流脉冲电击穿前；(b) 交流脉冲电击穿后。使用 AlN 透明导电层和 Ni(Cr) 金属的 AlGaN 基深紫外 LED 的高角环形暗场扫描透射电子显微镜 (HAADF-STEM) 图：(c) 电击穿前；(d) 电击穿后。(e)、(g)、(h)、(i) 和 (f)、(j)、(k)、(l) 分别为交流脉冲电击穿前后对应的电子能量损失谱 [38]

表面，器件在 20mA 下的工作电压为 7.7V，100mA 下的输出光功率达到 7.49mW，对应的外量子效率高达 2.8%。

5.4 表面粗化与光提取技术

前文提到，LED 半导体层、衬底和空气介质的折射率差异很大，从有源区辐射的光大部分受全反射影响而被限制在 LED 内部。根据 Snell 定律，有

$$n_{\mathrm{s}} \sin \theta_{\mathrm{s}} = n_{\mathrm{air}} \sin \theta_{\mathrm{air}} \tag{5-19}$$

当 $\theta_{\mathrm{air}} = 90°$ 时将发生全内反射 (total internal reflection，TIR；可简称为全反射)，相应的全反射角 (临界角) 为

$$\theta_{\mathrm{c}} = \arcsin\left(\frac{n_{\mathrm{air}}}{n_{\mathrm{s}}}\right) \tag{5-20}$$

将全反射的角度定义为光逃逸锥。当入射角 θ_{s} 小于 θ_{c} 时，进入逃逸锥中的光能逃逸出半导体层；当入射角 θ_{s} 大于 θ_{c} 时，光将产生全反射而被限制在半导体层内。对置于半导体中均匀辐射的点光源，能辐射到半导体外的光功率与光源产生的光功率之比为

$$\frac{P_{\mathrm{escape}}}{P_{\mathrm{source}}} = \frac{1}{2}\left(1 - \cos\theta_{\mathrm{c}}\right) \approx 4\% \sim 6\% \tag{5-21}$$

不难看出，紫外 LED 量子阱发出的光大部分都无法被有效提取出去，这是限制 LED 光提取效率和发光功率的瓶颈问题。在 LED 的各界面、表面构造表面微/纳米级结构是提高光提取效率最为常用的方法。光子在遇到粗化的表面时被不规则地散射，原来处于逃逸锥之外的光子有可能直接或多次反射后进入逃逸锥，被提取出去。

5.4.1 衬底背面粗化

堪萨斯州立大学的 Khizar 等[39]使用光刻胶热回流和等离子刻蚀的方法，在 280nm 深紫外 LED 的蓝宝石衬底背面制备了微透镜阵列来减少内反射，20mA 下 LED 的光输出功率提升了 55%。名城大学 (Meijo University) 的 Pernot 等[40]在蓝宝石衬底背面制备了蛾眼结构[41]，使 270nm LED 的平均光输出功率提升了 1.5 倍。飞利浦照明公司的 Zhou 等[14]使用光电化学腐蚀的方法，在垂直注入的薄膜型 LED 背面的 nAlGaN 表面腐蚀出粗化结构，280nm 紫外 LED 的输出光功率提高了 4.6 倍。

在衬底的背面构造光子晶体结构，利用光子晶体的光子禁带作用或光栅散射效应，也能提高 LED 的光提取效率[27,42-44]。前者要求光子禁带覆盖有源区辐射

光的光谱范围，需要将光子晶体的周期降低到波长量级以下。对 AlGaN 基紫外 LED，光子晶体周期应小于 100nm，对工艺要求高；而且要求光子晶体相当靠近量子阱区，在实际中很难制备这种结构的光子晶体 LED。后者则一般将光子晶体结构制备在 LED 的表面，可以补偿波导模在界面处的切向波矢，从而有机会将波导模提取出去。日本先进信息与通信技术研究所的 Inoue 等 [45] 采用电子束曝光和 ICP 干法，在 AlN 同质衬底的背面制备了二维光子晶体结构；进而使用盐酸溶液处理，在 AlN 光子晶体结构的表面自发形成了大量半球形的亚波长纳米结构，如图 5-16 所示。使用这种 AlN 复合纳米结构，265nm LED 的光输出功率获得了最大达 196% 的提升，350mA 下的光输出功率高达 90mW。之后，他们提出使用纳米压印 (nanoimprint lithography, NIL) 技术以获得更大尺寸的 AlN 纳米光子晶体结构 [46]，LED 的近场、远场光场辐射面积更广、强度更高，输出光功率有近 20 倍的提升，850mA 连续电流下的光功率超过 150mW。

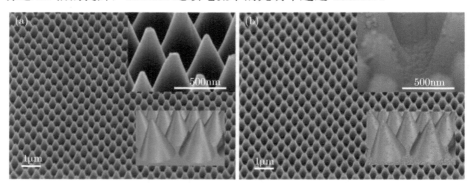

图 5-16　AlN 衬底背面的二维光子晶体结构的 SEM 图：(a) 无亚波长纳米结构；(b) 有亚波长纳米结构 [45]

5.4.2　衬底侧壁粗化

在 LED 器件的所有出光面里，衬底侧壁的面积更大，可利用的空间也更大；对主要沿面内传播的 TM 模式的光而言，衬底侧壁更是其主要的出光面。LG Innotek 公司的 Lee 等 [47] 的研究表明，蓝宝石衬底侧壁的粗化对提升深紫外 LED 的光提取效率至关重要。使用厚的蓝宝石衬底并进行多次激光隐形切割有助于提高 LED 的光提取效率 [47,48]，但很少有报道提及衬底侧壁粗化位置对不同模式的出光效率的影响。我们利用激光隐形切割技术对蓝宝石衬底的侧壁进行粗化处理，分析了粗化位置对紫外 LED 中 TE 模和 TM 模的光提取效率的影响，首次提出了侧壁有效粗化区域的概念，在有效粗化区域内对蓝宝石侧壁充分粗化，大大增加了光子在侧壁的逃逸概率 [49]。

如图 5-17 (a) 所示为根据深紫外 LED 芯片结构建立的 FDTD 仿真模型。对侧壁粗化的 LED,我们将粗化模型简化为半椭圆,z 是半椭圆的中心与蓝宝石正面的垂直距离。LED 的光源为偶极子点光源,当偶极子的电场偏振方向平行于量子阱有源区时为 TE 模,当偶极子的电场偏振方向垂直于量子阱有源区时为 TM 模 [50]。d 是偶极子与参考侧壁的垂直距离。为量化侧壁粗化位置的影响,我们定义了侧壁光提取增强因子为侧壁粗化 LED 与侧壁光滑 LED 的侧壁光提取效率的比值。

当偶极子位于有源区的中心时 (图 5-17 (b)),TE 和 TM 模式的侧壁光提取增强因子只在特定区域内是大于 1 的。随着偶极子与参考侧壁的距离 d 的增大,该特定区域的下边界值变大 [49]。我们定义该特定区域为该偶极子的有效粗化区域,其上边界为蓝宝石衬底的背面,下边界约为 $(d - d_0) \times \tan\theta_c$,其中 d_0 是光在外延层中传播时带来的侧向偏移量,θ_c 为蓝宝石/空气界面处的全反射临界角,即有效粗化区域对应于侧壁上入射角大于临界角 θ_c 的区域。在有效粗化区域内粗化衬底的侧壁时,限制在衬底内部的光子有机会被提取出去;而在有效粗化区域之外的地方做粗化时,部分本可以出射的光子在粗糙的侧壁表面发生向内散射,被外延层吸收的概率增加。我们还观察到在有效粗化区域内,TE 模的侧壁光提取增强因子总是大于 TM 模。这是因为 TE 模主要沿纵向传播,因而被限制在蓝宝石衬底侧壁上部有效粗化区域内的光比 TM 模多,粗化后光提取效率的提升也就显著。

考虑到 LED 有源区内分布着多个不相干的点光源,所以我们计算了多个偶极子的侧壁光提取效率并线性加权,从而得到综合侧壁光提取增强因子与侧壁粗化位置 z 的关系曲线。如图 5-17 (c) 所示,对 LED 中 TE 模式的光,综合侧壁光提取增强因子总是大于 1,因此可认为紫外 LED 中 TE 模的有效粗化区域为整个蓝宝石侧壁区域。对 TM 模式的光,当粗化位置 $z > 11\mu m$ 时,其综合侧壁光提取增强因子大于 1,即与位于有源区中心的偶极子的有效粗化区域重合。因此,对于一个芯片边长为 L 的紫外 LED,我们可推断其 TM 模的有效粗化区域是与蓝宝石衬底正面距离在 $(L/2) \times \tan\theta_c$ 以上的侧壁。此外,TE 模的综合侧壁光提取增强因子随粗化层数增加而单调增加;TM 模的综合侧壁光提取增强因子先随粗化层数的增加而增加,但当增加的粗化层位于 $z = 12\mu m$ 以下位置时,增强因子反而下降。这说明在 LED 的蓝宝石侧壁上,TM 模的有效粗化区域是有限的,且其范围与图 5-17 (c) 所示的有效粗化区域一致。

基于以上模拟结果,我们使用了峰值波长约为 275nm、TM 模式占主导的紫外 LED 外延片流片做实验验证。如图 5-17 (d) 所示,在 20mA 下,与具有 2 层粗化层的 LED 相比,具有 3 层粗化层的 LED 因为具有更大的有效粗化面积,平均光功率提升了约 13.2%。而右边的两个 LED 的侧壁上还分别具有位于 TM 模的有效粗化区域以外的 1 层和 2 层粗化层,其平均光功率与具有 3 层粗化层的 LED 相比,分别降低了 2.1% 和 12.8%。为最大化深紫外 LED 的光提取效率和光输出功率,我们应当在有效粗化区域内做尽量大面积的粗化,并避免在有效区域以外的侧壁上做粗化。

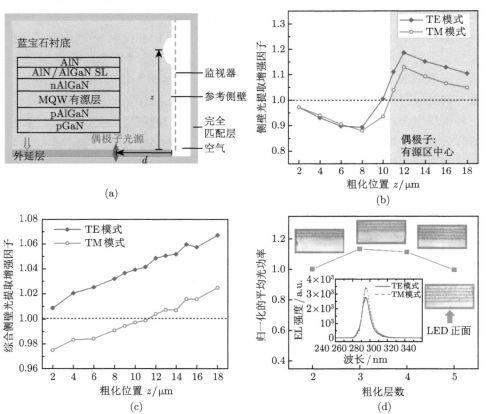

图 5-17　(a) 侧壁粗化紫外 LED 的 FDTD 仿真模型示意图;(b) 位于有源区中心的偶极子的
侧壁光提取增强因子与粗化位置的关系曲线,灰色区域为 TM 模式偶极子的有效粗化区域;
(c) 综合侧壁光提取增强因子与粗化位置的关系曲线;(d) 20mA 注入电流下,紫外 LED 的
归一化的平均光功率,插图为紫外 LED 两种模式的 EL 谱

5.4.3　芯片整形

　　芯片整形也是调制 LED 内部光传输路径、降低全反射的一种有效手段,可视作表面粗化的极限情形。Krames 等 [51] 采用倾斜的刀片切割 $(Al_xGa_{1-x})_{0.5}In_{0.5}P/$

GaP LED 外延片得到截角倒金字塔形 (truncated-inverted-pramid，TIP) 的芯片，这种 TIP 外观缩短了光子在倒装 LED 内部的平均传输路径，从而减少了材料的吸收，LED 的峰值量子效率提高了 55%。Lee 等[52] 利用高温浓硫磷酸从背面腐蚀蓝宝石衬底，使 r 面 $\{1\bar{1}02\}$ 等倾斜的面暴露出来，缓解了全反射，GaN 基倒装 LED 的光输出功率提升了 55%。但在化学腐蚀蓝宝石衬底前，通常需要在外延片背面做图形化掩膜，并沉积厚介质层保护外延片的正面，工艺相对复杂。

近年来，激光微加工方法逐渐兴起，并广泛应用在外延片制程中，例如，激光划片、激光刻蚀、激光打孔和芯片整形。Lee 等[53] 采用纳米激光钻孔技术在蓝宝石的背面诱导产生深孔阵列，350mA 下 LED 的光输出功率提升了 19%。Wang 等[54] 在传统的纳秒激光切割光路中加入一倾斜的反射镜，激光得以斜入射切割蓝宝石，多次激光切割后可获得金字塔形或圆锥形等三维结构，并从理论和实验上证明倾斜角 $\sim 50°$ 的截角金字塔形外观能显著提高 InGaN 基正装 LED 的光提取效率[55]。中国科学院半导体研究所的 Sun 等[56] 将外延片置于倾斜的基台上进行常规纳秒激光切割，也获得了截角金字塔形的 LED 芯片。Chang 等[57] 提出了调制激光隐形切割 (shifted laser stealth dicing)，即同一跑道处，两次双切割道激光切割之间有 25μm 的水平偏移量，裂片后会形成粗糙/波浪状的衬底侧壁形貌，从而提高了 LED 的出光效率。

利用多次隐形切割，我们也实现了对蓝宝石衬底的整形[58]。如图 5-18 (a) 所示，多次单切割道切割的激光焦点被有意排布在一条斜线 (面) 上，从外延片正面机械裂片时蓝宝石便会沿此斜面裂开。倾斜角 θ 为该斜面与有源区平面 (c 面) 的

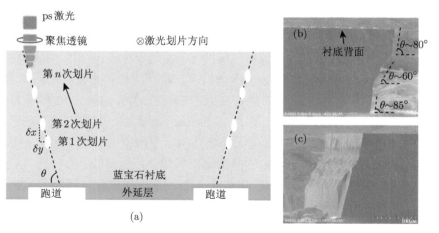

图 5-18 (a) 多次激光隐形切割实现衬底整形的原理示意图；具有倾斜侧壁的整形 LED 的截面 SEM 形貌：(b) $\theta < 90°$，(c) $\theta > 90°$

夹角，其值等于 $\arctan(\delta x/\delta y)$。这种整形方法简单方便，与常规流片工艺兼容，不会增加工艺步骤；同时隐形切割也不会产生吸光的副产物。

实验形成的具有倾斜侧壁的整形 LED 的截面 SEM 形貌如图 5-18(b) 和 (c) 所示。在图 5-18 (b) 中，与蓝宝石衬底背面的距离介于 $65\sim130\mu m$ 范围内的侧壁的倾斜角约等于 $60°$，与设计值相吻合。但深度大于 $130\mu m$ 和深度小于 $65\mu m$ 范围内的蓝宝石的侧壁则更为陡直，倾斜角分别约为 $85°$ 和 $80°$。这是由缺乏直接的激光隐形切割线的引导所致。在不损伤 LED 芯片电学性能的前提下，进行隐形切割可以改善侧壁的形貌和倾斜角，使其更接近设计值。裂片后，我们将整形 LED 芯片 (倾斜角 $\sim60°$) 和常规 LED 芯片倒装在覆有高反射率的 Al 基金属层的硅基板上，然后使用积分球系统对 LED 裸芯的发光性能进行测试。当注入电流为 50mA 时，整形 LED 的光输出功率达到 2.4mW，相比于常规 LED 提升了 13.8%。

5.4.4　图形化蓝宝石衬底

采用图形化蓝宝石衬底，不仅能降低 AlN 外延中的位错密度和双轴应力，提高 LED 的内量子效率 [59,60]，还能在衬底/外延层界面处起到散射/增强光耦合作用，使被限制在外延层中的波导光能够进入衬底中。根据图形的尺寸，图形化衬底可分为微米图形化衬底 (micro-patterned sapphire substrate, MPSS) 和纳米图形化衬底 (NPSS)。

微米图形化衬底已商业化并得到广泛应用，大大提高了 GaN 基正装 LED 的材料质量和发光效率 [61-64]。然而，目前商业化的微米图形化衬底通常是六角密排的圆锥阵列，不能为 AlN 的侧向外延提供稳定的成核面。沟槽型的微米级图形化蓝宝石衬底或 AlN 模板上通常需要 $7\sim20\mu m$ 的合并厚度才能获得完全合并且表面平整的 AlN 模板层，如此高的厚度会大大增加材料外延时间和成本。

2013 年，中国科学院半导体研究所的 Dong 等 [65] 提出在纳米图形化衬底上侧向外延 AlN，这样可以在降低 AlN 和 AlGaN 层的位错密度、提高 LED 内量子效率的同时，降低 AlN 侧向外延厚度，提高外延效率。如图 5-19 所示为 900nm 周期的纳米图形化蓝宝石衬底上的 AlN 的截面 SEM 图。蓝宝石纳米图形孔洞中沉积有 AlN 材料；由于 AlN 的侧向外延作用，在倒锥形的纳米图形上方形成了高度为 $1\sim2\mu m$、宽度约 300nm 的圆锥形空气隙。经过 $3\mu m$ 的生长，AlN 已完全合并。纳米图形化蓝宝石衬底、填充的 AlN 材料、空气隙以及空气隙间的 AlN 材料构成了等效介质层 [66]，有助于减少芯片内部的全反射和菲涅耳损耗。20mA 下，纳米图形化蓝宝石衬底上的 282nm 紫外 LED 的输出光功率达到 3.03mW，对应的外量子效率为 3.45%，相较于平面蓝宝石衬底上的紫外 LED 提升了 98%。

图 5-19　纳米图形化蓝宝石衬底上的 AlN 的截面 SEM 图 [65]

　　2017 年，韩国首尔国立大学的 Lee 等 [67] 在纳米图形化的 AlN/蓝宝石衬底上侧向外延 AlN 和紫外 LED 结构。AlN 层中形成的周期性空气隙不仅有效释放了外延层中的应力，还可减少全反射，如图 5-20 所示，有源区辐射的光可垂直通

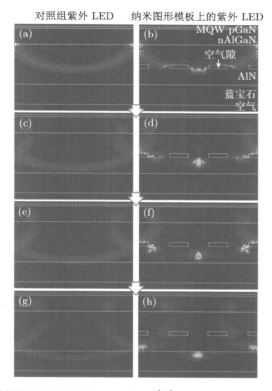

图 5-20　FDTD 模拟的光子传输路径 (2fs 间隔)[67]：(a)、(c)、(e)、(g) 对照组紫外 LED；
(b)、(d)、(f)、(h) 纳米图形模板上的紫外 LED

过空气隙结构，光子的传输路径更短，器件的光提取效率显著提高。基于纳米图形模板的紫外 LED 的输出光功率提高了 67‰。

5.5　深紫外 LED 的偏振模式与光提取

图 5-21 是纤锌矿 GaN、AlN 材料在 Γ 点附近的能带结构示意图，在晶体场散射和自旋–轨道耦合的综合作用下，价带顶发生劈裂。按照能量从高到低的顺序，GaN 材料的价带顶依次劈裂为重空穴带、轻空穴带和晶体场散射带三个子能带，分别用 $\Gamma_{9vbm}(A)$、$\Gamma_{7v}(B)$、$\Gamma_{7v}(C)$ 表示相应子带的对称性[68]；而 AlN 材料由于具有比 GaN 更小的 c/a 值以及更大的 u 参数[69]，其晶体场散射值为负值（-213meV，GaN 的晶体场散射值为 $+37$meV），价带顶依次劈裂为晶体场散射带、重空穴带和轻空穴带，即 $\Gamma_{7vbm}(A)$、$\Gamma_{9v}(B)$、$\Gamma_{7v}(C)$。

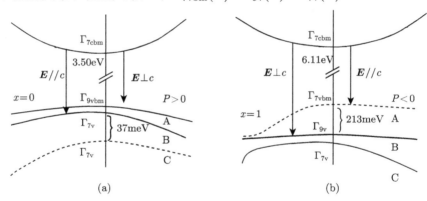

图 5-21　纤锌矿 GaN (a) 和 AlN (b) 在 Γ 点附近的能带结构示意图[70]

AlN 在 Γ 点附近的光跃迁和自由空穴跃迁主要取决于价带顶部的 $\Gamma_{7vbm}(A)$ 子能带，而该子带与导带之间的复合只允许 $\boldsymbol{E}//c$（TM 模式），即发光主要沿面内传播。这与 GaN 发光主要以 $\boldsymbol{E}\perp c$（TE 模式）不同。对于 AlGaN 三元合金材料，随着 Al 组分的增加，波长减小，发光主导模式由 TE 逐渐向 TM 转化[70,71]。如图 5-9 所示，TE 模和 TM 模分别主要沿垂直和水平方向传播，TM 模更容易在衬底背面发生全反射因而光提取效率更低。Ryu 等[50] 的模拟表明，TM 模的光提取效率还不足 TE 模的十分之一。随紫外 LED 量子阱中 Al 组分的增加和发光波长变短，低光提取效率的 TM 模式比例也逐渐增加，这是造成深紫外 LED 光提取效率低的一个重要原因。

针对紫外 LED 中 TM 模光提取效率低的问题，目前主要有两类解决办法。一类是针对 TM 模式光的传播特点，采用反射或散射结构[32-34,72,73]、纳米结

构 [33,74] 等来调制 LED 内的光传输路径方向，提高 LED 的光提取效率。韩国仁荷大学的 Ryu [75] 的模拟发现，纳米柱 LED 结构能显著提高 TM 模的光提取效率，在优化纳米柱的尺寸和 pGaN 层的厚度等参数、在纳米柱中形成谐振模式后，TE 模和 TM 模的光提取效率可分别提高 50% 和 60% 以上。麦吉尔大学的 Zhao 等 [76] 发现在 AlN 纳米线 LED 中，由于纳米线中的多次光耦合和散射过程，在某些纳米线直径和周期条件下，LED 的主导发光模式可转化为上表面出射，如图 5-22 所示。中国科学院半导体研究所的 Dong 等 [74] 刻蚀制备了纳米柱紫外 LED，量子阱区的应力得到部分释放，内量子效率提高了 42%，而且证明纳米柱结构有利于光子沿垂直方向逃逸出去。

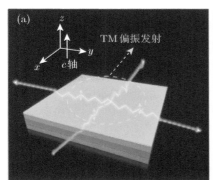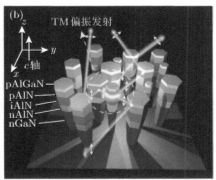

图 5-22 c 面 AlN 常规 LED (a) 和 AlN 纳米线 LED (b) 中的 TM 模光传播路径示意图 [76]

　　另一类方法则是通过能带工程来调制量子阱中辐射光的偏振特性，在维持 LED 发光波长不变的前提下，使 TM 模转化为更容易提取的 TE 模。量子阱的组分、所受的应力、温度、注入电流以及极性面等因素都会影响其偏振模式。圣母大学的 Verma 等 [77] 在以 AlN 为量子垒的 GaN 量子点 LED 中，利用量子限制效应实现了 240nm 以上的 TE 模主导的深紫外发光。理海大学的 Zhang 等 [78] 采用 AlGaN-δ-GaN 量子阱结构获得了 TE 偏振为主的中紫外和深紫外发光。厦门大学的 Lin 等 [79] 采用超薄 $(GaN)_m/(AlN)_n$ 超晶格 $(m \leqslant 2)$，实现了高 Al 组分 (平均组分)AlGaN 材料的价带顶晶体场分裂能带的反转，因此有希望从根本上解决 TM 模各向异性产生的光提取问题。NTT 基础研究室的 Banal 等 [80] 制备了 m 面 AlGaN 量子阱，发现其主导的光偏振方向与 c 轴平行 (c 轴 $//m$ 面)，因而光子更容易从上、下表面被提取出去。

5.6　金属等离激元在深紫外 LED 中的应用

作为一种可以有效提高 LED 发光效率的方法，金属等离激元共振技术在 In-GaN 基可见光 LED 研究领域得到了广泛应用 [53,81-84]，相关报道表明，采用金属等离激元共振技术以后，InGaN 基可见光 LED 的发光强度可增强几倍到十几倍不等。处于金属附近的发光体能观察到发光增强，其原因在于当发光体的发光能量和金属表面等离激元的能量接近时，处于激发态的发光体将能量以很快的速度转移给金属，激发表面等离激元，然后耦合成光，从而减小体系的非辐射复合，提高发光效率。此时，金属的存在能够大大提高发光体的发光效率。当然，金属表面等离激元共振增强发光必须要满足一定的条件，即能量守恒和动量守恒。

(1) 能量守恒：发光体的激发态要转移给金属激发表面等离激元，必须满足发光体激发态的能量与金属表面等离激元的能量相等。

(2) 动量守恒：对于金属表面等离激元极化，在相同能量情况下，其动量大于光子的动量，因此金属表面等离激元极化不能直接耦合成光，必须借助一定的散射机制，损耗一部分动能，然后才能耦合成光。因此，在金属表面等离激元极化增强发光中必须借助粗糙的金属薄膜或金属纳米结构等。此外，为了减小光的损耗，往往采用吸收系数低、散射效率高的贵金属，如银、金等。

由于金属等离激元技术在光通信等方面的潜在巨大应用前景，目前关于它的研究主要集中在可见光至红外波段，在这个领域的研究者提出了许多办法调节 (例如，纳米粒子尺寸调节、金属粒子介电常数调节、介质层介电常数调节、金属纳米核–壳层结构调节) 可见光至红外波段的金属/介质纳米系统等离激元的等离子共振带能量，以达到特定的应用目的 [85-87]。这些研究为采用金属等离激元技术提高可见光波段 LED 发光效率奠定了坚实的基础，这也是金属等离激元这种技术在可见光波段迅速得到广泛应用的一个重要原因。

与可见光 LED 相比，由于高的缺陷密度，AlGaN 基紫外 LED 的发光效率更低，更需要发展有效的技术手段提高其发光效率。目前国内外很多研究机构开始致力于采用金属等离激元技术提高 AlGaN 基紫外 LED 的发光效率 [88-92]，其中报道中所用的金属大都为 Al，因为 Al 金属的共振带能量位于紫外和深紫外波段。报道中 Al 金属一般位于 LED 外延薄膜量子阱有源区附近。其相关报道如下：

2010 年，美国北得克萨斯州大学的 Lin 等 [89] 报道了金属等离激元技术提高 AlGaN/GaN 量子阱紫外光发射，文中指出 Ag、Al 和量子阱的耦合使得自发辐射速度提高。2012 年，厦门大学的 Gao 等 [91] 报道了 Al 薄膜提高 294nm 波长 AlGaN 基紫外 LED 出光效率，通过对比，有 Al 薄膜的样品的 PL 峰强度相对于没有 Al 薄膜的对比样品有 217% 的提高，证实了 Al 金属等离激元能够有效地提高紫外 LED 的发光效率。其 Al 金属薄膜的位置如图 5-23 所示。

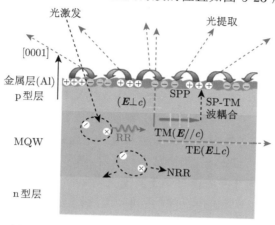

图 5-23 等离激元紫外 LED 的结构示意图 [91]

2013 年，美国西北大学的 Cho 等 [92] 报道了金属等离激元技术提高 Si(111) 上 AlGaN 基紫外 LED(波长 346nm) 的发光效率，如图 5-24 所示，文中把 Al 薄膜沉积在量子阱附近，当电流为 700mA 时，有 Al 薄膜的样品相对于没有 Al 薄膜的样品光输出功率提高了 45%，在文中，把这种提高归因于 Al 金属和量子阱的耦合。

图 5-24 具有 Al 插入层的等离激元紫外 LED 结构示意图 [92]

5.7 垂直结构深紫外 LED

目前，主流的 DUV LED 器件都是基于蓝宝石衬底的倒装结构，其典型结构如图 5-25 所示。在器件制备过程中，这种结构需要刻蚀台面，牺牲有源区的面积，而且 p、n 电极在同一侧,电流注入过程中须横向流过 nAlGaN 层,这导致电流通过 nAlGaN 层时大部分电流都集中在靠近 n 电极处,产生电流拥堵效应,进而导致注入效率低下。而且对于高 Al 组分的 DUV LED,由于其 nAlGaN 层的 Al 组分往往超过 50%,其电阻率是 nGaN 的 5~10 倍[93],电流横向运输过程中会产生严重的热效应。此外,蓝宝石衬底的导热性差,限制了 LED 芯片的散热,降低了器件的可靠性,不利于 LED 的大功率输出。垂直结构 (VS) DUV LED 则可以有效地解决上述问题。首先,VS DUV LED 不需要为 n 电极刻蚀台面,有源区利用面积更大;其次,两个电极分别在 LED 的两侧,电流几乎全部均匀通过有源区,消除了拥堵效应,提高了注入效率,而且大大缩短了载流子运输的距离,降低了工作电压,减少了器件发热;键合/转移到导电性好、热导率高的 Si、Cu 等衬底上,散热效果更好,有助于实现大功率输出。此外,主流的 DUV LED 在光传播过程中,由于外延层之间的反射,特别是随着波长的缩短,TM 极化光子的成分越来越多,光子被反射限制在 LED 内部的概率越来越大,最后损失在 LED 内部,很大程度上限制了 DUV LED 输出功率的提升。VS DUV LED 去除了衬底以及非导电层,并对出光面进行了粗化,能够有效地降低光在传播过程中发生的反射,提高光提取效率,增加光输出功率。Ryu 等[94] 对 nAlGaN 表面粗化的 VS DUV LED 的光提取进行了 FDTD 光学模拟,结果发现,相对于普通倒装 DUV LED,VS DUV LED 对于 TM 模式光子的提取率增加了 2.5 倍。因此,垂直结构是实现大功率 DUV LED 的一种非常有效的技术方案。

图 5-25　基于蓝宝石衬底的 DUV LED 器件的典型结构示意图

VS DUV LED 制备的关键工艺技术主要包括:导电导热衬底的制备,蓝宝石衬底的剥离,牺牲层和非导电层 (AlN 层和超晶格等) 的去除,以及 nAlGaN 的粗化。蓝宝石衬底的剥离主要包括激光剥离 (LLO)[95]、衬底磨抛和湿法钻蚀

等 [96,97]，但目前最常用且最成熟的是 LLO 技术。基于 LLO 的 VS DUV LED 制备的主要工艺路线如图 5-26 所示。

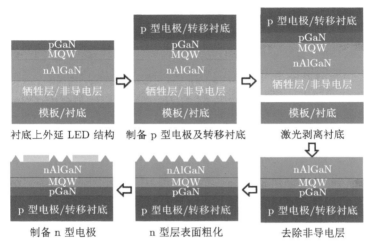

图 5-26 LLO 制备 VS DUV LED 的主要工艺路线

其主要关键工艺包括：

(1) 衬底上外延 LED 结构：为了便于衬底与 LED 外延层分离，通常会在二者之间引入牺牲层，比如 GaN、AlN/AlGaN 超晶格、AlN 缓冲层。

(2) 制备 p 型电极及转移衬底：通常要求转移衬底具备良好的导电、导热性，常见的有金属以及 Si 基板。转移衬底主要是通过晶片键合和电镀工艺与 p 型电极结合在一起。

(3) 激光剥离衬底：激光剥离的原理主要有两种，一是将激光聚焦到牺牲层，强的激光能量产生非常多的热量，使得牺牲层发生热分解进而与衬底分离，这种方法容易对 LED 外延层产生较严重损伤，对器件产生不利的影响。另外就是利用波长小于牺牲层吸收带边的短波长激光破坏衬底与牺牲层之间结合的共价键，进而实现衬底的剥离，这种方法的剥离表面光滑，对 LED 外延层的损伤较小，有利于获得高良率的器件。

(4) 去除非导电层：为了制备 n 电极，n 型层表面的非导电层需要去除。常规的去除外延生长的不导电的 AlN 缓冲层和超晶格的方法包括 ICP、RIE 干法刻蚀和碱性溶液腐蚀等。

(5) n 型层表面粗化：n 型层表面粗化可以显著提高光提取效率，因而剥离衬底后通常会使用碱性溶液对 n 型层表面进行处理。

(6) 制备 n 型电极：n 型电极的欧姆接触是高 Al 组分 nAlGaN 的一个难点。

常规的高 Al 组分的 nAlGaN 的 n 型电极欧姆接触是通过高温退火实现的，这在 VS DUV LED 制备流程中不适合。首先，LED 外延层剥离并附着到转移衬底之后，它们的结合在高温下很可能被破坏；其次，LED 剥离层非常薄，其本身和附着衬底之间的热失配很容易导致其破裂；此外，n 型电极退火温度通常比 p 型电极退火温度高很多，因而 n 型电极退火对 pGaN 层以及 p 型电极会产生不利的影响。因而，如何实现 n 型电极的欧姆接触是 VS DUV LED 制备的一个难点。

典型的 DUV LED 结构如图 5-25 所示，由于高 Al 组分的 AlGaN 或者 AlN 作为剥离层需要更高能量和更短波长的激光，产生的热量非常容易导致剥离层的碎裂，因此选择 AlN 及 AlGaN 作为剥离层制备 VS DUV LED 非常困难。所以最初采取的技术路线是在 DUV LED 的外延层中插入窄带隙的插入层，比如 GaN 作为牺牲层，这样就和普通垂直结构的蓝光 LED 具有相同的工艺，降低了工艺难度。

2006 年，Zhou 等 [14] 选择 GaN 作为外延模板和剥离层制备了波长为 325nm 和 280nm 的 VS DUV LED。DUV LED 外延结构如图 5-27(a) i 所示，GaN 作为剥离牺牲层，低温 AlN(LT-AlN) 插入层是为了防止外延 AlGaN 层出现裂纹。VS DUV LED 的结构如图 5-27(a)II 所示。首先在 pGaN 上沉积 p 型接触层 (反射层) 以及键合金属，将 LED 外延片键合到转移衬底上，接着通过激光将蓝宝石衬底剥离掉。然后通过干法刻蚀将氮极性面的 nAlGaN 暴露出来，制备 n 型电极并退火。最后使用氙灯和 KOH 溶液，通过光电化学腐蚀对 nAlGaN 的表面进行粗化，表面形貌如图 5-27(b) 所示。其输出功率分别达到 8mW 和 0.74mW。

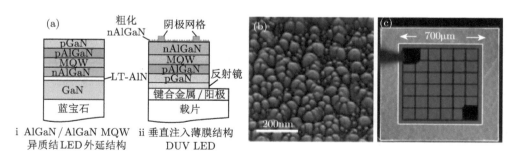

图 5-27　(a) 用于制备垂直结构的 LED 结构 i 和垂直结构 LED ii 的示意图；(b) PEC 腐蚀粗化后 nAlGaN 表面 SEM 图；(c) 垂直结构 LED 的电注入发光实物图 [14]

同年，Kawasaki 等 [98] 也报道了 322nm VS DUV LED 器件。他们使用 GaN 模板做吸光层，从而可以采用常规的 GaN 基蓝光 LED 键合和剥离工艺。测试结果表明，相对于普通结构的 DUV LED，VS DUV LED 的电导增加了 5 倍，20mA

工作电流下，工作电压降低了一半，随着注入电流密度的增加，普通结构 DUV
LED 的发光峰值波长出现了明显的红移，而 VS DUV LED 的发光峰值波长随着
电流密度的增加只出现几乎可以忽略的微弱的红移，可以看出，VS DUV LED 在
大电流注入下的热效应也得到了明显的抑制。进而也可判断出，相对于普通同侧
电极结构 DUV LED，VS DUV LED 的电流拥挤效应得到有效的抑制。

Zhou 和 Kawasaki 等报道的基于蓝宝石衬底的 VS DUV LED，为了和成熟
的蓝光 LED LLO 技术匹配，都是使用 GaN 层作为牺牲层进行 LLO。GaN 缓冲
层不适合高质量高 Al 组分 AlGaN(Al 组分 > 40%) 的外延生长 [95]，因此限制
了 DUV LED 的输出功率和效率。此外，目前几乎所有的基于蓝宝石衬底的高功
率 DUV LED 都是使用了 AlN 缓冲层技术以高温 AlN 模板进行 LED 结构外延
生长的，这使得激光剥离更加困难。剥离过程生成 Al 金属的条件非常苛刻，因此
通常导致剥离层的破碎。

2009 年，Adivarahan 等 [15] 使用准分子激光器作为光源，将图 5-25 所示的典
型结构的 DUV LED 中的 AlN 缓冲层作为牺牲层，激光剥离制备 VS UV LED。首
先，他们在 pGaN 上制备了 Ni/Au 电极，然后将外延片键合到金属包裹的 SiC 载
体上，通过 LLO，去除蓝宝石衬底。接着通过 RIE 将 AlN 层、超晶格层去除掉，并
在暴露出来的 nAlGaN 表面制备 Ti/Al 金属栅电极。如图 5-28(a) 所示，为 40mA
连续电流注入下的 VS DUV LED 光学图像，发光波长为 280nm。如图 5-28(b)
所示的 *I-V* 特性曲线，VS DUV LED 的开启电压要比普通结构的高很多，这主
要是因为 n 型电极的接触没有做好。同时可以看出 VS DUV LED 的串联电阻为
7Ω，小于普通结构 LED(其串联电阻为 23Ω)。如图 5-28(c) 所示，随着注入电流
的增加，普通结构 LED 的输出功率在 100mA 附近很快就已经饱和，而 VS DUV

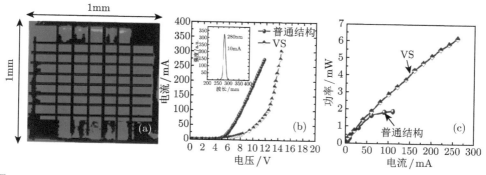

图 5-28 (a) 40mA 连续电流注入下 VS DUV LED 发光图；(b) 280nm VS DUV LED 和普
通结构 LED 的 *I-V* 特性 (插图是 10mA 下 VS DUV LED 的 EL 光谱图)；(c) 不同电流下
VS DUV LED 和普通结构 LED 的输出功率的变化 [15]

LED 在注入电流达到 250mA 附近时仍然没有出现饱和的迹象，在没有经过 nAl-GaN 表面粗化的情况下，其输出功率达到 5.5mW。而且经过测试，在连续工作 210h 后，输出功率没有发生明显的改变，据此估算其寿命超过 2000h。

　　垂直结构对改善 DUV LED 的热管理和大功率输出特性展现出显著的效果，代表着 DUV LED 研究发展的一条技术途径。

参 考 文 献

[1] Sugioka K, Meunier M, Piqué A. Laser Precision Microfabrication. Berlin: Springer, 2010.

[2] Lee J H, Kim N S, Hong S S, et al. Enhanced extraction efficiency of InGaN-based light-emitting diodes using 100-kHz femtosecond-laser-scribing technology. IEEE Electron Device Letters, 2010, 31(3): 213-215.

[3] Mohammad S N. Contact mechanisms and design principles for nonalloyed ohmic contacts to n-GaN. Journal of Applied Physics, 2004, 95(9): 4856-4865.

[4] Motayed A, Jah M, Sharma A, et al. Two-step surface treatment technique: realization of nonalloyed low-resistance Ti/Al/Ti/Au ohmic contact to n-GaN. Journal of Vacuum Science & Technology B, 2004, 22(2): 663.

[5] Mohammad S N. Contact mechanisms and design principles for alloyed ohmic contacts to n-GaN. Journal of Applied Physics, 2004, 95(12): 7940-7953.

[6] Zakharov D, Liliental-Weber Z, Motayed A, et al. TEM studies and contact resistance of Au/Ni/Ti/Ta/n-GaN ohmic contacts. Proceedings of Symposium on New Applications for Wide-Bandgap Semiconductors, San Francisco, April 22-24, 2003.

[7] Motayed A, Bathe R, Wood M C, et al. Electrical, thermal, and microstructural characteristics of Ti/Al/Ti/Au multilayer ohmic contacts to n-type GaN. Journal of Applied Physics, 2003, 93(2): 1087-1094.

[8] Motayed A, Davydov A V, Bendersky L A, et al. High-transparency Ni/Au bilayer contacts to n-type GaN. Journal of Applied Physics, 2002, 92(9): 5218-5227.

[9] Lu C Z, Chen H N, Lv X, et al. Temperature and doping-dependent resistivity of Ti/Au/Pd/Au multilayer ohmic contact to n-GaN. Journal of Applied Physics, 2002, 91(11): 9218-9224.

[10] Wang D F, Feng S W, Lu C, et al. Low-resistance Ti/Al/Ti/Au multilayer ohmic contact to n-GaN. Journal of Applied Physics, 2001, 89(11): 6214-6217.

[11] Fan Z F, Mohammad S N, Kim W, et al. Very low resistance multilayer ohmic contact to n-GaN. Applied Physics Letters, 1996, 68(12): 1672.

[12] Rickert K A, Ellis A B, Kim J K, et al. X-ray photoemission determination of the Schottky barrier height of metal contacts to n-GaN and p-GaN. Journal of Applied Physics, 2002, 92(11): 6671-6678.

[13] Khan A, Balakrishnan K, Katona T. Ultraviolet light-emitting diodes based on group three nitrides. Nature Photonics, 2008, 2(2): 77-84.

[14] Zhou L, Epler J E, Krames M R, et al. Vertical injection thin-film AlGaN/AlGaN multiple-quantum-well deep ultraviolet light-emitting diodes. Applied Physics Letters, 2006, 89(24): 241113.

[15] Adivarahan V, Heidari A, Zhang B, et al. Vertical injection thin film deep ultraviolet light emitting diodes with AlGaN multiple-quantum wells active region. Applied Physics Express, 2009, 2(9):092102.

[16] Inazu T, Fukahori S, Pernot C, et al. Improvement of light extraction efficiency for AlGaN-Based deep ultraviolet light-emitting diodes. Japanese Journal of Applied Physics, 2011, 50(12): 122101.

[17] Fayisa G B, Lee J W, Kim J, et al. Enhanced light extraction efficiency of micro-ring array AlGaN deep ultraviolet light-emitting diodes. Japanese Journal of Applied Physics, 2017, 56(9): 092101.

[18] Shatalov M, Sun W H, Lunev A, et al. AlGaN deep-ultraviolet light-emitting diodes with external quantum efficiency above 10%. Applied Physics Express, 2012, 5(8): 082101.

[19] Shatalov M, Sun W H, Jain R, et al. High power AlGaN ultraviolet light emitters. Semiconductor Science and Technology, 2014, 29(8): 084007.

[20] Jo M, Maeda N, Hirayama H. Enhanced light extraction in 260nm light-emitting diode with a highly transparent p-AlGaN layer. Applied Physics Express, 2016, 9(1): 012102.

[21] Maeda N, Hirayama H. Realization of high-efficiency deep-UV LEDs using transparent p-AlGaN contact layer. Physica Status Solidi (c), 2013, 10(11): 1521-1524.

[22] Takano T, Mino T, Sakai J, et al. Deep-ultraviolet light-emitting diodes with external quantum efficiency higher than 20%at 275nm achieved by improving light-extraction efficiency. Applied Physics Express, 2017, 10(3): 031002.

[23] Hirayama H, Maeda N, Fujikawa S, et al. Recent progress and future prospects of AlGaN-based high-efficiency deep-ultraviolet light-emitting diodes. Japanese Journal of Applied Physics, 2014, 53(10): 100209.

[24] Maeda N, Jo M, Hirayama H. Improving the efficiency of AlGaN deep-UV LEDs by using highly reflective Ni/Al p-type electrodes. Physica Status Solidi (a), 2018, 215(8): 1700435.

[25] Zheng T C, Lin W, Liu R, et al. Improved p-type conductivity in Al-rich AlGaN using multidimensional Mg-doped superlattices. Scientific Reports, 2016, 6: 21897.

[26] Kashima Y, Maeda N, Matsuura E, et al. High external quantum efficiency (10%) AlGaN-based deep-ultraviolet light-emitting diodes achieved by using highly reflective photonic crystal on p-AlGaN contact layer. Applied Physics Express, 2018, 11(1): 012101.

[27] David A, Fujii T, Sharma R, et al. Photonic-crystal GaN light-emitting diodes with tailored guided modes distribution. Applied Physics Letters, 2006, 88(6): 061124.

[28] Chang C, Chang S, Su Y, et al. Nitride-based LEDs with textured side walls. IEEE Photonics Technology Letters, 2004,16(3): 750-752.

[29] Lin C F, Yang Z J, Zheng J H, et al. Enhanced light output in nitride-based light-emitting diodes by roughening the mesa sidewall. IEEE Photonics Technology Letters, 2005, 17(10): 2038-2040.

[30] Huang H W, Lai C F, Wang W C, et al. Efficiency enhancement of GaN-based power-chip LEDs with sidewall roughness by natural lithography. Electrochemical and Solid-State Letters, 2007, 10(2): H59.

[31] Kim H, Baik K, Cho J, et al. Enhanced light output of GaN-based light-emitting diodes by using omnidirectional sidewall reflectors. IEEE Photonics Technology Letters, 2007, 19: 1562-1564.

[32] Lee J W, Kim D Y, Park J H, et al. An elegant route to overcome fundamentally-limited light extraction in AlGaN deep-ultraviolet light-emitting diodes: preferential outcoupling of strong in-plane emission. Scientific Reports, 2016, 6: 22537.

[33] Lee J W, Park J H, Kim D Y, et al. Arrays of truncated cone AlGaN deep-ultraviolet light-emitting diodes facilitating efficient outcoupling of in-plane emission. ACS Photonics, 2016, 3(11): 2030-2034.

[34] Guo Y, Zhang Y, Yan J, et al. Enhancement of light extraction on AlGaN-based deep-ultraviolet light-emitting diodes using a sidewall reflection method, Proceedings of 13th China International Forum on Solid State Lighting,Beijing, November 15-17, 2016.

[35] Hao G, Taniguchi M, Tamari N, et al. Enhanced wall-plug efficiency in AlGaN-based deep-ultraviolet light-emitting diodes with uniform current spreading p-electrode structures. Journal of Physics D: Applied Physics, 2016, 49(23): 235101.

[36] Kim H D, An H M, Kim K H, et al. A universal method of producing transparent electrodes using wide-bandgap materials. Advanced Functional Materials, 2014, 24(11): 1575-1581.

[37] Lee T, Kim K, Lee B, et al. Glass-based transparent conductive electrode: its application to visible-to-ultraviolet light-emitting diodes. ACS Applied Materials & Interfaces, 2016, 8(51): 35668-35677.

[38] Lee T H, Lee B R, Son K R, et al. Highly efficient deep-UV light-emitting diodes using AlN-based deep-UV-transparent glass electrodes. ACS Applied Materials & Interfaces, 2017, 9(50): 43774-43781.

[39] Khizar M, Fan Z Y, Kim K H, et al. Nitride deep-ultraviolet light-emitting diodes with microlens array. Applied Physics Letters, 2005, 86(17): 173504.

[40] Pernot C, Kim M, Fukahori S, et al. Improved efficiency of 255-280nm AlGaN-based light-emitting diodes. Applied Physics Express, 2010, 3(6): 061004.

[41] Kawai R, Kondo T, Suzuki A, et al. Realization of extreme light extraction efficiency for moth-eye LEDs on SiC substrate using high-reflection electrode. Physica Status Solidi (c), 2010, 7(7/8): 2180-2182.

[42] Wiesmann C, Bergenek K, Linder N, et al. Photonic crystal LEDs—designing light extraction. Laser & Photonics Reviews, 2009, 3(3): 262-286.

[43] Oder T N, Kim K H, Lin J Y, et al. III-nitride blue and ultraviolet photonic crystal light emitting diodes. Applied Physics Letters, 2004, 84(4): 466.

[44] Cho C Y, Kang S E, Kim K S, et al. Enhanced light extraction in light-emitting diodes with photonic crystal structure selectively grown on p-GaN. Applied Physics Letters, 2010, 96(18): 181110.

[45] Inoue S, Tamari N, Kinoshita T, et al. Light extraction enhancement of 265nm deep-ultraviolet light-emitting diodes with over 90mW output power via an AlN hybrid nanostructure. Applied Physics Letters, 2015, 106(13): 131104.

[46] Inoue S, Tamari N, Taniguchi M, et al. 150mW deep-ultraviolet light-emitting diodes with large-area AlN nanophotonic light-extraction structure emitting at 265?nm. Applied Physics Letters, 2017, 110(14): 141106.

[47] Lee K H, Park H J, Kim S H, et al. Light-extraction efficiency control in AlGaN-based deep-ultraviolet flip-chip light-emitting diodes: a comparison to InGaN-based visible flip-chip light-emitting diodes. Opt Express, 2015, 23(16): 20340-20349.

[48] 张逸韵. 高效 GaN 基 LED 提取效率关键技术研究. 北京: 中国科学院大学, 2012.

[49] Guo Y N, Zhang Y, Yan J C, et al. Light extraction enhancement of AlGaN-based ultraviolet light-emitting diodes by substrate sidewall roughening. Applied Physics Letters, 2017, 111(1): 011102.

[50] Ryu H, Choi L, Choi H, et al. Investigation of light extraction efficiency in AlGaN deep-ultraviolet light-emitting diodes. Applied Physics Express, 2013, 6(6): 062101.

[51] Krames M R, Ochiai-Holcomb M, Hofler G E, et al. High-power truncated-inverted-pyramid $(Al_xGa_{1-x})_{0.5}In_{0.5}P/GaP$ light-emitting diodes exhibiting >50% external quantum efficiency. Applied Physics Letters, 1999, 75(16): 2365.

[52] Lee C, Kuo H, Lee Y, et al. Luminance enhancement of flip-chip light-emitting diodes by geometric sapphire shaping structure. IEEE Photonics Technology Letters, 2008, 20(1/4): 184-186.

[53] Cho C Y, Kwon M K, Lee S J, et al. Surface plasmon-enhanced light-emitting diodes using silver nanoparticles embedded in p-GaN. Nanotechnology, 2010, 21(20): 205201.

[54] Wang X, Lai P, Choi H. Laser micromachining of optical microstructures with inclined sidewall profile. Journal of Vacuum Science & Technology B: Microelectronics and Nanometer Structures, 2009, 27(3): 1048.

[55] Fu W Y, Hui K N, Wang X H, et al. Geometrical shaping of InGaN light-emitting diodes by laser micromachining. IEEE Photonics Technology Letters, 2009, 21(15):

1078-1080.

[56] Sun B, Zhao L X, Wei T B, et al. Shape designing for light extraction enhancement bulk-GaN light-emitting diodes. Journal of Applied Physics, 2013, 113(24): 243104.

[57] Chang S J, Chang L M, Chen J Y, et al. GaN-based light-emitting diodes prepared with shifted laser stealth dicing. Journal of Display Technology, 2015, 12(2): 195-199.

[58] Guo Y N, Zhang Y, Yan J C, et al. Sapphire substrate sidewall shaping of deep ultraviolet light-emitting diodes by picosecond laser multiple scribing. Applied Physics Express, 2017, 10(6): 062101.

[59] Dong P, Yan J C, Zhang Y, et al. AlGaN-based deep ultraviolet light-emitting diodes grown on nano-patterned sapphire substrates with significant improvement in internal quantum efficiency. Journal of Crystal Growth, 2014, 395: 9-13.

[60] Zhang L S, Xu F J, Wang J M, et al. High-quality AlN epitaxy on nano-patterned sapphire substrates prepared by nano-imprint lithography. Scientific Reports, 2016, 6: 35934.

[61] Lee J H, Lee D Y, Oh B W, et al. Comparison of InGaN-based LEDs grown on conventional sapphire and cone-shape-patterned sapphire substrate. IEEE Transactions on Electron Devices, 2010, 57(1): 157-163.

[62] Lee Y C, Yeh S C, Chou Y Y, et al. High-efficiency InGaN-based LEDs grown on patterned sapphire substrates using nanoimprinting technology. Microelectronic Engineering, 2013, 105: 86-90.

[63] Yu S F, Chang S P, Chang S J, et al. Characteristics of InGaN-based light-emitting diodes on patterned sapphire substrates with various pattern heights. Journal of Nanomaterials, 2012, 2012(1687-4110): 65.

[64] Jeong S M, Kissinger S, Kim D W, et al. Characteristic enhancement of the blue LED chip by the growth and fabrication on patterned sapphire (0001) substrate. Journal of Crystal Growth, 2010, 312(2): 258-262.

[65] Dong P, Yan J C, Wang J X, et al. 282-nm AlGaN-based deep ultraviolet light-emitting diodes with improved performance on nano-patterned sapphire substrates. Applied Physics Letters, 2013, 102(24): 241113.

[66] 吴冬雪. 等效介质层增强倒装 LED 发光效率的微纳技术研究. 北京: 中国科学院大学, 2016.

[67] Lee D, Lee J W, Jang J, et al. Improved performance of AlGaN-based deep ultraviolet light-emitting diodes with nano-patterned AlN/sapphire substrates. Applied Physics Letters, 2017, 110(19): 191103.

[68] Chen G D, Smith M, Lin J Y, et al. Fundamental optical transitions in GaN. Applied Physics Letters, 1996, 68(20): 2784-2786.

[69] Li J, Nam K B, Nakarmi M L, et al. Band structure and fundamental optical transitions in wurtzite AlN. Applied Physics Letters, 2003, 83(25): 5163.

[70] Nam K B, Li J, Nakarmi M L, et al. Unique optical properties of AlGaN alloys and related ultraviolet emitters. Applied Physics Letters, 2004, 84(25): 5264.

[71] Kolbe T, Knauer A, Chua C, et al. Optical polarization characteristics of ultraviolet (In)(Al)GaN multiple quantum well light emitting diodes. Applied Physics Letters, 2010, 97: 171105.

[72] Wierer J, Allerman A, Montano I, et al. Influence of optical polarization on the improvement of light extraction efficiency from reflective scattering structures in AlGaN ultraviolet light-emitting diodes. Applied Physics Letters, 2014, 105(6): 061106.

[73] Kim D Y, Park J H, Lee J W, et al. Overcoming the fundamental light-extraction efficiency limitations of deep ultraviolet light-emitting diodes by utilizing transverse-magnetic-dominant emission. Light: Science & Applications, 2015, 4(4): e263.

[74] Dong P, Yan J C, Zhang Y, et al. Optical properties of nanopillar AlGaN/GaN MQWs for ultraviolet light-emitting diodes. Optics Express, 2014, 22(5): A320-A327.

[75] Ryu H Y. Large enhancement of light extraction efficiency in AlGaN-based nanorod ultraviolet light-emitting diode structures. Nanoscale Research Letters, 2014, 9(1): 58-58.

[76] Zhao S, Djavid M, Mi Z. Surface emitting, high efficiency near-vacuum ultraviolet light source with aluminum nitride nanowires monolithically grown on silicon. Nano Letters, 2015, 15(10): 7006-7009.

[77] Verma J, Islam S M, Protasenko V, et al. Tunnel-injection quantum dot deep-ultraviolet light-emitting diodes with polarization-induced doping in III-nitride heterostructures. Applied Physics Letters, 2014, 104(2): 021105.

[78] Zhang J, Zhao H, Tansu N. Large optical gain AlGaN-delta-GaN quantum wells laser active regions in mid- and deep-ultraviolet spectral regimes. Applied Physics Letters, 2011, 98(17): 171111.

[79] Lin W, Jiang W, Gao N, et al. Optical isotropization of anisotropic wurtzite Al-rich AlGaN via asymmetric modulation with ultrathin $(GaN)_m/(AlN)_n$ superlattices. Laser & Photonics Reviews, 2013, 7(4): 572-579.

[80] Banal R G, Taniyasu Y, Yamamoto H. Deep-ultraviolet light emission properties of non-polar m-plane AlGaN quantum wells. Applied Physics Letters, 2014, 105(5): 053104.

[81] Oh T, Jeong H, Lee Y, et al. Coupling of InGaN/GaN multiquantum-wells photoluminescence to surface plasmons in platinum nanocluster. Applied Physics Letters, 2009, 95(11): 111112.

[82] Yeh D, Huang C, Chen C, et al. Surface plasmon coupling effect in an InGaN/GaN single-quantum-well light-emitting diode. Applied Physics Letters, 2007, 91(17): 171103.

[83] Okamoto K, Niki I, Scherer A, et al. Surface plasmon enhanced spontaneous emission rate of InGaN/GaN quantum wells probed by time-resolved photoluminescence spectroscopy. Applied Physics Letters, 2005, 87(7): 071102.

[84] Okamoto K, Niki I, Shvartser A, et al. Surface-plasmon-enhanced light emitters based on InGaN quantum wells. Nature Materials, 2004, 3(9): 601-605.

[85] Mertens H, Verhoeven J, Polman A, et al. Infrared surface plasmons in two-dimensional silver nanoparticle arrays in silicon. Applied Physics Letters, 2004, 85(8): 1317-1319.

[86] Hubenthal F, Ziegler T, Hendrich C, et al. Tuning the surface plasmon resonance by preparation of gold-core/silver-shell and alloy nanoparticles. The European Physical Journal D, 2005, 34(1/3): 165-168.

[87] Park T H, Mirin N, Lassiter J B, et al. Optical properties of a nanosized hole in a thin metallic film. ACS Nano, 2008, 12(1): 25-32.

[88] You J B, Zhang X W, Fan Y M, et al. Surface plasmon enhanced ultraviolet emission from ZnO films deposited on Ag/Si(001) by magnetron sputtering. Applied Physics Letters, 2007, 91(23): 231907.

[89] Lin J, Mohammadizia A, Neogi A, et al. Surface plasmon enhanced UV emission in AlGaN/GaN quantum well. Applied Physics Letters, 2010, 97(22): 221104.

[90] Xiao X H, Ren F, Zhou X D, et al. Surface plasmon-enhanced light emission using silver nanoparticles embedded in ZnO. Applied Physics Letters, 2010, 97(7): 071909.

[91] Gao N, Huang K, Li J C, et al. Surface-plasmon-enhanced deep-UV light emitting diodes based on AlGaN multi-quantum wells. Scientific Reports, 2012, 2: 816.

[92] Cho C Y, Zhang Y J, Cicek E, et al. Surface plasmon enhanced light emission from AlGaN-based ultraviolet light-emitting diodes grown on Si (111). Applied Physics Letters, 2013, 102(21): 211110.

[93] Wang J, Yang J, Guo Y, et al. Recent progress of research on III-nitride deep ultraviolet light-emitting diode. Scientia Sinica Physica, Mechanica & Astronomica, 2015, 45(6): 067303.

[94] Ryu H Y, Choi I G, Choi H S, et al. Investigation of light extraction efficiency in AlGaN deep-ultraviolet light-emitting diodes. Applied Physics Express, 2013, 6(6): 062101.

[95] Takeuchi M, Maegawa T, Shimizu H, et al. AlN/AlGaN short-period superlattice sacrificial layers in laser lift-off for vertical-type AlGaN-based deep ultraviolet light emitting diodes. Applied Physics Letters, 2009, 94(6): 061117.

[96] Chuang S H, Pan C T, Shen K C, et al. Thin film GaN LEDs using a patterned oxide sacrificial layer by chemical lift-off process. IEEE Photonics Technology Letters, 2013, 25(24): 2435-2438.

[97] Park J, Song K M, Jeon S R, et al. Doping selective lateral electrochemical etching of GaN for chemical lift-off. Applied Physics Letters, 2009, 94(22): 221907.

[98] Kawasaki K, Koike C, Aoyagi Y, et al. Vertical AlGaN deep ultraviolet light emitting diode emitting at 322nm fabricated by the laser lift-off technique. Applied Physics Letters, 2006, 89(26): 261114.

第 6 章　深紫外发光二极管的封装与可靠性

随着 LED 技术的快速发展和 LED 芯片的发光效率与封装技术的不断提高，近年来短波长紫外 LED 巨大的应用价值引起了人们的高度关注，成为全球半导体领域研究和投资的新热点。深紫外 LED 是新近发展起来的固体光源，其光谱波段集中在紫外范围内，相比传统紫外光源，拥有独一无二的优势，包括功耗低、发光响应快、可靠性高、辐射效率高、寿命长、对环境无污染、结构紧凑等，最有希望取代现有的紫外高压水银灯成为下一代紫外光源。

正因为具有以上诸多优点，深紫外 LED 近十年来成为世界各大公司和研究机构新的研究热点之一。在增加深紫外 LED 的光输出方面，研发不仅限于通过改变材料内的杂质数量、晶格缺陷和位错来提高内量子效率，同时，深紫外 LED 芯片输入功率的不断提升给封装技术提出了更为严峻的挑战。如何改善管芯及内部封装结构，增强深紫外 LED 内部产生出射光子的概率，提高光效，解决散热问题，进行取光和热流优化设计，改进光学性能，加速表面贴装化进程，提高可靠性，也是深紫外 LED 研发的重要方向。

6.1　封装材料及封装工艺

LED 封装的材料和工艺也与 LED 产品的设计和制造一起，共同推动着信息化社会的发展。目前用于封装深紫外 LED 的材料主要是陶瓷和金属，封装工艺多采用倒装焊，深紫外 LED 性能和作用的不断提高，对封装技术和工艺提出了更多更高的要求，同时也促进了封装材料和工艺的发展。

6.1.1　深紫外 LED 芯片结构

深紫外 LED 芯片封装结构分为正装结构、倒装结构和垂直结构。

1. 正装结构

正装结构 LED 芯片是指芯片两个电极在外延片的同侧 (图 6-1(a))，蓝宝石衬底在下方，传统的 LED 多采用正装结构，但蓝宝石是一种绝缘体，在上表面制作两个电极，电流在 n 型和 p 型限制层中横向流动不利于电流的扩散以及热量的散发，同时造成了有效发光面积减少，增加了光刻、蚀刻工艺过程，制作成本高。

2. 倒装结构

深紫外 LED 采用蓝宝石衬底，一方面，由于蓝宝石的导热性较差，有源层产生的热量不能及时地释放，而且蓝宝石衬底会吸收有源区的光线，即使增加金属反射层也无法完全解决吸收的问题；另一方面，由于环氧树脂的导热能力很差，热量只能靠芯片下面的引脚散出，且深紫外 LED 发出的紫外光破坏环氧树脂的黏接性能，因此散热和环氧树脂老化影响了器件的性能和可靠性。鉴于此，深紫外 LED 应采用倒装焊接技术 (图 6-1(b))。深紫外 LED 产生的热量不必经由芯片的蓝宝石衬底，而是直接传到热导率更高的硅或陶瓷衬底，再传到金属底座，由于其有源发热区更接近于散热体，可降低内部热沉热阻。

3. 垂直结构

深紫外 LED 芯片也有设计成垂直结构的 (图 6-1(c))，是指两个电极分布在外延片的异侧，以图形化电极和全部的 p 型限制层作为第二电极，使得电流几乎全部垂直流过 LED 外延层，横向流动的电流极少。目前垂直结构 LED 可以按材料分为 GaP 基 LED、GaN 基 LED 和 ZnO 基 LED。

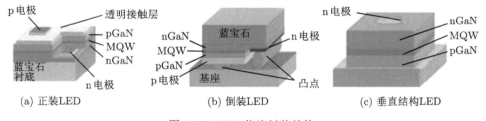

图 6-1 LED 芯片封装结构

6.1.2 深紫外 LED 基板材料

在 LED 封装中，封装结构的优化是降低封装热阻、提高深紫外 LED 性能的一种重要手段，然而封装材料的选择，尤其是基板材料的选择，在深紫外 LED 封装中也起到重要作用。

在深紫外 LED 封装中，基板的作用主要有四方面：① 互连和安装裸芯片或支持封装芯片；② 作为导体图形和无源元件的绝缘介质；③ 将热量从芯片上传导出去；④ 控制高速电路中的特性阻抗、串扰以及信号延迟。由于基板的这四种功能，所以对基板的选择要从电性能、热性能、机械性能和化学性能四个方面入手。

电性能方面，要有高的绝缘电阻、较低的介电常数；热性能方面，要求具有良好的热稳定性、高的热导率、与芯片材料相近的热膨胀系数；机械性能方面，要求低孔隙度、良好的平整性、高强度、小弯度等；化学性能方面，要求稳定性好、电阻或导体的相容性好[1]。

目前已有的封装基板材料主要有三大系列：环氧树脂系、金属系和陶瓷系。

1. 环氧树脂系

环氧树脂系主要指玻璃纤维增强环氧树脂基板，由于这类封装基板材料的热导率只有 $0.36W/(m\cdot K)$、线膨胀系数为 $1.3\times10^{-5}\sim1.7\times10^{-5}K^{-1}$，所以其封装成深紫外 LED 产品的热阻高达 $250\sim300K/W$，只能用在小功率 $(<0.5\ W)$ 深紫外 LED 的正装结构和垂直结构封装中，除此，用这类基板封装 LED 还会导致光泄漏、局部范围内发热量大等问题，从而造成深紫外 LED 器件光衰加速，甚至由于与芯片的热匹配不符而产生内应力使基板翘曲、开裂，造成 LED 器件失效和寿命缩短[2]。随着深紫外 LED 逐渐向大功率型发展，玻璃纤维增强环氧树脂基板已无法满足深紫外 LED 应用的要求，人们不得不寻求其他基板材料。

2. 金属系

金属系基板材料种类繁多，也是目前市场应用比较多的基板材料，包括金属芯印刷电路板、金属绝缘基板、金属复合基板等。

1) 金属芯印刷电路板

金属芯印刷电路板 (metal core printed circuit board, MCPCB) 的原理就是把早期的 PCB 板直接粘贴在热导率更高的金属上，利用金属的高热导性将芯片产生的热量散发到外界，其热导率可达到 $1\sim2.2W/(m\cdot K)$[3]。MCPCB 一般由三层组成：电路层、绝缘层和金属基板层，常作为系统电路基板，其结构如图 6-2 所示。与玻璃纤维增强环氧树脂相比，MCPCB 基板的导热性能有很大提高，但也存在一定的限制，如生成的绝缘薄膜层本身具有较大的残余应力，并且在器件工作时各层材料间的热膨胀系数不匹配导致器件可靠性降低等问题[4]。

图 6-2　MCPCB 结构

2) 金属绝缘基板

金属由于具有高的热导率、高的机械强度和优良的加工性能而受到人们的重视，但金属都是电的良导体，如果金属作为基板材料必须对其进行绝缘化处理，即制成所谓的金属绝缘基板 (insulated metal substrate, IMS)。在众多的金属材料中，常被用作基板材料的有 Al、Cu、Mo、W、铁镍合金 (Invar)、铁镍钴合金 (Kovar)。表 6-1 列出了这几种金属材料的基本特性。

表 6-1　常用金属基板材料与 Si 的基本特性 [5]

材料	热膨胀系数 /$(\times 10^{-6}\mathrm{K}^{-1})$	热导率 /(W/(m·K))	电阻率 /$(\times 10^{-8}\Omega\cdot\mathrm{m})$	密度 /(g/cm^3)
Al(1100)	23	221	2.83	2.7
Cu	17	400	1.75	8.9
Mo	5	140	5.6	10.2
W	4.5	174	5.48	19.3
Invar	0.4	11	45～60	8.04
Kover	5.9	17	100	8.3
Si	4.1	150	—	2.3

Invar 和 Kovar 具有低的线膨胀系数和良好的焊接性，但热导率很低、电阻大，只能作为小功率器件的散热基板材料。W 和 Mo 具有与 Si 相近的热膨胀系数，热导率比 Invar 和 Kovar 的高很多，但 W 和 Mo 的密度比较大，不适合做轻质基板材料，并且与 Si 的浸润性很差，导致基板制作工艺复杂、成本提高。Cu 的热膨胀系数与 Si 的相差比较大，且密度也比较大，但 Cu 有优异的导热性能，热导率高达 400W/(m·K)，因此也受到人们的青睐。金属 Al 与 Cu 一样，也存在与 Si 衬底热膨胀系数不匹配的问题，但 Al 的热导率高、密度小、易加工，Al 基板的制作成本低，所以 Al 是现在最常用的封装基板材料。

金属绝缘基板通常以金属 Al 作为基底，Al 基底绝缘化的方法有通过阳极氧化或微弧氧化等在其表面形成一层绝缘氧化膜或者在 Al 基底上面加置一层绝缘树脂，以此提高基板的电绝缘性，同时使基板保持较高的导热性能。所以金属绝缘基板可以用在大功率深紫外 LED 的封装中，降低深紫外 LED 结温，延长深紫外 LED 的工作寿命。

3) 金属复合基板

由于单一金属基板常存在热膨胀系数高、可靠性差等问题，人们逐渐把目光转向金属基复合材料 (MMC)。金属基复合材料可以兼容金属材料的高热导性以及增强体材料的低膨胀系数特性，使得金属基复合材料具有高热导率 (>200W/(m·K))、小比重、低成本、低热膨胀系数等优点，可以很好地改善 LED 器件的可靠性，所以在功率型深紫外 LED 封装中得到广泛应用。金属复合基板按基体成分分类主要有 Al 基和 Cu 基，按增强体材料分类主要有颗粒复合、纤维复合及特定结构复合。目前金属复合基板的典型代表有铝碳化硅 (Al-SiC) 和铜石墨 (Cu-graphite)

复合基板。

铝碳化硅复合基板综合了金属 Al 的高热导率 (221W/(m·K)) 和 SiC 的低膨胀系数 ($4.7\times10^{-6}K^{-1}$) 的优点，并具有高刚度、低密度等一系列性能 [6]。根据材料的复合原理可知，铝碳化硅的热膨胀系数和热导率随着 SiC 体积分数的增加而逐渐下降，当 SiC 的体积分数在 70% 时，其热膨胀系数与 Si 的相当，并且还能保持比较高的热导率。美国铝业公司一直致力于铝基复合基板的研究，成功将体积分数 $\Psi(SiC)$ 为 70%～73% 的铝基复合材料应用于半导体封装中，使封装的散热能力和可靠性能得到提高。

铜石墨复合基板利用金属铜的高热导率和 C 纤维的低热膨胀系数，具有高热导率、低热膨胀系数、高强度、高弹性等优点。但由于 C 纤维具有极大的各向异性，若不采取特殊方法，复合材料的各向异性就会很突出，复合材料的应用受到很大限制，因此人们常采用 C 纤维网状排列、螺旋排列等方式来解决这一问题。通过控制 C 纤维的类型和结构，铜石墨复合基板的热膨胀系数可在 7.09×10^{-6}～$15.08\times10^{-6}K^{-1}$ 范围内调节，同时热导率也高达 325.4～779.7W/(m·K)。目前，铜石墨复合基板也已在功率型 LED 器件中得到应用。

3. 陶瓷系

与金属相比，陶瓷材料具有更加优异的性能，如高绝缘性、高导热性、高机械强度、高化学稳定性、耐冷热冲击以及与芯片材料相近的热膨胀系数等。陶瓷材料用作封装基板可以有效解决 LED 封装中存在的散热和可靠性问题，从而提高 LED 器件的封装性能。目前陶瓷基板在大功率 LED 中已得到广泛关注。常见的陶瓷基板材料有 Al_2O_3、AlN、SiC、BeO、Si_3N_4 等，其物理性能参数列于表 6-2 中。

表 6-2 常见陶瓷基板材料的物理性能参数 [7]

材料	热膨胀系数 /($\times10^{-6}K^{-1}$)	热导率 /(W/(m·K))	电阻率 (20°C) /($\times10^{-8}\Omega\cdot m$)	密度 /(g/cm^3)	绝缘耐压值 /(kV/mm)
Al_2O_3	6.5～7.2	22～40	$>10^{14}$	3.75～4.0	15
AlN	2.7～4.6	100～260	$>10^{14}$	3.2	15
SiC	2.8～4.6	70～270	$>10^{13}$	3.0～3.2	—
BeO	6.3～9.0	260～300	$>10^{15}$	2.95	20
Si_3N_4	2.3～3.2	25～35	$>10^{13}$	2.4～3.4	—

在表 6-2 中，陶瓷基板材料的热膨胀系数都接近于 Si 的热膨胀系数 ($4.1\times10^{-6}K^{-1}$)，与 Si 衬底都有很好的热匹配性，但是 Si_3N_4 和 SiC 都属于半导体材料，其电阻率和绝缘耐压值较低，介电常数较大，不适合做封装基板材料，并且很高的化学稳定性致使在其表面很难实现金属化处理，无法制成电路层。在这几

种陶瓷基板材料中，BeO 具有最高的导热性能，但由于 BeO 毒性大，在制备过程中会对人体产生伤害，现在欧洲和日本等已限制 BeO 的使用，在国内也只应用于少量的军工产品。由表 6-2 可以看出，AlN 的性能明显优异于 Al_2O_3，其热导率是 Al_2O_3 的几倍，被公认为是最有发展前景的散热基板材料，但是目前 AlN 的生产成本太高以至于难于被人们接受。虽然 Al_2O_3 的导热性能和热膨胀系数没有 AlN 的好，但其生产工艺成熟，制备成本低，并且综合性能优良，满足目前的功率型 LED 的封装要求，所以成为应用最广泛的陶瓷基板材料。

陶瓷材料作为 LED 封装基板，需要进行金属化处理，如图 6-3 所示。根据金属化的工艺不同，陶瓷基板可分为直接覆铜陶瓷基板 (DBC)、低温共烧陶瓷基板 (LTCC)、薄膜陶瓷基板、厚膜陶瓷基板，其性能比较如表 6-3 所示。

图 6-3　金属化后的陶瓷基板

表 6-3　几种陶瓷基板的性能比较 [8]

基板类型	技术原理	性能
DBC	铜箔经高温处理直接键合到氧化铝陶瓷或氮化铝陶瓷上	高热导率、高导电性、高机械强度、较低的结合强度
LTCC	陶瓷粉、玻璃粉黏接剂按比例混合，经刮片、干燥制成生坯，再钻孔、对位、丝印线路，最后共烧而成	高热导率、高导电性、低收缩率、高机械强度、高成本
薄膜陶瓷基板	采用镀膜技术在陶瓷表面形成金属膜，再经掩膜或刻蚀形成电极	高热导率、高导电性、高图形分辨率、高机械强度、高成本
厚膜陶瓷基板	配置电子浆料、丝网印刷，脱脂烧结而成	高热导率、高导电性、高机械强度、工艺简单、低成本

6.1.3　深紫外 LED 焊接材料和封装工艺

深紫外 LED 封装工艺步骤简单，特别是倒装芯片共晶后可盖透镜及测试。但深紫外 LED 芯片与基板之间的倒装焊接工艺不同于蓝光 LED 的芯片黏接，已成为封装中的瓶颈问题，也是重点研究对象。目前深紫外 LED 芯片封装多采用 AuSn 共晶焊、SnAgCu 共晶回流焊及 Au 凸点超声焊三种方式实现固晶。深紫外 LED 封装工艺流程图如图 6-4 所示。

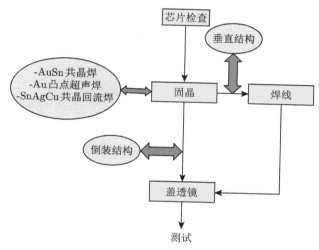

图 6-4　深紫外 LED 封装工艺流程图

1. 焊接工艺

芯片的焊接是指半导体芯片与载体 (封装壳体或基片) 形成牢固的、传导性或绝缘性连接的方法。焊接层除了为器件提供机械连接和电连接外，还须为器件提供良好的散热通道。其方法可分为树脂黏接法和金属合金焊接法。

深紫外 LED 的电光转换效率约为 10%,剩余的电能转化为热能。深紫外 LED 芯片大小仅为 1mm×1mm 左右，导致芯片的热密度非常大，并且与传统光源不同的是，LED 是冷光源，其辐射光谱中并不含红外线部分，所以不能依靠辐射来释放芯片所产生的热量，加剧了芯片的温度累积。如果芯片产生的大量热量集中在芯片内部而不能及时耗散，就会导致芯片内部 pn 结温度过高，引起芯片辐射效率下降和辐射波峰增大。所以解决散热问题和提高出光效率是深紫外 LED 封装的两个技术关键。为了保证深紫外 LED 的光电性能和可靠性，要求黏接焊料有低热阻、低熔点、高可焊性。所以不能像蓝光 LED 那样选择热阻大的树脂类胶黏剂，而是选择热阻低的合金焊料，具体选择何种合金焊料呢？

1) AuSn 合金共晶焊

金基焊料具有优良的耐蚀性和抗氧化性能、良好的流动性和高温稳定性等优点。金基焊料可焊接可伐合金、不锈钢、铜和镍等，尤其适用于真空器件以及航空发动机等重要零部件的焊接，因此在航空和电子工业中得到广泛的应用。金基焊料中常用的组元元素有 Cu、Ni、Sn、Zn、In、Ge 和 Pd 等。金基焊料按组元元素的不同可分为 AuCu、AuNi、AuPd、AuIn、AuSb、AuGe、AuSn、AuAgCu 和 AuPdCu 等系列。

在众多金基焊料中，选择中低温金基焊料作为焊接深紫外 LED 的焊料。熔化温度一般在 500℃ 以下，常用的合金有 AuSn、AuGe 和 AuIn 系等。AuSn 和 AuGe 焊料的二元共晶温度较低，分别为 280℃ 和 361℃，最常用的添加组元是 Ag。该金基焊料可用于半导体组装中的芯片焊接，可获得良好的焊接效果。

AuSn 共晶合金焊料具有优异的焊接性能，可制备高可靠性焊点，因此被广泛应用于微电子器件的高可靠气密封装。随着计算机行业的高速发展，超大规模和高速集成电路的需求也急剧增长，AuSn 共晶合金焊料的需求迅速增加。AuSn 共晶合金是目前熔点在 280~360℃ 内可以替代高熔点铅基合金的最佳焊料。尽管从价格和熔点的角度考虑，其应用范围受到很大限制，但由于该焊料具有优异的抗蠕变和疲劳性能，以及良好的导电和导热性能，而且易焊接及钎焊无需助焊剂等优点，因此被广泛应用于微电子和光电子器件的陶瓷封盖封装、金属与陶瓷封盖间的绝缘子焊接、芯片贴装以及大功率激光器半导体芯片的焊接[9]。

AuSn 共晶合金焊料具有最高的热导率，达到 57W/(m·K)。在芯片焊接领域，熔点为 280℃，其钎焊温度一般约为 300~330℃，比较接近于传统电子制造业广泛应用于芯片焊接的高铅合金焊料，因此 AuSn 合金适合作为电子焊接材料。AuSn 共晶合金焊料具有组织细小、强度高等特点，在接近熔点温度依然保持较高强度。此外，AuSn 共晶合金焊料的抗裂纹扩展能力也很强，因此其具有良好抗蠕变性能和抗疲劳性能，如图 6-5 所示。

AuSn 共晶合金焊料尤其适用于对散热性能要求较高的领域，可以将芯片使用过程中产生的热流传导给热沉材料，从而达到快速散热的效果。AuSn 共晶合金焊料具有抗腐蚀能力好、浸润性良好、对镀金层无浸蚀现象以及钎焊无需助焊剂等优点。深紫外 LED 的 AuSn 共晶合金焊料按照合金比例，通过电镀沉积法预涂到电极上的。

AuSn 合金共晶焊是在氮气保护或者真空环境下，共晶机内部加热系统将工作台上的基板加热到 300℃，真空吸嘴吸起芯片台上的芯片，放到事先指定好的摆放位置，并对芯片加上一定的向下压力，待温度低于合金熔点后，芯片便固化到基板上。AuSn 合金共晶焊示意图如图 6-6 所示。

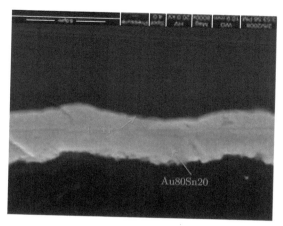

图 6-5　深紫外 LED 芯片 Au80Sn20 结构

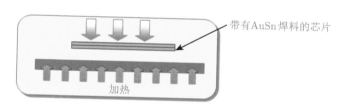

图 6-6　AuSn 合金共晶焊示意图

2) SnAgCu 合金回流焊

自从认识到锡铅焊料的危害性，电子界大范围开展可以替代锡铅焊料的无毒性的无铅焊料合金的研究。选取无铅焊料时需要考虑的因素有：① 无铅焊料如果替代锡铅焊料，将被广泛用于电子产品中，因此，需求量比较大，所需元素必须具有广泛的资源储备，同时还需要考虑到价格因素，降低成本；② 所选取的无铅焊点的物理性能应与之前的铅锡焊料相近，包括熔点、密度、表面张力、导热性、润湿性和导电性等；③ 所选取的无铅焊料具有较好的力学性能，包括拉压力学性能、剪切扭转性能、蠕变性能和抗疲劳性能等；④ 无铅焊料需要具有优良的导热性能、热机械性能，包括热导率、热膨胀系数等；⑤ 无铅焊料具有良好的兼容性，能够很好地与现有的液体助焊剂、材料和工艺条件等相匹配；⑥ 无铅焊料需要具有电子工业所使用的所有形式，包括焊料线、焊料条、焊锡膏等；⑦ 无铅焊料必须具有无毒性[10]。

目前，许多无铅焊料已经在电子工业界得到广泛应用，常见的无铅焊料合金种类很多，其中，在回流焊接技术中采用三元的 SnAgCu 系合金较广泛，在波峰焊接工艺中多采用 SnAgCu 和 SnCu 系列。

无铅焊料 SnAgCu 的显微结构由焊料、Ag_3Sn 微小颗粒和细小的 Cu_6Sn_5 化合物组成，弥散在焊料中的 Ag_3Sn 有利于提高焊点的机械性能和稳定性。无铅焊料 SnAgCu 与 Cu 焊盘能够很好地浸润，且与有铅工艺中使用的镀层兼容性较好。另外，SnAgCu 焊料还具有优良的抗疲劳、抗蠕变等性能。SnAgCu 合金在工艺性能和机械可靠性方面与锡铅焊料最为接近，将是替代锡铅焊料的首选。通过多年的研究，广泛地认为共晶成分范围为 Sn-(3.5±0.3)Ag-(0.9±0.2)Cu，共晶温度范围为 (217.02±0.2)°C，是替代锡铅焊料比较合适的选择[11]。

当紫外 LED 电极没有预涂焊料而是高熔点金属材料时，人们可以在电极上预涂 SnAgCu 焊膏，通过回流焊或波峰焊焊接深紫外 LED 芯片和基板，虽然此种焊接方法没有 AuSn 合金焊料效果好，但在深紫外 LED 芯片没有预涂焊料的情况下，是最简单可行的方法，见图 6-7。

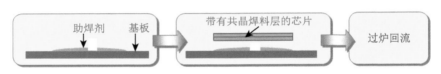

图 6-7　SnAgCu 回流焊示意图

3) Au 凸点超声焊

深紫外 LED 芯片倒装焊凸点主要有 Au 凸点和 Cu 凸点，而 Cu 凸点或 Cu 柱的抗氧化、耐腐蚀性较 Au 凸点、Au 柱差很多，所以一般都选择 Au 凸点焊接，但人们正在致力于大功率芯片使用 Cu 柱焊接的工艺研究。凸点工艺制备根据其材料有多种方法: 蒸发/溅射法、电镀法和钉头植球法等。Au 凸点使用钉头植球法制备，在连接中使用 Au 可确保连接可靠性更高。

最常见钉头凸点可以利用金丝球焊机制作完成，即在深紫外 LED 芯片电极焊区上，用金丝球焊机打球压焊后将金丝从压焊末端断开，形成一个带有尾尖的钉头凸点，待深紫外 LED 芯片电极上形成这样的 Au 球状凸点后，深紫外 LED 芯片便可作为倒装焊芯片使用，如图 6-8 所示。这样制作的凸点高度一致性较差，因此在芯片凸点全部完成后要对所有凸点进行磨平、去除尾尖，以形成高度、平整性一致的凸点。

Au 凸点超声焊与 AuSn 共晶焊相似，对芯片施压的同时加上超声，使凸点与基板之间横向产生高频的机械摩擦振动，两金属接触面间发生形变，并形成金属原子的相互扩散。Au 凸点超声焊如图 6-9 所示。

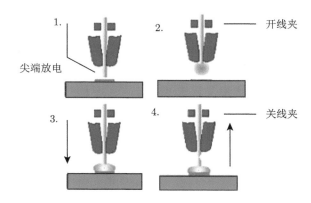

图 6-8　金丝球焊机制备 Au 凸点过程示意图

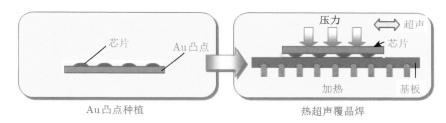

图 6-9　Au 凸点超声焊示意图

4) 综合比较

以上三种常用的深紫外 LED 固晶倒装工艺均有自己的优势和劣势。表 6-4 是三种工艺比较。

表 6-4　固晶工艺比较

固晶工艺	优点	缺点	技术难度
AuSn 合金共晶焊	工艺简单，速度快 结合力强，空洞小 散热快	成本高	要求芯片和基板的平整度高 基板材料承受温度高 基板芯片密度不高
SnAgCu 合金回流焊	无需电极预涂焊料 工艺简单	易污染芯片和基板 洞率不易控制	基板表面光滑度要求高 回流焊工艺曲线优化 控制助焊剂用量
Au 凸点超声焊	不经过高温环节	成本高 散热面积小，适合 小功率芯片倒装	要求种植凸点精度高

2. 密封工艺

传统蓝光 LED 一般采用向支架内部灌封双组分有机树脂，在氮气保护下加热固化，或者在支架上安装已经成型的各种树脂透镜。而深紫外 LED 密封工艺与传统蓝光 LED 密封方式不同，深紫外 LED 不能使用的原因是深紫外 LED 发出的紫外光加速树脂透镜的老化，透镜容易变黄，出光率极低。所以人们在众多透光材料中寻找透光率高、不能被紫外光破坏的材料。目前高纯的石英以热膨胀系数低、紫外透光率高成为深紫外 LED 透镜材料的最佳选择，如图 6-10 所示。

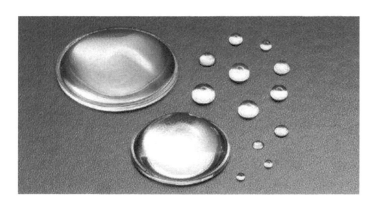

图 6-10　石英透镜

石英玻璃的二氧化硅含量通常都在 99.9％以上，高纯石英玻璃纯度在 99.999％以上，因此，其透光性能极好，透光的光谱成分可从 170nm 到 4.7μm，即从真空紫外波段到中红外波段。在电光源中，需要透紫外性能好的紫外线灯和高要求的红外加热灯都离不开石英玻璃。石英玻璃的耐高温性能远远超过任何一种玻璃，其熔化温度达 1715℃以上，软化温度在 1580℃，能承受的工作温度达 1000℃左右，瞬时可以用到 1450℃，这是其他玻璃所不能实现的。但是实现石英透镜与陶瓷基板的密封的过程是比较复杂的，首先陶瓷基板和石英透镜的热膨胀系数不匹配，其次两种材料封接处不能采用有机胶作为密封材料。为了解决这些问题，人们在石英透镜与陶瓷基板密封位置溅射一层过渡材料，这层过渡材料可解决热膨胀系数不匹配问题，在过渡材料上溅射合金焊料，又解决了焊接材料易脱落的问题，再利用石英透镜耐高温特点，使用激光焊将石英透镜与陶瓷基板焊接在一起。图 6-11 是目前常见的深紫外 LED 芯片基本封装形式：芯片倒装在陶瓷基板上，上部密封石英透镜。

(a) 平面透镜

(b) 凸面透镜

图 6-11 深紫外 LED 芯片基本封装形式

6.2 深紫外 LED 的热管理工艺

鉴于温度对深紫外 LED 性能的影响，如何改善深紫外 LED 的散热性能一直以来都是研究的热点，在芯片和封装等层面，均有相应的解决方案。

6.2.1 散热方式

1. 芯片级散热

目前深紫外 LED 芯片级的散热性能改善主要是通过改变芯片结构来实现的，在传统的正装 LED 芯片中，外延层中产生的热量要经过蓝宝石衬底才能传入封装材料中，而蓝宝石材料的导热性能较差，造成了热量无法及时地从外延层传出。为了改善芯片的散热性能，目前深紫外 LED 最常采用的是倒装芯片技术与垂直芯片技术，如图 6-12 所示。

图 6-12 深紫外 LED 芯片结构

倒装芯片技术将蓝宝石一面作为出光面，使外延层产生的热量不必经过衬底而直接传到热沉中，由于发热的有源层更加接近于散热结构，因此可有效地降低芯片内部的热阻。另外，倒装结构还有效地解决了 p 极的电流扩散与光吸收问题，与传统的正装结构相比，可将深紫外 LED 的出光效率提高 70%[12]。

垂直结构 LED 芯片是将 p 型 GaN 层连接至硅或者铜等导热性较好的衬底上，然后采用激光剥离技术，将蓝宝石衬底剥离，得到 p 型 GaN 层在下的 LED 芯片。这样不仅解决了电流扩散的问题，同时改善了衬底材料的热传导性能，可有效地提升深紫外 LED 芯片的发光效率与寿命等。在垂直结构的基础上，无须进行金线连接的三维垂直结构也被提出，该结构封装厚度更小、散热能力更强，并且容易引入较大的驱动电流 [13]。

2. **封装级散热**

在深紫外 LED 器件中，绝大多数的热量通过 "芯片–固晶焊接层–封装基板" 的路径传导至器件外部的热沉及散热系统，因此固晶焊接层与封装基板的性能十分关键。

固晶焊接层不仅起到固定 LED 芯片的作用，而且还是热量从 LED 传出的必经路径，因此对器件的导热性能影响较大。目前常用的焊接材料有导热胶、导电型银浆、导电锡浆和共晶合金等。导热胶是最为基础的绝缘黏结材料，但是导热性很差。导电银浆导热系数约为 $15\sim20W/(m\cdot K)$，但是含有铅等有毒金属。导电锡浆的导热系数约为 $50W/(m\cdot K)$，在前三种中导热性能最好。为进一步满足大功率 LED 芯片的焊接与传热需求，合金共晶焊接得到了广泛应用，合金共晶焊接是利用金属的共晶点将两种金属焊在一起，最为常用的 LED 焊接合金钎料是 Au_2Sn。经研究比较证实，与银浆等焊料对比，AuSn 共晶焊接用于 LED 芯片固晶，可有效提升器件的散热性能。

封装基板的作用是在为 LED 提供电气连接的同时，将热量传递出来，因此选择合适的封装基板对 LED 的可靠性和散热性具有重要影响。封装基板应具有较高的热导率、与芯片匹配的线性膨胀系数以及优良的高频特性，常用的基板材料有硅、陶瓷、金属和金属基复合材料。MCPCB 于 1963 年由美国 Wesern 公司首次研发成功，它具有良好的导热性，但膨胀系数与 LED 不匹配。陶瓷材料封装基板具有绝缘性好、膨胀系数匹配、高频特性优良、热导率较高等优点，因此在深紫外 LED 封装中得到了广泛的应用，由于 Al_2O_3 陶瓷材料的热导率不足够高，AlN 陶瓷材料得到了越来越广泛的应用。为克服单一金属材料膨胀系数与 LED 失配的问题，金属基复合材料基板应运而生。后又制备出的 Al-SiC 复合材料具有膨胀系数可调、热导率高等性能，有效地提高了大功率深紫外 LED 的散热能力。另外，近年来为满足高密度集成封装 LED 器件的散热需要，更有学者提出了基于相变传热的封装基板，与传统的封装基板相比，其具有更快的启动性能，并在高热流密度下仍能保持良好的均热性和轴向导热性。

3. 系统级散热

为解决大功率深紫外 LED 器件的散热问题，可采用外围的散热系统，使深紫外 LED 产生的热量有效地散发到外界环境中，提高其使用发光效率、寿命和可靠性。

深紫外 LED 可以借鉴蓝光 LED 的风冷散热方式进行散热处理。风冷散热是采用空气的对流将热量从散热系统中带走，一般可分为自然对流和强制对流两种方式，而散热系统通常采用翅片式散热器，如图 6-13 所示。自然对流散热是在不添加任何强制措施的情况下，通过空气的自然流动来进行散热，虽然其效率最低，但是可靠性最高。强制对流散热是指在散热系统中添加风扇等强制空气流动，从而达到加快散热的效果，虽然其散热效果好[14]，但是风扇的存在不仅提升了能耗，同时降低了系统可靠性。

图 6-13　散热翅片

6.2.2　深紫外 LED 封装优化设计

深紫外 LED 芯片只是一块很小的蓝宝石晶体，必须通过电流驱动才可以发光，因此封装对于 LED 芯片来说是必需的，也是至关重要的。封装也可以说是指安装半导体芯片用的外壳，它不仅起着保护芯片和传递热量的作用，而且是沟通芯片内部与外部电路的桥梁。深紫外 LED 芯片的封装需要考虑光学、热学、电学和结构设计，这四方面是相互关联的，有时还存在矛盾，所以考虑的原则是以光学参数 (特别是光通量或光强) 为主的最佳折中。一般深紫外 LED 封装结构如图 6-1(b) 所示。

封装热学设计不仅与器件的可靠性有关，还直接影响到 LED 的发光效率，LED 的内部量子效率随着结温的升高而降低，特别是在室温附近，温度每上升

1℃, 芯片的发光效率将降低 1%, 因此如何降低深紫外 LED 封装时的热阻是保证深紫外 LED 器件出光效率的关键, 也是最为复杂的问题。

目前封装光学与电学的设计已经比较成熟并且标准化, 而热学设计部分还存在较大的提升空间, 同时深紫外 LED 器件热学性能无论对深紫外 LED 的发光效率还是寿命均至关重要, 因此应针对深紫外 LED 封装器件中的热阻进行分析与优化, 找出影响封装热阻的主要因素并对其影响机制进行详细分析, 研究其对 LED 芯片性能的综合影响, 并研究出最佳的优化解决方案。

在凸点倒装结构中, 大部分的热量是通过硅底板上的凸点传导出去的, 为了提高散热性能, 凸点数量不断增加, 凸点的间距也越来越小, 但由于这种封装结构将芯片焊点直接与硅基上的凸点用焊料或者导电胶互连到基板上, 此工艺对设备和操作的精度要求较高, 且电极与凸点接触面积有限, 影响芯片散热。

在无铅焊料 SnAgCu 中常用助焊剂去除氧化膜以实现焊料与焊盘之间的良好润湿, 深紫外 LED 封装中使用助焊剂会污染有源发光表面, 因此深紫外 LED 封装一般是在没有预涂焊料或没做凸点时使用 SnAgCu 焊料进行焊接, 通常封装深紫外 LED 采用无需助焊剂的焊料[15]。

所以目前倒装结构较普遍的方式是在深紫外 LED 的电极上预涂 AuSn 焊料, 通过共晶的方式将芯片与基板黏接到一起。为了使芯片和基板间形成良好的欧姆接触和散热通路, 必须实现好的芯片焊接质量。焊接质量不佳主要表现在焊接过程中出现的空洞上, 空洞已成为深紫外 LED 焊接的主要缺陷 (图 6-14), 它会主要影响芯片的散热, 潜在影响力学性能, 降低焊接强度、韧性、抗蠕变性和疲劳寿命。因此, 研究焊接形成的原因、降低空洞率 (空洞总面积占芯片面积的百分比) 的方法以及焊接空洞对热阻的影响对深紫外 LED 封装可靠性分析有很大意义。

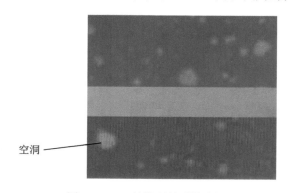

图 6-14　X 射线照射到的空洞

降低焊接空洞率主要从以下几方面改进: 提高预涂焊料均匀性和优化共晶工

艺参数, 基板的平整度, 改善黏接环境等。

电镀沉积法是预涂 AuSn 焊料常使用的方法。含有金离子和锡离子的溶液发生氧化还原反应形成单质沉积在基板上, 保证 Au、Sn 质量比为 8:2, 最后得到 AuSn 共晶合金。电镀沉积主要包括电子束蒸镀、AuSn 分层电镀和 AuSn 合金电镀等方法, 其中 AuSn 分层电镀应用最为广泛。还有采用分步电镀 Au 和 Sn 薄膜的方法来制备 AuSn 共晶焊料[16], 优化脉冲镀 Au、Sn 的工艺参数, 同时在芯片电极上分步沉积 Au 和 Sn 薄膜, 得到优良的镀 Au 层和镀 Sn 层。

影响 AuSn 共晶效果的主要参数是温度, $AuSn_2O$ 的熔点是 280℃, 一般钎焊时工作台的温度要低于数显上的温度值, 所以加热温度一般要高于熔点温度 30℃, 温度设置在 310℃ 左右, 如此高的温度使 Sn 和基板上的金属电极非常容易氧化, 因此可在真空或加氮气保护环境下进行共晶操作, 真空共晶焊更能有效地降低空洞率。有的共晶设备厂家设计出工作台可部分加热、吸头可同时夹取加热芯片的共晶机, 这使芯片上的焊料提前熔化, 减少高温对没有共晶焊基板的损害, 减少共晶时间, 降低空洞的产生, 空洞率控制在 3% 以下。

6.3 深紫外 LED 的退化机制与寿命

研究产品的可靠性的目的在于找出试验样品在材料、工艺、设计方面的缺陷, 确定是否符合可靠性要求, 为评估产品的战备完好性、任务成功性、维修人力费用和保障资源费用提供信息。深紫外 LED 的寿命是对产品可靠状态持续能力的时间描述。寿命评估是通过合理的试验及试验数据分析量化产品寿命指标的过程。准确地评估深紫外 LED 寿命, 将有利于对 LED 的使用时间进行把握, 也有利于最大化地发挥资源效益。因此掌握产品的寿命理论至关重要。

6.3.1 ESD 防护

人们在不断的探索和思考中发现自然界存在电荷, 并将流动的电荷规定为电流, 静止的电荷规定为静电荷。在后来的研究中, 人们规定了正电荷和负电荷, 两个带不同电荷或所带电荷极性相反的带电体之间存在电势差, 当两个带电体达到一定小的间距后, 就会释放电荷, 这种现象就是静电释放 (electro-static discharge, ESD)。

1. 静电产生

两个具有不同静电电势的物体, 由于直接接触或静电场感应引起的两物体间静电电荷的转移, 便形成静电释放。静电释放在一个对地短接的物体暴露在静电场中时有发生，两个物体之间的电势差将引起放电电流，这个过程即为静电释放。静电电压通常很高，放电时冲击电流很大，往往对器件产生破坏作用。静电放电来源于静电荷的高电压，而静电荷主要由摩擦起电、感应起电和剥离起电等产生。

　　静电的危害是指静电释放对静电敏感产品造成的损害。静电危害的大小或静电损害的严重程度取决于静电积累的程度 (静电电压) 和静电敏感产品的静电感度。静电电压越高，危害越大；产品的静电感度越大，越易于受到静电的危害。其中，静电对光电产品的危害主要表现在三个方面：一是使光电产品吸附灰尘，影响光电产品的透光度，同时造成光电产品的锈蚀、生霉，这方面的危害主要发生在产品总装前后；二是使光电产品的性能衰减，这可能影响到光电产品的寿命；三是造成光电产品的失效报废 [17]。第二、三两个方面的危害来自电子元器件的静电损伤，即由电子元器件的损伤或失效引起。一般把 ESD 现象分为四种模型 [18]：人体模型 (human body model，HBM)，机器模型 (machine model，MM)，组件充电模型 (charged device model，CDM)，国际电子工业委员会 (International Electrotechnical Commission，IEC) 标准。

　　人体模型是根据带有静电的操作者在工作过程中与器件的管脚接触，将存储于人体的静电荷通过器件对地放电致使器件损坏而建立的，见图 6-15。人体模型是 ESD 中最常见的，在深紫外 LED 的制造和使用过程中都可能接触到人体静电。人体电阻取决于人体肌肉的弹性、水分、接触电阻等多种因素。人体电容的大小与人体的尺寸、姿态、鞋底厚度和材质等因素有关。综上所述，静电通常是由于两种物质相互接触分离、摩擦或电磁感应而产生的，静电电压的大小与接触表面的电介质性质、状态、接触面之间的压力、相互摩擦速度以及周围介质的湿度和温度有关。

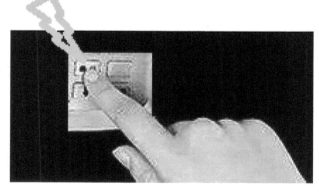

图 6-15　人体模型

2. 防护要求

ESD 防护包括稳压二极管、瞬态抑制二极管 (transient voltage suppressor, TVS)、可控硅、三极管等，深紫外 LED 一般使用双极性的作为保护器。通常情况下，对 ESD 防护器件的基本要求是具有鲁棒性、敏捷性、有效性和透明性[19]。

鲁棒性主要是指 ESD 防护器件本身要够强壮，必须超过所设定的 ESD 防护等级，这样才能在留有一定裕度的基础上对核心电路进行有效的防护。在电学特性上表现为足够高的失效电流。

敏捷性主要是指在 ESD 事件到来时，ESD 防护器件要以足够快的速度及时开启来泄放 ESD 电流。在电学特性上要求其具有尽可能低的过冲电压，这对深紫外 LED 的防护特别重要。

有效性主要是指 ESD 防护器件能将电压钳位在安全的范围内。在电学特性上表现为其触发电压要低于被保护器件的失效电压，要有足够低的动态电阻和足够低的钳位电压，即 ESD 防护器件开启后的 I-V 曲线要在 ESD 设计窗口之内，这样才能进行有效的防护。

透明性主要是指设计的 ESD 防护器件不能影响核心电路的正常工作。首先要求 ESD 防护器件只有在 ESD 脉冲到来时才能开启。其维持电压一般也要高于核心电路的工作电压，这样能确保在 ESD 脉冲过后，ESD 器件又处于关断状态。

3. 封装防护

在操作过程中穿净化服，戴防静电手套，设备接地外，操作时戴防静电腕带，是超净间内工作的基本要求，在封装工艺上可以实现 ESD 防护，提高深紫外 LED 抗静电能力。

在制作硅基板过程中，内部集成齐纳二极管，作为防护二极管。这样的设计不仅起到保护深紫外 LED 的作用，不占用硅基板额外的空间，同时没有减少外加器件吸光。

由于硅基板散热不够理想，封装步骤比直接芯片倒装到陶瓷基板上复杂，硅基板倒装工艺正在被芯片直接倒装代替。但是硅基板一般都采用薄膜或者厚膜工艺，目前不能内部集成保护电路或者芯片，必须在封装深紫外 LED 时封装保护芯片，为了减少吸光，选取芯片尺寸尽量小的裸芯齐纳二极管或者 TVS 保护深紫外 LED 芯片，如图 6-16 所示。由于深紫外 LED 需要共晶倒装焊接在陶瓷基板上，而保护芯片一般用导电胶黏接在陶瓷基板上，用金丝键合方式将对应的电极连接在基板上，本着操作过程中温度是递减的顺序，先进行共晶焊，再固化保护芯片。

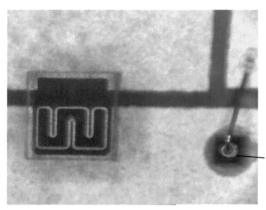

图 6-16   内部封装稳压二极管的深紫外 LED

6.3.2   失效与寿命

深紫外 LED 的寿命是由芯片、封装、驱动电源以及散热部件的设计决定的，任何一部分的失效都将影响其寿命。深紫外 LED 的失效模式包括：过热应力失效、过电应力失效、封装失效、芯片失效。其中，过热应力失效模式是指当深紫外 LED 内部的温度大于其额定工作值或周期性的热量变化而引起的 LED 失效；过电应力失效是指在 LED 工作过程中承受瞬时高电流或承受高于额定电流值参数导致的失效；封装失效是指在 LED 封装或制造工艺过程中由方法不正确或其他原因引起的失效；芯片失效是指 LED 芯片本身的缺陷或其他因素造成的失效，出现芯片裂缝、空洞等现象。上述四种失效模式中出现任何一种都将会引起深紫外 LED 不同程度的失效，也有可能引起其他模式的失效，从而加剧 LED 失效。

1. 失效

深紫外 LED 的失效是指在规定的时间内器件不能完成规定的功能，称该深紫外 LED 失效。对于 LED，可以用发光强度的变化作为是否失效的判断依据，其定义为：随着深紫外 LED 工作时间的增加，其发光强度会下降到其起始值某一特定的百分比时，就可以认为该深紫外 LED 失效。失效分为灾难性失效和参数失效两种情况。灾难性失效指深紫外 LED 出现不能点亮或能点亮但会时灭时亮等的失效形式。参数失效是指深紫外 LED 的一个重要的光电参数降到界限以外。比如，深紫外 LED 漏电很大时，虽然依旧发光，但认为深紫外 LED 已经失效[20]。

深紫外 LED 的失效主要表现在封装材料的退化以及散热不佳导致的问题。热应力导致的分层与开裂，也是常见的深紫外 LED 失效现象。对失效后的深紫外 LED 进行分析, 可采用外观检查、电性能测试、X 射线透视检查、电镜扫描和金相切片分析等 [21]。深紫外 LED 的失效原因主要有封装材料的退化以及散热不良引起的失效等, 其中散热不良是深紫外 LED 的一个突出问题。有关研究指出, 当芯片上的温度超过某一值时, 电子元器件的失效率就会呈指数规律上升。深紫外 LED 的缓变退化 (或失效) 指标主要包括: 光衰、颜色漂移、电性能变化和热阻变化等 [22]。一般来说, 深紫外 LED 失效往往发生在封装工艺方面, 故提高深紫外 LED 器件可靠性的关键就在于改进芯片黏接、散热基板以及封装材料, 主要有下面这些方法: 选择散热良好的基底材料; 芯片黏结工艺要掌握好, 达到焊料黏接致密无空洞; 选择透明性能好的封装材料等。

一般情形下, 物体受热会膨胀, 遇冷则会缩小。热膨胀是指物体的体积或长度随着温度的升高而增大的现象, 是材料的主要物理性能之一, 可以用来衡量材料热稳定性能的好坏。热胀冷缩过程中, 会产生热应力。热应力是由材料的热膨胀系数不同而产生热失配所导致的。

线膨胀系数是指温度升高 1°C 后物体的相对伸长量与它在初始时的长度之比。可通过下面式子来计算:

$$\alpha_l = \frac{L_i - L_0}{L_0 (T_i - T_0)} = \frac{\Delta L}{L_0 \cdot \Delta T} \tag{6-1}$$

其中 α_l 为线膨胀系数; L_i 为膨胀后的长度; L_0 为初始长度; ΔL 为膨胀后的长度与初始长度之差; T_i 为膨胀后的温度; T_0 为初始温度; ΔT 为膨胀后的温度与初始温度之差。

体膨胀系数是指温度升高 1°C 后物体体积的变化量与它在初始时的体积之比。可以用下面的式子来说明:

$$\alpha_v = \frac{\Delta V}{V_0 \Delta T} \tag{6-2}$$

其中 α_v 为体膨胀系数; V_0 为初始体积; ΔV 为膨胀后的体积与初始体积之差; ΔT 为膨胀后的温度与初始温度之差。

在弹性模量范围内, 在理想状态下, 物体的热应力可以用下面的式子描述:

$$W_i = \frac{EU_m (T_m - T_i)}{1 - \gamma} \tag{6-3}$$

其中 W_i 为热应力; E 为弹性模量; U_m 为平均线膨胀系数; γ 为横向膨胀系数; T_m 为平均表面温度; T_i 为 i 时刻的温度。

2. 寿命

寿命是指电子元器件从处于良好的正常状态开始直到进入失效状态所经历的时间长短。深紫外 LED 的可靠性试验使用最多且最为常见的是加速寿命试验, 即在不改变失效机理的前提下加大加速应力从而加快深紫外 LED 内部结构的物理与化学的变化所进行的可靠性试验。通过加速寿命试验可以了解产品的寿命特征和失效模式。LED 寿命是指在一定的温度和电流下, LED 从完好状态到发生参数失效或者灾难性失效的过程所持续的时间 [23]。比较常见的加速寿命试验分为恒定应力加速寿命试验、步进应力加速寿命试验和序进应力加速寿命试验 [24], 如图 6-17 所示。

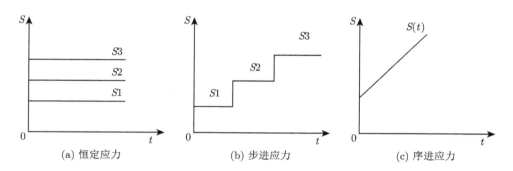

图 6-17　加速寿命试验类型示意图

1) 恒定应力加速寿命试验

恒定应力加速寿命试验是指样品在若干个不同恒定应力水平下的寿命试验。试验中样品随机分组, 每组样品在某个恒定应力下进行试验, 直至样品达到截尾时间或截尾数 (失效数)。施加的应力方式如图 6-17(a) 所示, 图中 S 表示应力。目前, 恒定应力加速寿命试验是最常用、最熟悉的一种试验方法, 其优点是试验因素单一、数据处理容易、试验结果准确性高, 缺点是试验样品数量多、试验时间长。

2) 步进应力加速寿命试验

步进应力的施加方式如图 6-17(b) 所示, 随着时间的增加, 步进应力按照一定的规律也在阶段性增长。步进应力加速寿命试验过程是先对一组样品在一个应力条件下进行加速试验, 试验中的样品数达到规定的失效数或结尾数时, 提高应力水平, 继续对这组样品进行试验, 重复上述过程, 当达到总结尾时间或总失效数时结束试验。与恒定应力加速寿命试验相比较来说, 步进应力加速寿命试验的效率明显要高很多, 且样品数量要求不多, 测试出的数据比较简单, 但是其计算较为复杂, 需要确保产品在最高应力水平下的失效机理不变才可以进行试验, 具有一定的局限性。

一般在进行恒定应力加速寿命试验时, 需要确定产品在正常失效情况下所能承受应力的极大值, 所以在试验之前首先需要做步进应力试验。

3) 序进应力加速寿命试验

序进应力的施加方式如图 6-17(c) 所示, 序进应力随时间按照一定的规律变化, 是一个随着时间连续上升的函数 (可以是指数函数, 也可以是其他上升函数), 而图中是一个线性函数。序进应力加速寿命试验过程与步进应力加速寿命试验相类似。序进应力加速寿命试验的加速效率是最高的, 但是存在要求样品数量相对较多, 精度不高, 后期试验数据的统计分析、处理比较复杂等缺点。

人们在预测 LED 的寿命上做了很多工作, 不管是用步进应力的方法还是恒定应力的方法, 一般是基于试验数据对 LED 的工作寿命进行了推算或预测。寿命可根据寿命计算公式进行预测, 也可以采用图估法和数值分析的方法来进行预测。

建立可靠的加速寿命数学分析模型对预测 LED 的寿命很有意义, 而且能找到影响深紫外 LED 寿命的因素和缺陷。下面是几种常见的加速寿命分析模型。

1) Arrhenius 模型

作为加速条件的温度能导致产品失效或者寿命缩短, Arrhenius 通过很多实验发现了温度对寿命的影响规律, 并在 1880 年推导出了温度和寿命之间的关系式, 即 Arrhenius 模型 [25]。

$$t = A\mathrm{e}^{E_{\mathrm{a}}/(kT)} \tag{6-4}$$

式中 t 为电子元器件的寿命; A 为与产品特性和试验方法等相关的正常数; E_{a} 为激活能; k 为玻尔兹曼常量; T 为温度, 单位为 K。Arrhenius 模型描述了温度应力对产品寿命的影响, 这个公式表明: 产品的寿命随着温度的上升呈现指数下降的趋势 [26]。

2) Coffin-Manson 模型

Coffin-Manson 模型主要是用来对金属材料在温度的影响下产生疲劳失效进行数值计算, 也能用来仿真在温度冲击后的裂纹扩展情形 [27,28]。

$$N = A/\Delta T^{B} \tag{6-5}$$

式中 N 为失效前的循环次数, A 和 B 为需要在试验中确定的量。

3) 光衰减模型

LED 的寿命取决于结温的高低, Yamakoshi 的功能退化理论能用于 LED 的

光衰减模型，由此得到指数函数表示式为

$$P_t = P_0 \exp\left(-\beta t\right) \tag{6-6}$$

式中退化系数 β 与结温 T_j 的关系满足 Arrhenius 方程：

$$\beta\left(T_j\right) = \beta_0 \exp\left(-E_a/(kT_j)\right) \tag{6-7}$$

上述两个式子中 P_0 为初始光通量；P_t 为加温加电工作 $t(h)$ 的光通量；t 为某一温度下的工作时间；$\beta\left(T_j\right)$ 为某一温度下的退化系数；β_0 为常数；E_a 为器件激活能；k 为玻尔兹曼常量；T_j 为结温 (绝对温度)。

此模型是依据 Arrhenius 方程得出的，同时这个方程指出，器件的结温每增加 15℃，其工作期望寿命将会减少一半 [29]。

4) 温湿度 Peck 模型

湿度对电子产品的寿命有所影响，这是后来才发现的，人们试着在 Arrhenius 温度模型的基础上导入了湿度的影响因素。针对塑封电子产品而言，使用比较多而且已被人们普遍接受的是关于温湿度下的寿命模型——Peck 模型 [30]。

$$t = C \cdot e^{E_a/(kT)} H^{-\beta} \tag{6-8}$$

式中 H 为相对湿度，C 和 β 为需要拟合的参数。

对于厂商而言，可以通过深紫外 LED 寿命的测试筛选出不合格的产品。对于顾客而言，寿命是挑选不同品牌 LED 产品时参考的依据，更是放心选购的保证。综上所述，深紫外 LED 寿命的测试在生活、工业等领域都具有很重要的现实意义，快速检测更是未来各国学者研究的热点和主攻的难点。

参 考 文 献

[1] 李华平, 柴广跃, 彭文达, 等. 大功率 LED 的封装及其散热基板研究. 半导体光电, 2007, 28(1): 47.

[2] 张鹏, 陈亿裕, 刘建. 热膨胀系数不匹配导致的塑封器件失效. 电子与封装, 2007, 7(4): 37-39.

[3] Yeh W, Sun C. Light emitting diode carrier: U.S. Patent 20, 120, 292, 655. 2012-11-22.

[4] Lafont U, Zeijl H V, Zwaag S V D. Increasing the reliability of solid state lighting systems via self-healing approaches: a review. Microelectronics Reliability, 2012, 52: 71-89.

[5] Zweben C. Metal-matrix composites for electronic packaging. JOM, 1992, 44(7): 15-23.

[6] Licari J J, Enlow L R. Hybrid Microcircuit Technology Handbook: Materials, Processes, Design, Testing and Production. New York: William Andrew Inc, 2008.

[7] Tummala R R. Ceramic and glass-ceramic packaging in the 1990s. Journal of the American Ceramic Society, 1991, 74(5): 895-908.

[8] 俞晓东. 大功率 LED 灯用敷铜陶瓷基板的制备及性能研究. 南京: 南京航空航天大学, 2011.

[9] 卡里 · 霍华德 B, 黑尔策 · 斯科特 C. 现代焊接技术. 陈茂爱, 王新洪, 陈俊华, 等译. 北京: 化学工业出版社, 2010: 1-26.

[10] 王要利, 张柯柯, 乔新贺, 等. RE 对 $Sn_{2.5}Ag_{0.7}Cu/Cu$ 焊点性能的影响. 中国有色金属学报, 2012, 22(5): 1407-1412.

[11] Lu B, Li H, Wang J H, et al. Effect of adding Ce on interfacial reactions between Sn-3.0Ag-0.5 Cu solder and Cu substrate.Journal of Central South University of Technology, 2008, 15(3): 313-317.

[12] Qian K, Zheng D, Luo Y. Thermal dispersion of GaN based power LEDs. Semiconductor Opto-Electronics, 2006, 27(3): 236-239.

[13] 彭晖, 朱立秋. LED 芯片技术发展趋势//第三届国际新光源 & 新能源论坛论文集, 2009: 139-150.

[14] Liu S, Yang J H, Gan Z Y, et al. Structural optimization of a microjet based cooling system for high power LEDs. International Journal of Thermal Sciences, 2008, 47(8): 1086-1095.

[15] 李金龙, 谈侃侃, 张志红, 等. AuSn 合金在电子封装中的应用及研究进展. 微电子学, 2012, 42(4): 539-546.

[16] 王涛. 金锡焊料低温焊料焊工艺控制. 集成电路通讯, 2005, 23(3): 8-11.

[17] 武占成, 刘尚合. 静电放电及危害防护. 北京: 北京邮电大学出版社, 2004: 176-182.

[18] Ker M, Peng J, Jiang H. ESD test methods on integrated circuits: an overview. Proceedings of the 8th IEEE International Conference on Electronics, Circuits and Systems (ICECS 2001), St Julians, Malta, Sep 2-5, 2001: 2001.

[19] 刘鹿生. IGBT 及其子器件的几种失效模式. 电力电子, 2006, 4(5): 45-49.

[20] 刘博伟. 产品可靠性综述. 微电机 (伺服技术), 2005, 38(6): 87-88.

[21] 董懿. 照明 LED 模块使用寿命快速检测方法的研究. 杭州: 中国计量学院, 2012: 13-14.

[22] 刘合财, 吴映程, 赵明. 加速寿命试验与加速退化试验的比较分析. 贵阳学院学报 (自然科学版), 2008, 3(4): 11-15.

[23] 魏娇. LED 照明产品寿命快速评价方法的研究. 西安: 西北大学, 2014.

[24] 赵阿玲, 贺卫利, 陈建新. 大功率白光 LED 加速寿命试验研究. 郑州轻工业学院学报 (自然科学版), 2010, 25(1): 65-68.

[25] Laidler K J. The development of the Arrhenius equation. Journal of Chemical Education, 1984, 61(6): 494.

[26] Blischke W R, Murthy D N P. Reliability: Modeling, Prediction, and Optimization. New York: John Wiley & Sons, 2011.

[27] Cui H. Accelerated temperature cycle test and Coffin-Manson model for electronic packaging. Proceedings of the 51st Annual Reliability and Maintainability Symposium (RAM), Alexandria, VA, Jan 24-27, 2005: 2005.

[28] 李树桢, 李晓阳, 姜同敏, 等. 基于温度循环的 ALT 技术在电子产品中的应用. 装备环境工程, 2009, 6(6): 73-77.

[29] Morita D, Sano M, Yamamoto M, et al. High output power 365nm ultraviolet light emitting diode of GaN-free structure. Japanese Journal of Applied Physics, 2002, 41(12B): L1434.

[30] 何况, 秦会斌, 杨已青. 发光二极管寿命预测技术. 杭州电子科技大学学报, 2011, (1): 20-23.

第 7 章　氮化物深紫外受激发射材料与器件

7.1　氮化物受激发射材料与器件的发展

激光器的诞生被认为是 20 世纪人类最伟大的发明之一，1960 年世界上第一台激光器的问世，标志着人类在科技研究上迈出了重要一步，50 多年来，人类对激光的不断研究也持续改变着人们的生产生活，目前，激光在工业、医疗、商业、科研、信息和军事六个领域都有着非常重要的应用。1962 年，世界上第一台半导体激光器发明问世，其波长的可扩展性、可形成高功率激光阵列，以及体积小、重量轻、效率高、价格低廉等优点使其应用范围越来越广，例如，激光唱机、光存储器、条形码解读器、激光打印机、光纤电信以及激光光谱学等，极大地推动了激光的发展，使人们的生活更加丰富多彩。

7.1.1　受激发射与激光原理

激光 (light amplification by stimulated emission of radiation，laser)，它表示"受激辐射的光放大"，是利用受激辐射原理使光在某些受激发的物质中放大或振荡发射 (图 7-1)，处于高能级 E_2 上的原子，在频率为 ν 的辐射场作用下，跃迁至低能级 E_1 并辐射一个能量为 $h\nu$，频率、相位与激励光子相同的相干光子。受激辐射的相干光子碰到其他因外加能量而跃上高能级的电子时，又会再产生更多同样的光子，最后光的强度被逐渐放大形成激光出射。因此，激光器一般由泵浦源、增益介质、谐振腔三个基本要素构成，其中泵浦源把能量供给低能级的电子，

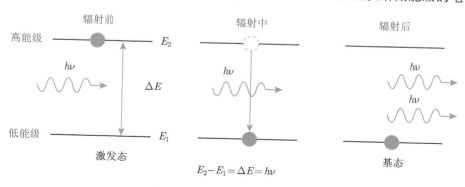

图 7-1　受激辐射的发光过程

激发使其成为高能级电子；增益介质为被激发、释放光子的电子所在的物质；谐振腔将光场限制在有增益介质的区域内，目的是使被激发的光多次经过增益介质以得到足够的放大。

以半导体激光器为例，其以直接带隙的半导体材料构成的异质结为工作物质，例如，已制成激光器的氮化镓 (GaN)、砷化镓 (GaAs)、砷化铟 (InAs)、锑化铟 (InSb)、硫化镉 (CdS)、碲化镉 (CdTe) 等材料。图 7-2 为常见的边发射半导体激光器结构，往往采用 MOCVD 或 MBE 的方式生长该异质结构，该结构以有源区为中心，一般在量子阱两边各有 n 型和 p 型的包覆层 (cladding layer) 和波导层 (waveguide layer)，其中有源区的折射率最高，波导层次之，包覆层最低，以起到光波模式限制和载流子限制的作用。器件结构外延后，将进行脊形条的制备以在狭窄脊形中形成高电流密度注入，并通过刻蚀或解理的形式形成谐振腔，典型的谐振器为法布里–珀罗 (F-P) 谐振器，相当于两块平面镜。随着外加电流的注入，电子和空穴分别从 n 电极和 p 电极注入，它们经扩散和漂移进入多量子阱有源区，随后被量子阱捕获。被量子阱捕获的载流子占据量子阱各分立能级，同时电子和空穴在量子阱中发生辐射复合。由于大电流注入时在量子阱中注入的大量载流子使得激光器获得较强的粒子数反转，受激光子在谐振腔来回反射的过程中增益大于损耗，最终满足了受激发射条件，在器件腔面发射出稳定的激光。另外，人们往往会在腔面两端分别镀高反膜和低反膜以降低谐振腔的损耗，进而降低激射阈值。

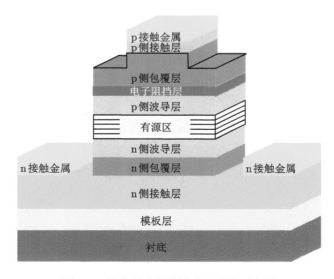

图 7-2　边发射半导体激光器结构示意图

7.1.2 氮化物激光器发展与应用

基于 Ⅲ 族氮化物材料的半导体蓝光激光器由日亚公司 (Nichia Corporation) 的中村修二 (Shuji Nakamura) 在 1996 年首次实现[1]，其有源区采用了 InGaN/InGaN 多量子阱结构，实现了波长为 415.6nm 的激射。另外，通过调节 In 在 GaN 材料中的含量，InGaN 合金的带隙可在 0.7~3.4eV 范围内变化[2]。因此，InGaN/GaN 量子阱激光器能覆盖整个可见光波段，尤其可能很好地实现在蓝绿光到紫外波段的激光输出。这弥补了 GaAs 基和 InP 基等第二代半导体激光器短波输出的空白。此后，GaN 基激光器在材料生长、结构设计以及芯片工艺上不断突破，全球掀起了研究的热潮，并推动着 GaN 基激光器由研究走向产业化，被广泛应用于激光显示、光盘存储、激光打印等领域[3]。如图 7-3 所示，随着社会的发展和需求的不断增加，人们需要更短波长的紫外激光器 (UV LD) 以应用于诸如超高密度光存储系统、高分辨率激光打印机等前沿技术中。另外，GaN 基激光器还可应用在杀菌、激光打印以及海底激光通信等方面。

图 7-3 AlGaN 基紫外激光器的潜在应用

相比于 InGaN 基蓝光激光器，短波长的 AlGaN 基 F-P 腔紫外激光器的研究难度更大。随着激光器的波长向短波长方向推进，AlGaN 基紫外激光器的多量子阱中通常不再掺入 In，反而需掺入 Al，高质量的高 Al 组分 AlGaN 材料很难生长，因此 AlGaN 量子阱的内量子效率很低。此外，Mg 受主在 AlGaN 中的电离能随着 Al 组分的升高而增大[4,5]，高 Al 组分 AlGaN 材料 p 型掺杂很困难，导致极差的空穴注入。AlGaN 基紫外激光器的研究一直受限于高 Al 组分 AlGaN 材料的晶体质量和 p 型高效掺杂等问题，目前还处于实验室研究阶段。

如图 7-4 所示，市场上成熟的紫外激光器大多是准分子激光器，例如，医学领域使用的波长为 193nm 的氟化氩 (ArF)、248nm 的氟化氪 (KrF) 准分子激光器，它们是以准分子为工作物质的气体激光器，通过放电来实现激励。另外，也有采用晶体材料非线性效应变频方法产生激光的紫外激光器，如 Nd:YAG(掺一定量钕离子的钇铝石榴石) 固体激光器是通过 1064nm 红外光一次倍频得到部分 532nm 绿光，剩余 1064nm 红外光与 532nm 绿光和频得到 355nm 三倍频紫外激光。与前两者相比，由于 AlGaN 基 Ⅲ 族氮化物具有连续可变的直接能隙，其能够直接通过光泵浦或电泵浦的方式得到紫外波段的激光，并具有体积小、重量轻、无毒环保、波长灵活可调、易调制和成本低等特点，在高密度存储、紫外精密光刻、激光手术、非视距保密通信和生物传感等方面具有很大的潜在应用价值。

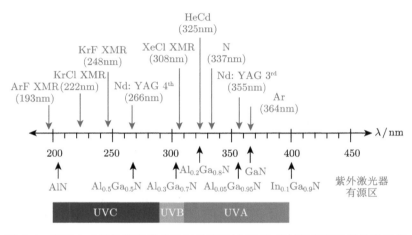

图 7-4　市场上成熟的紫外激光器以及可通过 Ⅲ-N 族材料实现的紫外激光器

近些年来，随着人们将更多的目光投向高质量的 AlGaN 基深紫外发光二极管的材料外延、芯片工艺等研究中，深紫外发光二极管 (200~320nm) 在走向成熟的同时已逐渐实现商品化，而深紫外激光器的研究仍然停留在光泵浦的水平，目前电泵浦激射的最短波长只能达到 2008 年日本滨松光子学株式会社 (Hamamatsu Photonics K.K.) 报道的 336nm[6]。针对 AlGaN 基紫外激光器面临的诸多问题，国内外研究小组以更短波长、更低阈值为目标，对光泵浦、电泵浦的 AlGaN 基紫外激光器展开了大量研究。

7.2　同质衬底氮化物深紫外受激发射研究

AlN 同质衬底具有穿透位错密度较低、导热性好、易于解理等优点，而且与高 Al 组分 AlGaN 材料的晶格失配和热失配都较小，被认为是最适合深紫外光电子器件的衬底材料。AlN 的理论熔点高达 2750℃，离解压为 20MPa [7]，因此难以采用熔体直拉法或温度梯度凝固法生长单晶。当前 AlN 同质衬底的制备方法主要是 PVT 法[8] 和 HVPE 技术[9], 目前国际上已经有不同研究组在 AlN 同质衬底上实现了高性能的深紫外 LED[10] 和 LD[11], 展示了 AlN 同质衬底在深紫外光电器件应用中的极大潜力。

7.2.1 深紫外光泵浦受激发射系统的设计

光泵浦的系统通常包含两大部分, 分别是激励光源和探测器。激励光源为样品提供泵浦能量, 往往采用高功率密度的短波长激光, 例如, 波长为 193nm 的 ArF 准分子激光器或 248nm 的 KrF 准分子激光器, 高能量的短波长激光注入 AlGaN 基 MQW 结构, 可以源源不断地将电子从价带激发到导带, 同时在价带中形成大量空穴, 这样就形成了粒子束的反转, 此时处于非平衡状态的电子和空穴将在有源区发生辐射复合, 并将能量以光子的形式发射出来, 在满足一定激射条件时形成激光出射。此时我们将光谱仪或探测器放置在谐振腔的一端收集这部分发光, 记录和分析边发射光的峰位、强度以及半高全宽随泵浦光功率密度的变化情况, 从而判断谐振腔内从自发辐射到受激辐射演变的过程。

图 7-5 所示为深紫外光泵浦系统示意图。该系统中的泵浦激励光源为波长

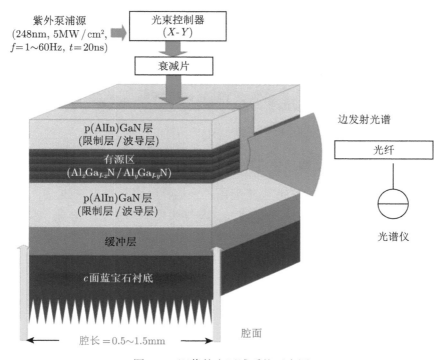

图 7-5 深紫外光泵浦系统示意图

248nm 的 KrF 准分子激光器，其产生的是脉冲激光，脉宽为 20ns，激光重复频率可在 1~50Hz 内调节；激光光斑的形状和尺寸通过光束控制器中的游标卡尺来调整和实现；光源提供的最大能量为 800mJ/cm^2，输出激光的功率通过可变角度的滤光片调节，输出光最小比例为 2%；采用美国 Ocean Optics 公司的 Maya 2000Pro 光纤光谱仪收集边发射的紫外光，光谱仪的响应范围为 200~420nm，分辨率为 0.12nm，光纤的内径为 900μm，通过 SMA905 的接口和样品台连接。

图 7-6 是基于准分子激光器搭建的用于泵浦 AlGaN 基深紫外激光器的测试系统实物图。泵浦源垂直入射到放置在样品台上的激光条表面，将光纤一端固定在样品台上用于收集边发射的光并将收集的光传导到光谱仪中以进行记录和分析。

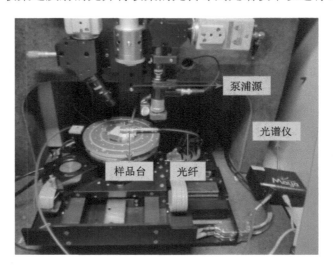

图 7-6　用于光泵浦实验的测试系统实物图

7.2.2　AlN 单晶衬底上同质外延研究

早期由于 AlN 衬底技术和价格限制，人们往往采用蓝宝石或 SiC 等异质衬底，然而它们与 AlGaN 材料间有较大的晶格失配和热失配，导致 AlGaN 材料和 AlGaN 多量子阱中穿透位错密度较大，因此 AlGaN 基紫外激光器的阈值功率密度很高，甚至很难实现激射。随着 AlN 单晶衬底制备技术的突破，低缺陷密度 AlN 同质衬底的获取成为可能，目前，世界上越来越多的研究小组在 AlN 衬底上外延紫外激光器的结构，通过自然解理获得高质量的腔面，从而获得低阈值光功率密度的紫外激光器。

图 7-7(a) 为美国 Hexa Tech 公司通过 PVT 法制备的直径为 1in 的 (0001) 面 Al 极性 AlN 单晶，其表面无肉眼可见的缺陷坑。图 7-7(b) 为 AlN 单晶衬底

的 (0002) 面和 (10$\bar{1}$2) 面 XRD 摇摆曲线，其 (0002) 面和 (10$\bar{1}$2) 面的 FWHM 分别为 29″ 和 27″，根据文献 [12] 的计算方法，位错密度在 $10^6 \mathrm{cm}^{-2}$，说明 AlN 单晶衬底具有高质量的结晶状态。

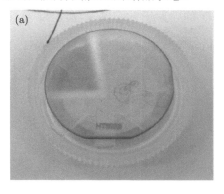
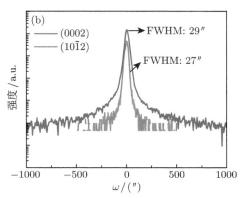

图 7-7　AlN 单晶衬底的外观形貌 (a) 以及 (0002) 面和 (10$\bar{1}$2) 面 XRD 摇摆曲线 (b)

在 AlN 材料 MOCVD 同质外延生长之前，需要对 AlN 单晶衬底进行预处理，包括采用丙酮、甲醇对表面油脂进行超声去除，H_2SO_4:H_3PO_4 混合溶液的湿法腐蚀，以及 MOCVD 原位 NH_3 退火。在此基础上，利用 MOCVD 设备，依次外延高温 AlN 层、AlN/AlGaN 超晶格过渡层和厚度为 $1\mu m$ 的 n 型 $Al_{0.55}Ga_{0.45}N$ 外延层。XRD 测试结果表明，高温 AlN 外延材料 (0002) 面和 (10$\bar{1}$2) 面的 FWHM 分别为 48″ 和 20″，AlGaN 外延层 (0002) 面和 (10$\bar{1}$2) 面的 FWHM 分别为 219″ 和 122″，如图 7-8(a)、(b) 所示。

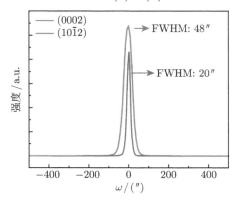
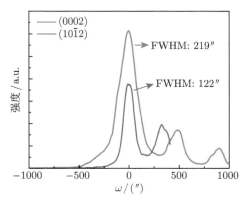

图 7-8　AlN 同质外延材料 (a) 和单晶衬底 (b) 上 nAlGaN 外延层的 XRD 摇摆曲线

表 7-1 为 AlN 单晶衬底和蓝宝石衬底上外延的 AlN 和 $Al_{0.55}Ga_{0.45}N$ 材料的 XRD FWHM 对比。相比于在蓝宝石衬底上异质外延的 AlN 和 AlGaN 材料，

AlN 单晶衬底上外延的 AlN 和 AlGaN 中的缺陷密度均大幅度降低，体现了 AlN 单晶衬底在获取高质量 AlN 和 AlGaN 材料方面的巨大优势。这可为在其上生长的 AlGaN 基 MQW 提供良好的外延材料基础，能够大幅度降低 MQW 有源区内的穿透位错密度，进而提高深紫外 LED 和 LD 的内量子效率以及器件性能。

表 7-1 AlN 单晶衬底和蓝宝石衬底上外延的 AlN 和 $Al_{0.55}Ga_{0.45}N$ 材料的 XRD FWHM 对比

材料	XRD FWHM/($''$)	
	(0002)	($10\bar{1}2$)
AlN(AlN 单晶衬底)	48	20
1μm AlN(蓝宝石衬底)	60	550
$Al_{0.55}Ga_{0.45}N$(AlN 单晶衬底)	219	122
1.8μm $Al_{0.55}Ga_{0.45}N$(蓝宝石衬底)	250	650

7.2.3 同质衬底上深紫外光泵浦受激发射

深紫外光泵浦受激发射的器件结构较为简单，不需要电流注入层，器件有源区一般采用 $Al_xGa_{1-x}N/Al_yGa_{1-y}N$ 多量子阱结构，谐振腔一般通过刻蚀或解理的方法制作，一般采用高功率密度、短波长的深紫外激光光源来泵浦多量子阱结构来实现激射。美国帕罗奥多研究中心 (Palo Alto Research Center Inc，PARC) 较早将 AlN 同质衬底引入光泵浦紫外激光器的研究中，他们于 2007 年报道了在 PVT 法生长的 AlN 单晶衬底上实现了波长范围在 308~355nm 的紫外光泵浦激射 [13]。2011 年，他们在高质量的 AlN 衬底上外延结构，将激射波长缩短至 300nm 以下 (波长范围在 267~291nm)，波长为 267nm 时，阈值功率密度为 126kW/cm² [14]。与蓝宝石衬底相比，采用 AlN 衬底的阈值光功率密度普遍要低，低阈值的光泵浦激射彰显了 AlN 衬底在深紫外激光器上的优势。

近些年来，佐治亚理工学院的 Russell D. Dupuis 等也在 AlN 同质外延的光泵浦紫外激光器的研究上做了很多工作。他们的工作特点在于在高质量 AlN 衬底上优化多量子阱结构和 AlN 包覆层厚度，并在腔面镀以高反膜实现有效光限制，从而实现深紫外光泵浦。2013 年，他们报道了 243.5nm 的深紫外激射，是在 AlN 同质衬底上外延了 10 对 $Al_{0.6}Ga_{0.4}N/Al_{0.75}Ga_{0.25}N$ 多量子阱，并采用 AlN 包覆层以起到表面钝化和光学限制的作用，通常，该包覆层不能太厚以免对泵浦源的能量有过多的吸收，同样也不能太薄以免降低该结构的光学限制能力。通过 AFM 显示出该结构为台阶流生长模式，RMS 在 10μm×10μm 和 5μm×5μm 下分别仅为 0.37nm 和 0.32nm，再次彰显了 AlN 同质衬底的外延优势。外延生长结束后将衬底减薄至 80μm，并沿着 m 面进行自然解理以形成 F-P 腔，该腔腔长为 1.23mm，在 193nm 的 ArF 准分子激光器的激励下形成 243.5nm 的深紫外激射，光谱线宽为 2.1nm，阈值功率为 427kW/cm^2[15]。

　　基于 F-P 腔的激光器对谐振腔有着很高的要求，要想实现激射，需要两个光滑、垂直且互相平行的腔面为增益提供正反馈，同时，腔面的反射率大小制约着阈值功率的高低。常规的半导体激光器往往在腔面上制作高反膜和增透膜，一方面是为了保护腔面，防止外来杂质污染腔面或使腔面氧化；另一方面则是能够降低激射阈值，减少热损耗，改善激光器的光电性能，提高大功率半导体激光器的工作效率。分布式布拉格反射镜 (distributed Bragg reflectors，DBR) 作为一种能够调控折射率大小的结构，在腔面镀膜中得到了广泛的应用，其由两种不同折射率的光学材料以 ABAB 的方式交替周期排列组成，它利用在两种材料的每个界面都发生菲涅耳反射和光程差，使所有反射光发生相消干涉，从而得到很强的反射。最常用的是四分之一反射镜，即每层材料的光学厚度为中心反射波长的 1/4。不同的应用场合，DBR 需要不同的光学材料和制备技术，例如，在固体激光器中往往采用电子束蒸镀或离子束溅射的电解质反射镜，在表面发射激光器中采用的是半导体材料的布拉格反射镜，另外还有光纤激光器中的长周期光纤光栅等。

　　由于氧化物薄膜的硬度、附着力和化学稳定性都非常高，氮化物深紫外受激发射器件一般采用氧化物介质膜作为高反膜体系。常用的高折射率材料分别为 TiO$_2$、ZrO$_2$、HfO$_2$、Ta$_2$O$_5$，与低折射率材料 SiO$_2$ 构成 DBR 膜系。如图 7-9(a)、(b) 分别为常见的光学薄膜材料的折射率和消光系数，以及利用 TFcal 软件模拟的不同对数的 ZrO$_2$/SiO$_2$ 组合 DBR 薄膜反射率曲线。离子束溅射镀膜技术作为一种制备优质氧化物薄膜的重要方法，具有对薄膜的精确监控功能，易获得高质量薄膜，是提高薄膜牢固性、稳定性及其他光学特性的一种极为有效的技术手段。

　　2013 年，Russell D. Dupuis 等将 HfO$_2$/SiO$_2$ DBR 应用到深紫外光泵浦激射结构中，在腔面上蒸镀以 6 对 HfO$_2$($n\sim2.2$, $k\sim3\times10^{-3}$cm^{-1}@$\lambda = 250$nm) 和 SiO$_2$ ($n\sim1.4$, $k\sim2.5\times10^{-3}$cm^{-1}@$\lambda = 250$nm) 形成的 DBR，实现了以 TE 模为主导的 249nm 的深紫外光泵浦激射，以及以 TE 模为主导的 249nm 的深紫外光泵浦激射，对比在腔面镀 DBR 前后的阈值变化发现，镀 DBR 后阈值光功率密度由 250kW/cm^2 降低至 180kW/cm^2 [16]。2014 年，该研究小组在 243.5nm 光泵浦激射的基础上，调节量子垒的厚度，室温下实现了 245.3nm 的深紫外激射，并将阈值光功率密度降低 30%，为 297kW/cm^2[17]。为了进一步降低激光器的阈值光功率密度，该研究小组采取在腔面镀以 6 对 SiO$_2$/HfO$_2$ 的 DBR 的方法，将阈值功率密度再次降低了约 20%, 为 238kW/cm$^{2[18]}$。

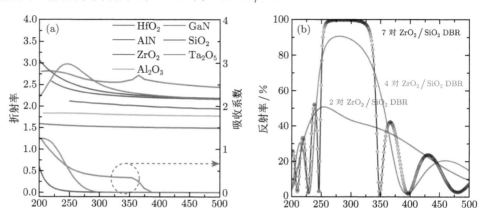

图 7-9　(a) 常用氧化物和 GaN 材料的折射率和消光系数; (b) 不同对数的 ZrO$_2$/SiO$_2$ 组合 DBR 薄膜反射率曲线

　　同样采用 AlN 作为衬底,Hexa Tech 公司和南卡罗来纳州立大学 (North Carolina State University) 合作, 在 HexaTech 公司提供的高质量的 AlN 衬底基础上外延紫外激光器结构, 在激射波长为 280nm 时, 光泵浦的阈值密度为 85kW/cm^2 [19]。另外, 美国传感电子公司 (Sensor Electronic Technology, Inc) 和伦斯勒理工学院 (Rensselaer Polytechnic Institute) 合作在 AlN 单晶衬底外延紫外激光器结构, 室温下得到 238nm 的 TE 模深紫外激射和 239nm 的 TM 模深紫外激射, 阈值光功率密度分别为 158kW/cm^2 和 102kW/cm^2 [11]。对于 GaN、AlN 这样的纤锌矿结构来说, 它们的空间对称性比较低, 因此沿着和垂直于 c 轴方向是各向异性的, 这种各向异性会导致价带的晶体场劈裂, 形成重空穴带 (HH)、轻空穴带 (LH) 和晶体场劈裂空穴带 (CH), 然而对于 GaN、AlN, 其晶体场劈裂的能量不同, 导致三个空穴带的位置高低不同, 跃迁概率也不同, 根据跃迁矩阵元的计算, GaN 发射的光是 TE 模, 而 AlN 发射的光是 TM 模, 显然, 对于 Al$_x$Ga$_{1-x}$N 材料, 存在一个临界 Al 浓度, 随 Al 浓度增大, 发射波长将由 TE 模转化为 TM 模。显然发射波长的偏振程度与 Al 组分相关, 发射光的偏振度 ρ 定义为

$$\rho = \frac{I_{TE} - I_{TM}}{I_{TE} + I_{TM}} \tag{7-1}$$

其中 I_{TE} 和 I_{TM} 分别是发射的 TE 和 TM 偏振光的积分强度。在一个临界 Al 浓度时, AlGaN 层的发射波长由 TE 模主导转化为 TM 模主导, 偏振度也由正值转化为负值。

迄今为止的报道中，AlGaN 基深紫外波段的光泵浦最低阈值为 $41kW/cm^2$，对应的激射波长为 266nm[20]，如图 7-10(a) 所示。泵浦阈值功率与 InGaN 基的蓝紫光激光器的阈值功率相当，从 7-10(b) 的 PL 光谱来看，其 IQE 接近 90%，展现了较好的输出特性。

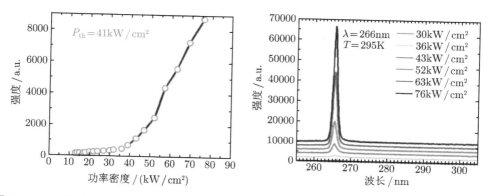

图 7-10 (a) 波长 266nm 的 AlGaN 基光泵浦激光器输出功率与泵浦功率密度关系；(b) 室温下不同激发能量下的激射光谱

7.3 异质衬底氮化物深紫外受激发射研究

尽管人们在 AlN 同质衬底上已经实现了深紫外的光泵浦激射，然而 AlN 衬底的昂贵价格和困难技术还是限制了其大规模推广，因此人们往往采用蓝宝石或 SiC 等异质衬底来进行深紫外受激发射的研究。尤其是蓝宝石衬底，其价格低廉、适用于大规模制备的特点，使其更具有实用性和推广性。然而异质外延的大晶格失配和热失配将使 AlGaN 材料中穿透位错密度较大，严重影响晶体质量。不仅如此，由于异质外延的晶格失配问题，很难通过自然解理的方法获得高质量的激光器腔面，因此人们常常采用电感耦合等离子体 (ICP) 刻蚀或聚焦离子束 (FIB) 等工艺获得。针对这些问题，各个研究小组开展了一系列的研究工作。

7.3.1 激光器谐振腔的工艺制作

激光器的谐振腔为腔内的光波模式提供增益的正反馈，腔面往往由在光场分布区域的垂直、光滑且相互平行的两个解理面组成，对于同质衬底上外延的激光器样品，通常采用自然解理的方式形成激光器谐振腔的腔面，而对于异质外延晶体的解理，则需要外延层和衬底都有垂直于样品表面的解理面，这两个解理面必须在同一平面，并且具有很高的平滑度和垂直度，以保证腔面上的损耗尽可能低。

1. 解理面的选择

用解理技术制作腔面，解理面的选择取决于半导体材料的晶体结构。晶体的解理面往往是低指数晶面，决定晶体解理性质的因素主要有三个：面间距，键密度和库仑作用力。非极性晶体主要由前两个因素决定，而对于极性晶体，还必须额外考虑库仑作用力。

常规 MOCVD 外延在 c 面蓝宝石衬底上进行，如图 7-11 (a) 为 c 面蓝宝石衬底上外延 (0001) 面 AlN(GaN) 的晶格点阵排列示意图，a (11$\bar{2}$0) 面和 m (10$\bar{1}$0) 面与 c 面垂直，且 a 面与 m 面的夹角为 30°，c 面蓝宝石衬底上生长 GaN，GaN 的六方晶胞相对于蓝宝石的六方晶胞有一个 30° 的旋转角[21]，六方 GaN 和蓝宝石都是极性晶体结构，c 面是极性面，c 轴方向上极性最强。由于静电库仑力的作用，这些极性面是不容易解理的。蓝宝石 a 面、m 面和 r 面的键密度差不多，但面间距差别明显，决定蓝宝石解理性质的因素主要是面间距，因此蓝宝石的第一解理面是 r 面，下面依次是 a 面和 m 面。对于六方 GaN 晶体而言，其 a (11$\bar{2}$0) 面和 m (10$\bar{1}$0) 面与 c 轴平行，这些晶面为非极性面，两个相邻原子面的静电作用要弱很多，解理比较容易。

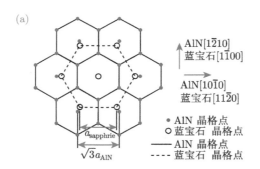

图 7-11　(a) c 面蓝宝石衬底上外延 (0001) 面 AlN(GaN) 的晶格点阵排列示意图；(b) 沿 AlGaN 外延层 m 面解理获得的截面的 SEM 照片

常规的 c 面上激光器的外延结构设计要求解理面必须垂直于表面，蓝宝石和 GaN 都有垂直于表面的自然解理面：a (11$\bar{2}$0) 面和 m (10$\bar{1}$0) 面，且沿蓝宝石 a 面解理比沿 m 面解理更容易获得光滑的表面。但是，六方 GaN 的基面相对于蓝宝石有一个 30° 的旋转角，导致蓝宝石的 a 面与 GaN/AlN 的 m 面平行，蓝宝石的 m 面与 GaN/AlN 的 a 面平行，因此一般选取 GaN/AlN 的 m 面作为腔面。

2. 腔面的解理

传统的解理方法是手动划裂解理，对于在蓝宝石衬底上的外延片，一般先将蓝宝石衬底磨抛减薄，在清洗后，用金刚刀在衬底背面沿腔面方向的左右两点上各划一个沟槽，然后稍用力按压晶片，晶片就会沿对应的方向裂开，形成腔面。然而该方法对实际操作要求较高，并且在解理后腔面会存在大量的台阶和条纹。

激光划片由于具有切割精度高、划片速度快、划槽窄等优点，被很好地应用于腔面的解理，其具体的工艺步骤如图 7-12 所示，利用高能激光束在蓝宝石衬底的背面沿着蓝宝石的 a 面 (即 AlN/GaN 的 m 面) 划出解理导向槽。通过调节光斑聚焦的位置和高度，控制划槽的深度和调节两个解理导向槽之间的距离，即可获得不同腔长的激光器谐振腔，接着在有解理导向槽的区域施加较大的外力将外延片解理开，即得到了激光器的谐振腔腔面。

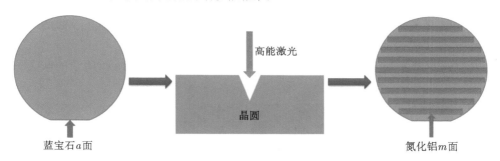

图 7-12　激光辅助解理制作谐振腔工艺流程图

GaN 基的激光器的解理腔面由于异质衬底外延生长条件和材料内部应力的原因而良率较低，目前腔面的制作方式还有刻蚀 [22,23]。干法刻蚀是将样品暴露在气态产生的等离子体，等离子体通过掩膜中开出的窗口，与样品发生物理或化学反应，从而去除暴露的表面材料。刻蚀制作腔面是通过 ICP、FIB、RIE 等方法刻蚀出垂直结构的台面，用其平整的侧面作为谐振腔的腔面。值得一提的是，Nakamura 等制作的第一只 GaN 基紫光激光器就是通过刻蚀的方法制作谐振腔的腔面 [24]。

3. 两步法腔面制作

干法刻蚀中等离子体对腔面的轰击作用很强，从而刻蚀得到的腔面的粗糙度很大。腔面的粗糙度对激光器性能影响很大，粗糙的腔面会使反射率降低，从而增大阈值电流密度，甚至无法激射。而采用化学腐蚀的方法对腔面进行特定晶面的选择性修饰，降低其表面的粗糙度，可以使得腔面趋近于角度垂直和表面平

滑 [25]。一般的酸性或碱性的溶液对于生长得到的 c 面的 GaN 材料没有腐蚀作用，而碱性溶液在加热的情形下能够腐蚀 m 面的 GaN 材料，从而使得其表面成为完整的晶面，逐渐变得平整光滑。

　　基于此，来自中国科学院半导体照明研发中心的 UV 研究组提出了两步法的腔面制作工艺 [26]，他们采用金属 Ni 作为掩膜，进行 ICP 刻蚀的优化实验，在一定的刻蚀条件下得到了垂直度达 85° 且刻蚀区域较为平滑的腔面。接着在 ICP 刻蚀的基础上，结合碱性溶液对于不同晶面的 GaN 材料的腐蚀速率的差别，采用稀释的显影液 AZ400K 溶液进行腔面的腐蚀修补。AZ400K 显影液中主要起作用的是 KOH，基于 KOH 溶液的腐蚀机理在于 OH⁻ 对 Al(Ga)N 材料 m 面的腐蚀速率比其他晶面的腐蚀速率小，在腐蚀过程中总是倾向于留下 m 面而其他晶面在腐蚀中逐渐消失 [27,28]，通过腐蚀时间的控制可以将腔面修补得更加垂直和平滑。最终通过 KOH 溶液的晶面选择性腐蚀形成统一的 m 晶面，从而消除了干法腐蚀工艺后离子轰击作用对腔面造成的损伤，修复了等离子体对腔面造成的损伤，提高了腔面的反射率，形成了垂直平滑的腔面。

　　通过 "两步法" 得到的腔面如图 7-13(a2) 和 (b2) 所示，(a2) 所示的截面图显

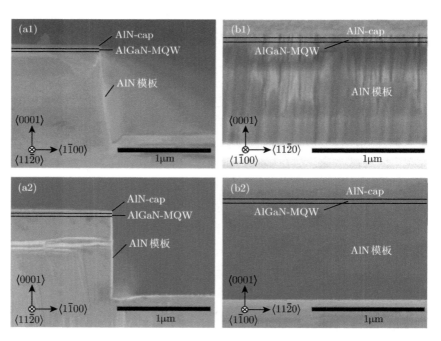

图 7-13　通过 "两步法" 得到的垂直平滑的腔面：(a1) 俯瞰图；(b1) 截面图；(a2) 平视图；
(b2) 通过解理得到的腔面

示腔面拥有近似 90° 的垂直度, 从 (b2) 所示的正面图可以看出湿法腐蚀后腔面由于 ICP 刻蚀留下的条纹状的损伤 (图 7-13(b1)) 得到有效的修复, 表面拥有很高的平滑度。两步法刻蚀腔面的优势在于不仅能够利用干法刻蚀和湿法腐蚀相结合的工艺获得垂直度高的激光器腔面, 另外制备腔面时不需要将衬底减薄, 避免异质外延在解理中由于衬底和外延层的解理面不同造成解理腔面的不平整问题, 简化了工艺。

7.3.2 基于高品质谐振腔的深紫外受激发射

针对蓝宝石衬底上异质外延的 AlGaN 材料深紫外激光器难以通过解理的方式获得垂直光滑、具有较高反射率的激光器腔面这一难题, 来自中国科学院半导体照明研发中心的 UV 研究组利用干法刻蚀和湿法腐蚀相结合的工艺, 通过精确控制湿法腐蚀工艺获得了垂直度高的激光器腔面并修复了干法刻蚀中离子轰击造成的腔面损伤, 大大提高了腔面的反射率, 从而能够降低激光器的腔面损耗[25]。

该结构是利用 MOCVD 在蓝宝石衬底上外延高质量 AlN 模板层, 激光器外延结构采用 6 对 $Al_{0.45}Ga_{0.55}N/AlN$ 多量子阱结构作为有源区, 并生长 60nm 的 AlN 掩蔽层, 作为光限制层和表面钝化层。完成材料生长的表征之后, 通过激光辅助解理和两步刻蚀方法制备了两种类型的谐振腔的腔面。

图 7-14(a) 和 (b) 分别是激光辅助解理和两步法腔面刻蚀形成的激光器的激射光谱, 随着输入光功率的增加, 边发射的发光由自发辐射到受激辐射转变, 输出光强随输入光功率也表现出明显的超线性行为, 激射波长在 273nm 附近, 如图 7-14 (c) 所示, 与通过常规解理方式得到的激光器相比, 通过两步刻蚀的腔面制备方法得到的深紫外激光器的阈值光功率密度由 $520kW/cm^2$ 降低至 $350kW/cm^2$, 发光光谱的 FWHM 由 1.3nm 降低至 0.4nm。刻蚀型激光器的阈值 P_{th} 相比于

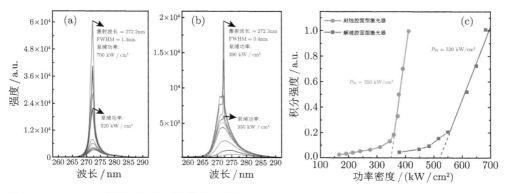

图 7-14 (a) 解理腔面型激光器的激射光谱图; (b) 刻蚀腔面型激光器的激射光谱图; (c) 光谱积分强度随激发光功率密度的变化图

解理型激光器降低了约 32%，同时能够看出其微分量子斜率 η_{d} 增大了将近一倍，阈值密度的降低和微分量子斜率的提升显示了刻蚀腔面在制备谐振腔工艺上的可行性和优越性。

7.3.3　异质衬底上深紫外光泵浦受激发射研究

1. 基于多量子阱 Si 掺杂的深紫外光泵浦激射

在通常的 UV LED 外延结构中，往往在多量子阱区域掺杂 Si 元素来实现对多量子阱内载流子的分布调控，研究表明，Si 掺杂减弱量子阱的极化作用和提升材料质量，特别是量子阱界面质量[29]，例如，在深紫外的受激发射结构中，对 5 对 $Al_{0.35}Ga_{0.65}N/Al_{0.45}Ga_{0.55}N$ 多量子阱进行 Si 掺杂，对 Si 掺杂量子阱和非掺杂量子阱区域做了 TEM 分析，从图 7-15 中可以看出，Si 掺杂多量子阱在阱和垒之间拥有更清晰和陡峭的界面，同时 Si 掺杂并没有影响阱和垒的生长速率，二者的厚度基本相同。这主要是在 MOCVD 外延生长过程中 Si 原子表现出的表面活性剂的作用，外延层表面 Ga 原子和 Al 原子的迁移率在 Si 的影响下得到了提升，从而产生更高的晶体质量和锐利的界面。较高的晶体质量会提高辐射复合效率，从而能够降低激光器的阈值密度。

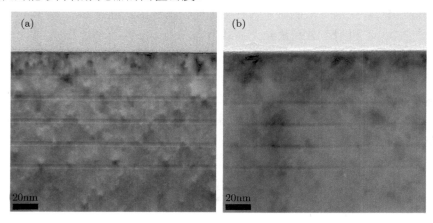

图 7-15　TEM 图像：(a) Si 掺杂量子阱；(b) 非掺杂量子阱

对制作得到的腔长为 1 mm 的激光条进行了光泵浦激射，如图 7-16 所示，当达到泵浦阈值时，一个波长在 288nm、半高全宽为 1.6nm 的尖峰出现，输出光强随输入光功率也表现出明显的超线性行为，并且其强度远大于低功率密度下的自发辐射发光峰，主导整个光谱。而在非掺杂量子阱上，将能量一直增加到激光条烧坏，在实验中自始至终没有观察到激射的窄光谱出现，这说明量子阱 Si 掺杂对于提升量子阱的发光效率，实现激射有着至关重要的作用[30]。

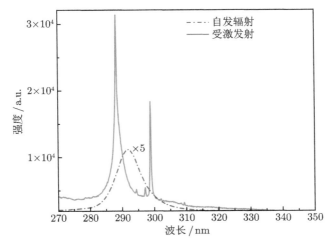

图 7-16 室温下 288nm 波长紫外激光器光泵浦激射图

2. 基于图形化 AlN/蓝宝石模板上深紫外受激发射

低阈值、高性能的深紫外受激发射强烈依赖于高质量、低位错密度的 AlGaN 材料质量，长期以来人们都致力于外延层材料质量的提升，而 AlN 作为外延生长中非常重要的模板层受到广泛关注。目前，基于蓝宝石衬底的 AlN 材料外延生长研究对深紫外光电子器件的大规模产业化具有很大的现实意义。然而，基于蓝宝石异质外延的 AlN 和 AlGaN 材料还是有很高的位错密度，针对这一问题，世界各个研究组提出了很多不同的技术方案，例如，V/III 比调制外延[31,32]、脉冲生长[33,34]、中温插入层技术[35,36]、高低温生长[37]、高温退火[38]、侧向外延 (ELOG) 生长技术[39-41]等。其中，基于图形化衬底或者图形化模板的侧向外延生长技术能有效地降低 AlN 和 AlGaN 材料的穿透位错密度，在提升材料质量的同时提高了深紫外光电子器件的性能。

柏林工业大学 (Berlin Institute of Technology) 的 Michael Kneissl 领导的研究小组将图形化衬底上侧向外延技术引入深紫外激光器的生长中，他们在图形化的 AlN/蓝宝石模板上通过 ELOG 得到低缺陷密度的 AlN 模板，将穿透位错密度降低至 $5 \times 10^8 \mathrm{cm}^{-2}$，在此基础上外延激光器全结构，于 2014 年报道了波长为 272nm 的光泵浦激射，阈值能量密度为 65 mJ/cm^2 [42]，通过侧向外延大大降低了位错密度，使蓝宝石衬底的 AlGaN 多量子阱能够形成激射。随后，他们在侧向外延得到的高质量 AlN 模板上优化器件结构和各层组分，在 $\mathrm{Al_{0.75}Ga_{0.25}N}$/$\mathrm{Al_{0.82}Ga_{0.18}N}$ 多量子阱中实现了波长短至 237nm 的深紫外光泵浦激射，出射激光呈 TM 模式，阈值光功率密度为 11mW/cm^2，这也是目前光泵浦紫外激光器所

能实现的最短波长 [43]。

　　来自中国科学院半导体照明研发中心的 UV 研究组开发了基于纳米压印 (NIL) 技术和干法刻蚀技术制作的纳米级图形化 AlN/蓝宝石模板 [44,45]，在提升侧向外延 AlN 材料质量以及消除台阶聚并现象的同时减小了 AlN 的合并厚度，提高了侧向外延效率，图 7-17(a) 和 (b) 分别为孔阵型和光栅型 AlN/蓝宝石模板上深紫外激光器全结构的截面 TEM 图像。通过纳米图形化外延可以大幅度提高 AlN 材料的晶体质量，其中孔阵型 AlN/蓝宝石模板上侧向外延的 ELOG-AlN 层的 (0002) 和 (10$\bar{1}$2) 面的 FWHM 分别为 78″ 和 315″，光栅型 AlN/蓝宝石模板上侧向外延的 ELOG-AlN 层的 (0002) 和 (10$\bar{1}$2) 面的 FWHM 分别为 96″ 和 347″。两个样品的表面较为平整、无缺陷坑，表面粗糙度分别为 0.16nm(孔阵型) 和 0.2nm(光栅型)。在该图形化 AlN/蓝宝石模板上外延具有 Al$_{0.55}$Ga$_{0.45}$N/AlN 多量子阱结构的深紫外受激发射结构，在高功率泵浦光源激励下，实现了波长 ~272nm 的深紫外激射，如图 7-18 所示，孔阵型 AlN/蓝宝石模板上的深紫外激射的阈值光功率密度为 810kW/cm², 光栅型 AlN/蓝宝石模板上的深紫外激射的阈值光功率密度为 690kW/cm²，而平面蓝宝石衬底上相同结构的深紫外激光器的阈值为 2.5MW/cm²。对比平面蓝宝石衬底上的相同结构激光器的阈值，孔阵型和光栅型 AlN/蓝宝石模板上深紫外激光器的阈值分别降低了约 68% 和 72%，这得益于纳米图形化 AlN 侧向外延获得的高质量 ELOG-AlN 模板为低穿透位错密度的 Al-GaN 基 MQW 生长提供了良好的基础，进而可以获得更高的内量子效率以及更低的阈值光功率密度。并且由于光栅型模板上低位错 MQW 区域垂直于激光器谐振腔腔面，其低位错 MQW 区域的排布更加有序，更符合 F-P 型激光器的谐振方向，故其泵浦的阈值功率密度更低。

图 7-17　截面 TEM 图像：孔阵型 (a) 和光栅型 (b) AlN/蓝宝石模板上激光器外延全结构

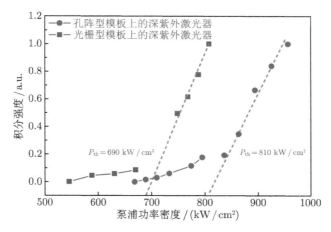

图 7-18　光谱积分强度与泵浦功率密度的关系 [46]

3. 基于 SiC 衬底的深紫外受激发射

蓝宝石衬底的 III 族氮化物异质外延受晶格失配和热失配的影响，在外延层中会产生大量的失配位错和开裂现象，若在 c 面蓝宝石衬底上生长 (0001) 晶面的 AlN，其晶格格点相对于蓝宝石的晶格格点发生了 30° 的旋转，晶格失配达到 13.3%，严重影响外延层的材料质量。与蓝宝石衬底相比，SiC 衬底的晶格常数和热膨胀系数都与 AlN 和 GaN 非常接近，更重要的是，SiC 衬底的激光器结构更容易解理形成激光器腔面，因此在 SiC 衬底上外延 AlGaN 基的深紫外激光器结构是一种有效途径。

2004 年，日本工学院大学 (Kohgakuin University) 的 Takano 等采用 4H-SiC 为衬底，通过生长 AlN/GaN 多缓冲层提高了 AlN 模板层的晶体质量，并在此基础上外延 AlGaN 基多量子阱结构。随后将外延片磨抛至 $60\sim70\mu m$ 后，解理制作激光器腔面，腔长为 $450\mu m$。在 193nm ArF 准分子激光器的激励下，实现了室温下的脉冲光泵浦激射，激射波长为 241.5nm，阈值光功率密度达到 $1200kW/cm^2$ [47]。在 20K 的温度下，激射的最短波长为 231.8nm。

2012 年，来自波士顿大学 (Boston University) 的研究小组在 6H-SiC 衬底上，通过 MBE 的方式生长了 $Al_{0.7}Ga_{0.3}N/AlN$ 多量子阱，通过该结构研究了飞秒脉冲激光下的泵浦光学增益，在波长短至 230nm 发射下，最大光学增益达到 $(118\pm9)cm^{-1}$，光学增益阈值为 $(5\pm1)\mu J/cm^2$，远低于当前能够实现的多量子阱激射 [48]。

4. 光波模式的转换浓度

对于 $Al_xGa_{1-x}N$ 材料,存在一个临界 Al 浓度,随 Al 浓度增大,发射波长将由 TE 模转化为 TM 模。佐治亚理工学院的 Russell D. Dupuis 领导的研究小组在 2014 年报道了 249nm 和 256nm 的紫外光泵浦激射,其阈值光功率密度分别为 95kW/cm² 和 61kW/cm² [49]。2015 年,他们报道了以 TM 模为主导的深紫外光泵浦激射,该结构在蓝宝石衬底上外延了高质量的 AlN 模板层、有源区和波导层,在 193nm ArF 准分子激光器激励下实现了 239nm、242nm、243nm 的深紫外激射,阈值光功率均在 300kW/cm² 以下,偏振度分别为 -0.42、-0.65、-0.67,他们发现该激射波长所对应的量子阱 Al 浓度为 TE 模到 TM 模转换的临界浓度,该研究也为在 TE 模到 TM 模转换处的深紫外激光设计开拓了新的视野 [50]。图 7-19 为光泵浦 AlGaN 基紫外激光器研究成果的统计数据。

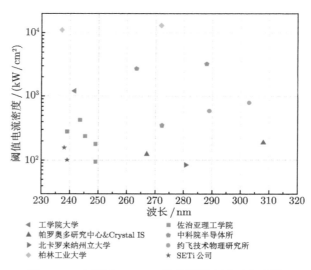

图 7-19　光泵浦 AlGaN 基紫外激光器研究成果

7.4　氮化物紫外激光二极管

氮化物紫外激光二极管主要是通过大电流密度的注入,使能带结构中的电子和空穴达到能带反转,从而实现谐振腔中增益介质的受激辐射发光而产生激光,一般采用脉冲电流或连续电流注入。其结构通常采用低位错密度的同质衬底 (如 AlN、GaN) 或异质衬底 (如蓝宝石) 进行外延结构生长,并通过优化生长条件而获得低位错密度的有源区以提高其内量子效率,外延结构通常采用分离限制异质

结构 (separated confinement heterostructure, SCH)，即在量子阱的两端分别有 n 型和 p 型的包覆层和波导层，起到光限制和载流子限制作用。由于 AlN 和 GaN 之间的折射率差较小，为了保证足够的光学限制，对应的 AlGaN 光限制层的 Al 组分很高或者厚度要求很大。但是高 Al 组分 AlGaN 材料的 p 型掺杂效率很低，较低的空穴注入效率一直是制约电注入紫外激光器进一步向深紫外推进的瓶颈之一；在器件制作方面，刻蚀高垂直度的脊形条以获得很好的侧向光分布的限制，以及通过解理或刻蚀获得低损耗、高反射的谐振腔，都是器件制作的难点所在。

7.4.1 MOCVD 外延及器件结构

MOCVD 作为一种低压、高温的气相外延设备，能够较为准确地控制生长参数，实现不同组分、不同导电类型、不同厚度等特性的多层结构的薄膜生长，被广泛用在化合物半导体激光二极管的外延生长。由于激光二极管需要通过高密度电流的注入，使能带结构中的电子和空穴达到能带反转，从而实现谐振腔中增益介质的受激辐射光放大而产生相关光的输出，并且相较于受激发射的结构，激光二极管的结构和工艺都较为复杂，因此其对材料外延质量和器件结构的要求极为严格。

如图 7-20 所示为常规的 F-P 腔的 AlGaN 基紫外激光二极管结构示意图，衬底选用低位错密度的 AlN 同质衬底或者价格较为低廉的蓝宝石异质衬底，在外延生长时需要通过优化其生长条件获得低位错密度的有源区，有源区一般采用 $Al_xGa_{1-x}N/Al_yGa_{1-y}N$ 的多量子阱结构。

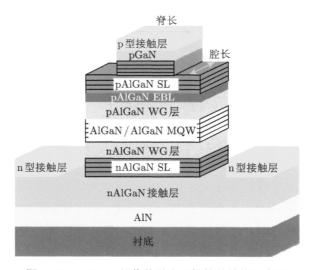

图 7-20 AlGaN 基紫外激光二极管的结构示意图

同时，量子阱两边各有 n 型和 p 型的包覆层和波导层，其中量子阱 Al 组分最低，量子垒和波导层组分基本相同，包覆层中 Al 组分最高，这样由于 Al 组分的差异，其折射率为有源区最高，波导层次之，包覆层最低，以起到光限制和载流子限制的作用。在 AlGaN 基光电器件中存在空穴和电子的非对称注入，电子浓度高，运动速度快，易发生电子泄漏，影响器件的注入效率，从而影响器件性能。为了防止电子的泄漏，通常在器件设计中引入 AlGaN 电子阻挡层 (EBL)，利用带阶势垒阻挡电子泄漏，提高载流子注入效率。在掺杂方面，一般为 n 型接触层和 p 型接触层重掺杂，以提供足够的载流子注入，包覆层和波导层一般掺杂，阱垒根据需要选择掺杂或不掺杂。另外，脊形条的部分由外延后再在器件工艺中刻蚀完成。

7.4.2   器件工艺流程

器件工艺的主要难点在于谐振腔和脊形条的制备。脊形波导结构对电流的扩展和光波模式起限制作用，一般采用干法刻蚀和湿法腐蚀的方式制备。对于谐振腔，如果采用同质衬底进行外延生长，一般在减薄衬底后通过解理就能获得较好的腔面，能够简化工艺流程；如果采用类似于蓝宝石这样的异质衬底，通过常规的解理不能获得高质量的谐振腔腔面，一般采用刻蚀的方法制作腔面，具体的方法和工艺在 7.3.1 节中已详细介绍，本小节不再赘述。另外，为降低谐振腔的损耗，一般在腔面上镀膜，一侧镀高反膜，另一侧镀反射率较低的膜作为光输出端。

1. 脊形条的制备

脊形波导结构要求刻蚀 p 侧的限制层全部或部分结构，使激光器在沿着结平面方向形成侧向模式的控制，且不随注入电流变化，而在平行于结平面的方向不发生扩展，这样就能够在内部形成折射率的梯度台阶，使激射模式的稳定性大大增强。脊形条的工艺较为复杂且难度较大，首先是在刻蚀过程中容易对有源区造成损害，其次是脊形的深度需严格控制，如果脊形离有源区太远，则无法有效控制有源区的光波模式，使激射阈值大大增加，同时如果脊形太深，则会影响限制在有源区的光波模式，造成较大的光学散射损耗，因此脊形条的质量对激光器的性能影响巨大。

人们常采用干法刻蚀或湿法腐蚀来制备脊形台阶，所采用的干法刻蚀包括反应离子刻蚀、感应耦合等离子刻蚀等方法，在刻蚀前的光刻部分，光刻胶的厚度、分辨率和材料的刻蚀选择比很重要，要求光刻胶具有较高的分辨率，否则刻蚀后形成的脊形边缘会出现锯齿状结构，在器件工作过程中将增加器件的阈值电流和传输损耗，且过厚的光刻胶将使脊形的垂直度变差，大大增加器件的接触电阻。例如，在工艺中使用氩离子进行离子束刻蚀，采用该方法在一定条件下可以获得各向异性的刻蚀表面。其原理是通过在两个平行电极之间施加射频能量，在高密度等离子体源中产生氩离子，通过栅网加速，氩离子轰击材料表面，使材料中的化学键断裂，原子解吸附而进入等离子气体流，继而被抽气泵抽走。在刻蚀过程中，如果离子能量较高并且反应室的气压很低，就能得到各向异性的刻蚀效果。不过高的离子能量也会由于等离子引入而引起损伤。样品刻蚀速率受到加速电压、气流速率以及衬底温度等因素的影响[51]。

干法刻蚀有时会对激光器材料产生破坏和损伤，并使激光器性能恶化，而湿法腐蚀的腐蚀液对器件的底层材料有较高的选择比，对材料不会产生损伤，并且在工艺中操作简单、成本低，因此人们在脊形条制备中也会采用湿法腐蚀。湿法腐蚀液包含氧化剂、络合剂和稀释剂。浸在腐蚀液中的材料之所以被腐蚀，首先是其表面层被氧化剂氧化，生成的氧化物被络合溶解所致。湿法腐蚀前，先通过光刻形成一定宽度的光刻胶条涂覆在外延片表面，以定义脊形宽度，然后，由于光刻胶的掩膜作用，没有被光刻胶覆盖的材料将被选择性腐蚀。通过选择合适的化学腐蚀液和腐蚀时间，可获得精确的脊形深度和陡峭的脊形台阶[52]。

2. 芯片工艺流程

具体的器件工艺流程大致如图 7-21 所示，首先在蓝宝石或 AlN 衬底上 MOCVD 外延生长了器件结构，并进行外延片检测，检测合格后进入芯片工艺流程。在生长好的外延片上分两次涂覆光刻胶，然后分别光刻台面和脊形条图形，并采用干法刻蚀无光刻胶覆盖的外延片到一定深度，如图 7-21(b) 所示形成了台面和脊形条，刻蚀台面主要是为了露出 n 型接触层以制作电极接触，由于蓝宝石或 AlN 衬底的绝缘性，其上生长的芯片需刻蚀出台面形成 n 型接触。接着去胶清洗后利用等离子增强化学气相淀积 (PECVD) 生长一层 SiO_2，该 SiO_2 层主要起绝缘的作用，并可以有效地防止器件退化，如图 7-21(c) 所示。

再次进行光刻，之后腐蚀掉没有光刻胶保护的 SiO_2，露出 p 电极窗口，随后蒸镀 p 面电极并形成欧姆接触，常用的几种高功函数的金属组合，如 Ni/Au、Pd/Au、Pt/Au 或 Pt/Ni/Au 等都被用来实现 p 型 GaN 的欧姆接触，这些组合的金属对 p 型 GaN 的欧姆接触都有一定的改善[53]，如图 7-21(d) 所示。再次进行光刻并蒸镀 n 电极，n 电极的制备工艺和 p 电极类似，如图 7-21(e) 所示。之后对芯片进行解理 (异质外延衬底需要进行刻蚀) 形成腔面，根据腔长的大小设计镀膜架，采用离子束溅射镀膜技术对激光条的腔面镀介质膜，如图 7-21(f) 所示。最终我们可制作出一定腔长、一定脊形条宽的边发射紫外激光二极管，工艺完成后进行电泵浦实验测试，后期也可考虑烧结、压焊成为激光器芯片。

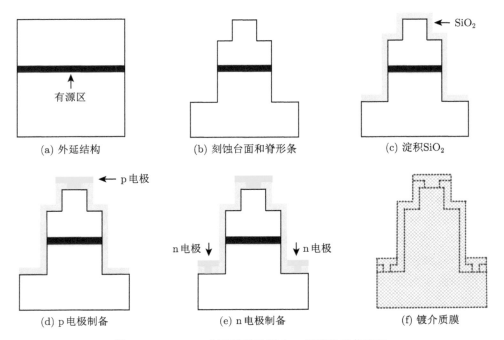

图 7-21　AlGaN 电泵浦紫外激光二极管的工艺流程

7.4.3　紫外激光二极管的发展状况

　　UVA 波段且波长大于 365nm 的紫外激光二极管已经实现商业化，由于其具有发热量少和寿命更长的优点，被用在荧光粉泵浦源以产生白光，作为诱导荧光的光源用于验钞以及紫外固化等。波长短于 365nm 的应用于各种各样的生物医学系统中，生物分子如弹性蛋白、NADH 和胶原蛋白在该光谱范围内具有强吸收，可用于通过诱导荧光指示分子的存在。在 UVB 波段，除了生物荧光应用之外，紫外激光二极管还可能用于治疗皮肤病，如牛皮癣等。得益于世界范围内各大机构的研究，UVA、UVB 波段的紫外激光二极管应用优势正在逐渐凸显。在该领域有突出贡献的研究团队主要有日本名城大学、日亚公司、日本滨松光子学株式会社以及美国帕罗奥多研究中心等。

　　1. AlGaN 基紫外激光二极管

　　日本名城大学的赤崎勇 (Isamu Akasaki) 教授等一直致力于从高质量 AlN 基板制作到外延片的生长、高效率发光等多方面的研发工作 [54]，从 1996 年起，他们就开始了电注入的紫外激光器的研究，他们采用蓝宝石为衬底外延激光器全结构，激光器采用了分离限制的单量子阱结构，以 $In_{0.1}Ga_{0.9}N$ 单量子阱为有源区，实现了波长为 376nm 的电注入紫外光激射，阈值电流密度为 $3kA/cm^2$，线宽仅为 $0.15nm^{[55]}$，为当时波长最短的半导体激光二极管，并开启了紫外激光领域缩短波长的持续竞争。2004 年 3 月，他们再次报道了波长仅 350.9nm 的紫外激光器，结构图和发射谱如图 7-22 所示，该激光器通过 AlN 插入层和侧向外延技术得到无裂纹低位错密度的 AlGaN 外延层，在此基础上外延了 $GaN/Al_{0.08}Ga_{0.92}N$ 多量子阱紫外激光器结构，脊形条宽度为 $5.5\mu m$，腔长为 $500\mu m$，在脉冲电流注入条件下，实现了波长为 350.9nm 的紫外光激射，阈值电流密度为 $7.3kA/cm^2$ [56]。2009年，Akasaki 团队在 $Al_{0.25}Ga_{0.75}N$ 外延层上二次侧向外延 $Al_{0.25}Ga_{0.75}N$，将位错密度降低至 10^8cm^{-2}，并采用磁控溅射法在腔面制作 AlN/SiO_2 多高反膜以降低激射阈值，在脉冲电流注入下实现了 358nm 的紫外激射，阈值功率为 3.9 kA/ cm^2 [57]。

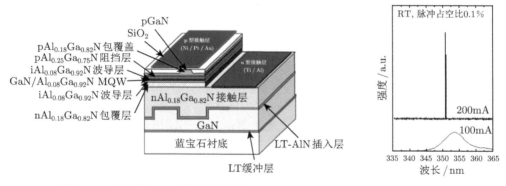

图 7-22 在沟槽 GaN 模板上生长的 GaN/AlGaN MQW UV LD 的结构

日本滨松光子学株式会社的 Harumasa Yoshida 团队在电注入紫外激光器的研究领域同样做出了较大的贡献。他们的主要工作特点在于以 c 面蓝宝石为衬底，采用异面控制侧向外延 (hetero-facet-controlled epitaxial overgrowth, hetero-FACELO) [58] 的方法外延低位错密度的 AlGaN 模板层，在此基础上再外延高质量 AlGaN 基多量子阱紫外激光器结构。他们分别于 2007 年、2008 年报道了脉冲电流注入下激射波长为 $355nm^{[59]}$ 和 $342nm^{[60]}$ 的 AlGaN 基多量子阱激光器，对应的阈值电流密度为 $17.5kA/cm^2$ 和 $8.7kA/cm^2$，如图 7-23 所示。随后，他们在之前报道的 355nm、342nm 紫外激射的结构基础上，调节有源区和各层组分，将激射波长缩短为 336nm，为目前世界上 AlGaN 基紫外激光器电泵浦激射的最短波长，其阈值电流密度为 $17.6kA/cm^2$ [6]。

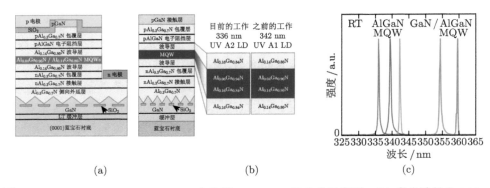

图 7-23　(a) AlGaN MQW UV LD 中使用 FACELO 的结构示意图；(b) 激光波长为 336nm 和 342nm 的 AlGaN MQW UV LD 的结构示意图；(c) 由 GaN/AlGaN MQW 和 AlGaN MQW 形成的 UV LD 的一系列激射光谱

2. 高功率 AlGaN 基紫外激光二极管

由于蓝宝石的电绝缘特性，研究者通常将台面刻蚀至 n 型接触层以蒸镀 n 金形成电流导通，显然，这种横向的电流传输模式不利于器件的热管理以及电流的扩展。为了解决这个问题，日本滨松光子学株式会社的 Harumasa Yoshida 等将 GaN 单晶衬底和垂直电流注入相结合，实现了紫外电泵浦激射，他们以 GaN 为衬底侧向外延低位错密度的 AlGaN 层，通过优化有源区和各层组分，在 2015 年[61] 报道了波长为 356nm 的脉冲电流注入激射，对应的阈值电流密度为 56 kA/cm^2，输出功率峰值高达 10mW。

2016 年，该研究组基于 AlGaN 多量子阱在室温脉冲电流下 (脉冲宽度 4ns，重复频率 5kHz) 实现了超过 1W 峰值功率的紫外激射[62]，激射波长为 338.6nm，这也是 AlGaN 基紫外激光二极管迄今能够实现的最高功率。采用 GaN 作为衬底，可以制作垂直结构的器件，避免侧向输运，使器件电阻更小，同时有利于腔面的解理，改善激光器的散热，提升激光器的性能。图 7-24 给出了该生长在 c 面 GaN 衬底上的高功率紫外激光二极管结构及输出特性。根据腔长 (600μm) 和脊宽 (50μm) 可以估算出紫外激光二极管的差分外部量子效率 (EQE) 约为 8.5%，阈值电流密度为 38.9kA/cm^2。

3. 其他类型的氮化物紫外激光二极管

随着研究的深入，InGaN 量子阱和 AlInGaN 量子阱作为有源层被应用到紫外激光二极管中，自中村修二 (Shuji Nakamura) 在 1996 年首次实现基于 III 族氮化物材料的半导体蓝光激光器后[63]，日亚公司也不遗余力地推进更短波长、更低阈值、更长寿命的激光器研究，在紫外激射方面，2001 年，日亚公司以 c 面蓝宝石为衬底，侧向外延 15μm 厚的 GaN 外延层，在此基础上外延四元合金 $Al_{0.03}In_{0.02}Ga_{0.95}N$ 单量子阱结构，并在腔面上镀以多层 ZrO_2/SiO_2 的高反膜，在室温脉冲电流注入下，实现了波长为 366.4nm 的紫光激射。同时，他们通过改变有源区 In 组分，在连续电流注入下实现了 371.6nm 的紫外激射，阈值电流密度为 $3.5kA/cm^2$[64]。2003 年，他们进一步优化量子阱和波导层组分，实现了室温连续电流注入下波长为 365nm 的紫外激射，其阈值电流密度和阈值电压分别为 $3.6kA/cm^2$ 和 4.8V，寿命可达 2000h，在替代高压汞灯使用上有很大的应用前景 [65]。

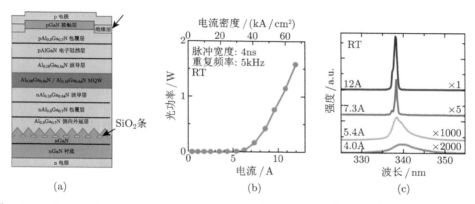

图 7-24　(a) c 面 GaN 衬底上 AlGaN MQW UV LD 的示意结构；(b) 室温下脉冲工作时高
　　　　功率 UV LD 的 L-I 曲线；(c) 不同脉冲下高功率 UV LD 的激光谱

　　蓝宝石衬底与 GaN 的晶格失配系数约为 16%，由此导致了 GaN 或 AlN 缓冲层中的高密度的位错。针对这一问题，美国帕罗奥多研究中心的研究人员改变其起初以蓝宝石为衬底生长紫外激光器 [66] 和在蓝宝石衬底上生长准体材料的 GaN [67] 的做法，通过生长体材料的 AlN 作为衬底在 MOCVD 上外延全结构 [13]，他们在 2007 年首次报道了 AlN 衬底上波长短至 368nm 的脉冲电流注入激射，其阈值电流密度为 $13kA/cm^2$。

　　图 7-25 为电泵浦 AlGaN 基紫外激光器研究成果的统计数据。受高 Al 组分 AlGaN 材料的晶体质量和 p 型高效掺杂限制，电泵浦紫外激光器的最短激射波长还停留在近紫外波段，为日本滨松光子学株式会社报道的 336nm。

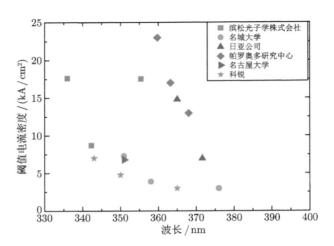

图 7-25   电泵浦 AlGaN 基紫外激光器研究成果

7.4.4   深紫外激光二极管的难点及展望

过去几十年中，AlGaN 基深紫外光电子器件在材料外延和器件工艺上都取得了很大的进步，UVC 波段深紫外 LED 的外量子效率突破 20%[68]，并且在蓝宝石衬底、AlN 衬底、SiC 衬底上都实现了深紫外光泵浦激射。然而，紫外激光二极管的研发还停留在 340nm 波段。与已实现商品化的高性能 GaN 基蓝绿光激光器相比，AlGaN 深紫外激光器还面临着诸多技术挑战。

1. 材料外延与位错密度

由于大尺寸、低缺陷密度的 AlN 单晶衬底较难获得，价格低廉、制备工艺完善且具备长期的氮化物外延经验积累的蓝宝石衬底一直是外延高 Al 组分 AlGaN 材料的主要选择。低位错密度的 AlN 和 AlGaN 材料是制备高性能深紫外激光器的基础和关键。一方面由于蓝宝石衬底与 AlGaN 材料之间存在较大的晶格失配和热失配，另一方面由于 Al 原子表面黏附系数高也即 Al—N 键能较高 (AlN 为 2.88eV，GaN 为 2.2eV)，Al 原子在生长表面迁移能力较弱，AlN 倾向于三维岛状生长。此外，TMAl 与 NH_3 之间强烈的预反应生成气相络合物。以上因素都会影响高质量 Al(Ga)N 材料的外延生长，进而造成 Al(Ga)N 材料中高达 $10^{11} cm^{-2}$ 的位错密度[69]。这些位错在有源区中往往会产生大量的非辐射复合中心，进而降低器件的内量子效率。

降低位错密度，提升 Al(Ga)N 材料晶体质量是实现高效深紫外发光的根本。针对这一挑战，世界各个研究机构提出了多种不同的技术方案，其中有侧向外延生长技术、V/Ⅲ 比调制外延、脉冲生长、高温退火、AlN 同质衬底等。

2. p 型掺杂效率低

目前 Mg 是 AlGaN 材料最普遍采用的 p 型掺杂元素。相比于 GaN 材料的掺杂水平，高 Al 组分 AlGaN 材料的 p 型掺杂效率还比较低，这是由于 Mg 的深受主能级特性。Mg 受主在 AlGaN 材料中的激活能随着 Al 组分的升高而增大，从 GaN 的 ~200meV 增加到 AlN 的 ~630meV [70]，导致很低的空穴激活效率，造成 p 型 AlGaN 材料中低的空穴浓度和电导率。为了实现高空穴浓度，通常的做法是提高 Mg 掺杂剂浓度，但这又容易导致结晶质量变差、缺陷增多、补偿效应加剧和载流子迁移率下降，进而导致 p 型 AlGaN 材料电导率下降，降低深紫外光电器件的电注入效率和发光效率。

AlGaN 材料的 p 型掺杂是制约深紫外光电器件效率的重要瓶颈。因此，探索降低受主杂质激活能的方法就有了极大的现实意义。目前，提高 p 型掺杂效率常用的方法有 In 辅助 δ 掺杂 [71]、极化掺杂 [70,72]、掺杂异质结 [73]、掺杂超晶格 [74] 等。

3. 极化效应

c 面蓝宝石衬底上生长的金属极性的 AlGaN 材料具有较强的自发极化效应，其自发极化方向为由表面指向衬底，并且随着 Al 组分的增加自发极化强度增强。通常 $Al_xGa_{1-x}N/Al_yGa_{1-y}N$ MQW 中阱和垒的 Al 组分差异较大，较大的晶格失配将沿 c 轴方向产生压电极化效应。由自发极化和压电极化效应在量子阱区域会产生很强的内建电场，导致量子阱的能带结构发生倾斜，电子和空穴的波函数在空间上分离，即 QCSE。QCSE 将导致载流子寿命增加，辐射复合效率降低，引起发光波长的漂移，降低器件的发光效率。

为了解决极化效应影响器件发光效率的问题，其中一个行之有效的技术是在非极性或者半极性衬底上外延生长氮化物材料。2012 年，加利福尼亚大学圣塔芭芭拉分校首次报道了半极性 (20$\bar{2}$1) 面电注入紫外激光器 [75]。该小组在自支撑 (20$\bar{2}$1) 面 GaN 衬底上外延激光器全结构。激光器以 $In_{0.05}Ga_{0.95}N/Al_{0.08}Ga_{0.92}N$ MQW 为有源区，在脉冲电流注入下，实现了波长为 384nm 的紫外激射，阈值电流密度为 15.7kA/cm^2，其研究结果表明非极性面和半极性面在降低甚至消除 QCSE 方面有巨大的发展前景。

4. 腔面和脊形工艺

在外延结构上，由于 AlN 同质衬底的价格昂贵，且很难获得，很多实验研究组还是在传统的蓝宝石衬底上外延紫外激光器的结构，蓝宝石衬底与 GaN 体系材料之间的晶格失配导致高密度的位错，严重影响晶体质量，同时由于蓝宝石和

GaN 材料晶体结构的差异，激光器的腔面不能通过单纯的解理直接获得，常常采用 ICP 刻蚀、FIB 或湿法腐蚀等工艺获得，这样采用蓝宝石作为衬底使得工艺变得更复杂。

电注入的紫外激光器在器件结构上通常采用脊形结构，窄条宽 (2~8μm) 的脊形通过传统的刻蚀工艺得到，要获得很好的侧向的光分布的限制，需要脊形条具有很高的垂直度，这也是工艺中的一大难点。

参 考 文 献

[1] Nakamura S, Senoh M, Nagahama S I, et al. Room-temperature continuous-wave operation of InGaN multi-quantum-well structure laser diodes. Applied Physics Letters, 1996, 69(26): 4056-4058.

[2] Zhang Y. Development of III-nitride bipolar devices: avalanche photodiodes, laser diodes, and double-heterojunction bipolar transistors. Georgia Institute of Technology, 2011.

[3] Khan A, Balakrishnan K, Katona T. Ultraviolet light-emitting diodes based on group three nitrides. Nature Photonics, 2008, 2(2): 77.

[4] Kneissl M, Kolbe T, Chua C, et al. Advances in group III-nitride-based deep UV light-emitting diode technology. Semiconductor Science and Technology, 2011, 26(1): 014036.

[5] Chen Y D, Wu H L, Han E Z, et al. High hole concentration in p-type AlGaN by indium-surfactant-assisted Mg-delta doping. Applied Physics Letters, 2015, 106(16): 162102.

[6] Yoshida H, Yamashita Y, Kuwabara M, et al. Demonstration of an ultraviolet 336nm AlGaN multiple-quantum-well laser diode. Applied Physics Letters, 2008, 93(24): 241106.

[7] Michael L, Sergey R, Michael S. Properties of Advanced Semiconductor Materials: GaN, AlN, InN, BN, SiC, SiGe.New York: John Wiley & Sons, 2001.

[8] Hartmann C, Wollweber J, Sintonen S, et al. Preparation of deep UV transparent AlN substrates with high structural perfection for optoelectronic devices. Cryst Eng Comm, 2016, 18(19): 3488-3497.

[9] Tojo S, Yamamoto R, Tanaka R, et al. Influence of high-temperature processing on the surface properties of bulk AlN substrates. Journal of Crystal Growth, 2016, 446: 33-38.

[10] Inoue S, Naoki T, Kinoshita T, et al. Light extraction enhancement of 265nm deep-ultraviolet light-emitting diodes with over 90mW output power via an AlN hybrid nanostructure. Applied Physics Letters, 2015, 106(13): 131104.

[11] Lachab M, Sun W H, Jain R, et al. Optical polarization control of photo-pumped stimulated emissions at 238nm from AlGaN multiple-quantum-well laser structures on AlN substrates. Applied Physics Express, 2016, 10(1): 012702.

[12] Pantha B N, Dahal R, Nakarmi M L, et al. Correlation between optoelectronic and structural properties and epilayer thickness of AlN. Applied Physics Letters, 2007, 90(24): 241101.

[13] Kneissl M, Yang Z H, Teepe, M, et al. Ultraviolet semiconductor laser diodes on bulk AlN. Journal of Applied Physics, 2007, 101(12): 123103.

[14] Wunderer T, Chua C L, Yang Z H, et al. Pseudomorphically grown ultraviolet C photopumped lasers on bulk AlN substrates. Applied Physics Express, 2011, 4(9): 092101.

[15] Lochner Z, Kao T T, Liu Y S, et al. Deep-ultraviolet lasing at 243nm from photo-pumped AlGaN/AlN heterostructure on AlN substrate. Applied Physics Letters, 2013, 102(10): 101110.

[16] Kao T T, Liu Y S, Satter M, et al. Sub-250nm low-threshold deep-ultraviolet AlGaN-based heterostructure laser employing HfO_2/SiO_2 dielectric mirrors. Applied Physics Letters, 2013, 103(21): 211103.

[17] Liu Y S, Kao T T, Satter M, et al. Optically pumped deep-ultraviolet AlGaN multi-quantum-well lasers grown by metalorganic chemical vapor deposition. Proceedings of Conference on Novel In-Plane Semiconductor Lasers XIII, San Francisco, Feb 3-6, 2014.

[18] Liu Y S, Lochner Z, Kao T T, et al. Optically pumped AlGaN quantum-well lasers at sub-250nm grown by MOCVD on AlN substrates. Physica Status Solidi (c), 2014, 11(2): 258-260.

[19] Xie J Q, Mita S, Bryan Z, et al. Lasing and longitudinal cavity modes in photo-pumped deep ultraviolet AlGaN heterostructures. Applied Physics Letters, 2013, 102(17): 171102.

[20] Kneissl M, Rass J. Ⅲ-Nitride Ultraviolet Emitters. Berlin: Springer International Publishing, 2016.

[21] Grandjean N, Massies J, Leroux M. Nitridation of sapphire. Effect on the optical properties of GaN epitaxial overlayers. Applied Physics Letters, 1996, 69(14): 2071-2073.

[22] Bottcher T, Zellweger C, Figge S, et al. Realization of a GaN laser diode with wet etched facets. Physica Status Solidi (a), 2002, 191(1): R3-R5.

[23] Miller M A, Crawford M H, Allerman A A, et al. Smooth and vertical facet formation for AlGaN-based deep-UV laser diodes. Journal of Electronic Materials, 2009, 38(4): 533-537.

[24] Nakamura S, Senoh M, Nagahama S I, et al. InGaN-based multi-quantum-well-structure laser diodes. Japanese Journal of Applied Physics, 1996, 35: L74.

[25] Itoh M, Kinoshita T, Koike C, et al. Straight and smooth etching of GaN (1100) plane by combination of reactive ion etching and KOH wet etching techniques. Japanese Journal of Applied Physics, 2006, 45(5A): 3988-3991.

[26] Tian Y D, Zhang Y, Yan J C, et al. Stimulated emission at 272nm from an $Al_xGa_{1-x}N$-based multiple-quantum-well laser with two-step etched facets. RSC Advances, 2016, 6(55): 50245-50249.

[27] Mileham J R, Pearton S J, Abernathy C R, et al. Wet chemical etching of AlN. Applied Physics Letters, 1995, 67(8): 1119-1121.

[28] Zhuang D, Edgar J H. Wet etching of GaN, AlN, and SiC: a review. Materials Science and Engineering R Reports, 2005, 48(1): 1-46.

[29] Li D B, Aoki M, Katsuno T, et al. Influence of growth interruption and Si doping on the structural and optical properties of Al_xGaN/AlN ($x > 0.5$) multiple quantum wells. Journal of Crystal Growth, 2007, 298: 500-503.

[30] Tian Y D, Yan J C, Zhang Y, et al. Stimulated emission at 288nm from silicon-doped AlGaN-based multiple-quantum-well laser. Optics Express, 2015, 23(9): 11334-11340.

[31] Imura M, Nakano K, Fujimoto N, et al. High-temperature metal-organic vapor phase epitaxial growth of AlN on sapphire by multi transition growth mode method varying V/III ratio. Japanese Journal of Applied Physics, 2006, 45(11R): 8639.

[32] Imura M, Fujimoto N, Okada N, et al. Annihilation mechanism of threading dislocations in AlN grown by growth form modification method using V/III ratio. Journal of Crystal Growth, 2007, 300(1): 136-140.

[33] Zhang J P, Hu X H, Lunev A, et al. AlGaN deep-ultraviolet light-emitting diodes. Japanese Journal of Applied Physics, 2005, 44 (10R): 7250.

[34] Hirayama H, Fujikawa S, Noguchi N, et al. 222-282nm AlGaN and InAlGaN-based deep-UV LEDs fabricated on high-quality AlN on sapphire. Physica Status Solidi (a), 2009, 206(6): 1176-1182.

[35] Yan J C, Wang J X, Zhang Y, et al. AlGaN-based deep-ultraviolet light-emitting diodes grown on high-quality AlN template using MOVPE. Journal of Crystal Growth, 2015, 414: 254-257.

[36] Tian W, Yan W Y, Dai J N, et al. Effect of growth temperature of an AlN intermediate layer on the growth mode of AlN grown by MOCVD. Journal of Physics D: Applied Physics, 2013, 46(6): 065303.

[37] Zhang X, Xu F J, Wang J M, et al. Epitaxial growth of AlN films on sapphire via a multilayer structure adopting a low-and high-temperature alternation technique. Cryst Eng Comm, 2015, 17(39): 7496-7499.

[38] Kaur J, Kuwano N, Jamaludin K R, et al. Electron microscopy analysis of microstructure of postannealed aluminum nitride template. Applied Physics Express, 2016, 9 (6): 065502.

[39] Imura M, Nakano K, Narita G, et al. Epitaxial lateral overgrowth of AlN on trench-patterned AlN layers. Journal of Crystal Growth, 2007, 298: 257-260.

[40] Dong P, Yan J C, Zhang Y, et al. AlGaN-based deep ultraviolet light-emitting diodes

grown on nano-patterned sapphire substrates with significant improvement in internal quantum efficiency. Journal of Crystal Growth, 2014, 395: 9-13.

[41] Dong P, Yan J C, Wang J X, et al. 282-nm AlGaN-based deep ultraviolet light-emitting diodes with improved performance on nano-patterned sapphire substrates. Applied Physics Letters, 2013, 102(24): 241113.

[42] Martens M, Mehnke F, Kuhn C, et al. Performance characteristics of UV-C AlGaN-based lasers grown on sapphire and bulk AlN substrates. IEEE Photonics Technology Letters, 2014, 26 (4): 342-345.

[43] Jeschke J, Martens M, Knauer A, et al. UV-C lasing from AlGaN multiple quantum wells on different types of AlN/sapphire templates. IEEE Photonics Technology Letters, 2015, 27(18): 1969-1972.

[44] Chen X, Yan J C, Zhang Y, et al. Improved crystalline quality of AlN by epitaxial lateral overgrowth using two-phase growth method for deep-ultraviolet stimulated emission. IEEE Photonics Journal, 2016, 8(5): 1-11.

[45] Chen X, Zhang Y, Yan J C, et al. Deep-ultraviolet stimulated emission from Al-GaN/AlN multiple-quantum-wells on nano-patterned AlN/sapphire templates with reduced threshold power density. Journal of Alloys and Compounds, 2017, 723: 192-196.

[46] 陈翔. AlGaN 基深紫外激光器材料的 MOCVD 生长研究. 北京: 中国科学院大学, 2017.

[47] Takano T, Narita Y, Horiuchi A, et al. Room-temperature deep-ultraviolet lasing at 241.5nm of AlGaN multiple-quantum-well laser. Applied Physics Letters, 2004, 84(18): 3567-3569.

[48] Pecora E F, Zhang W, Nikiforov Y A, et al. Sub-250nm room-temperature optical gain from AlGaN/AlN multiple quantum wells with strong band-structure potential fluctuations. Applied Physics Letters, 2012, 100(6): 061111.

[49] Li X H, Detchprohm T, Kao T T, et al. Low-threshold stimulated emission at 249nm and 256nm from AlGaN-based multiple-quantum-well lasers grown on sapphire substrates. Applied Physics Letters, 2014, 105(14): 141106.

[50] Li X H, Kao T T, Satter M M, et al. Demonstration of transverse-magnetic deep-ultraviolet stimulated emission from AlGaN multiple-quantum-well lasers grown on a sapphire substrate. Applied Physics Letters, 2015, 106(4): 041115.

[51] 李德尧. GaN 基蓝紫光激光器研究. 北京: 中国科学院半导体研究所, 2006.

[52] 李翔. GaN 基激光器的研制及器件物理. 北京: 中国科学院大学, 2017.

[53] Li Y L, Schubert E F, Graff J W, et al. Low-resistance ohmic contacts to p-type GaN. Applied Physics Letters, 2000, 76(19): 2728-2730.

[54] Inazu T, Fukahori S, Pernot C, et al. Improvement of light extraction efficiency for AlGaN-based deep ultraviolet light-emitting diodes. Japanese Journal of Applied Physics, 2011, 50(12): 122101.

[55] Akasaki I, Sota S, Sakai H, et al. Shortest wavelength semiconductor laser diode.

Electronics Letters, 1996, 32(12): 1105-1106.

[56] Iida K, Kawashima T, Miyazaki A, et al. 350.9nm UV laser diode grown on low-dislocation-density AlGaN. Japanese Journal of Applied Physics, 2004, 43(4A): L499-L500.

[57] Amano H, Nagamatsu K, Takeda K, et al. Growth and conductivity control of high quality AlGaN and its application to high-performance ultraviolet laser diodes. Proceedings of Conference on Gallium Nitride Materials and Devices IV, San Jose, CA, Jan 26-29, 2009.

[58] Hiramatsu K, Nishiyama K, Onishi M, et al. Fabrication and characterization of low defect density GaN using facet-controlled epitaxial lateral overgrowth (FACELO). Journal of Crystal Growth, 2000, 221(1): 316-326.

[59] Yoshida H, Takagi Y, Kuwabara M, et al. Entirely crack-free ultraviolet GaN/AlGaN laser diodes grown on 2-in. sapphire substrate. Japanese Journal of Applied Physics, 2007, 46(9R): 5782.

[60] Yoshida H, Yamashita Y, Kuwabara M, et al. A 342-nm ultraviolet AlGaN multiple-quantum-well laser diode. Nature Photonics, 2008, 2 (9): 551-554.

[61] Aoki Y, Kuwabara M, Yamashita Y, et al. A 350-nm-band GaN/AlGaN multiple-quantum-well laser diode on bulk GaN. Applied Physics Letters, 2015, 107(15): 151103.

[62] Taketomi H, Aoki Y, Takagi Y, et al. Over 1W record-peak-power operation of a 338nm AlGaN multiple-quantum-well laser diode on a GaN substrate. Japanese Journal of Applied Physics, 2016, 55(5S): 05FJ05.

[63] Nakamura S, Senoh M, Nagahama S I, et al. InGaN multi-quantum-well-structure laser diodes with cleaved mirror cavity facets. Japanese Journal of Applied Physics, 1996, 35(2B): L217-L220.

[64] Nagahama S I, Yanamoto T, Sano M, et al. Characteristics of ultraviolet laser diodes composed of quaternary $Al_xIn_yGa_{(1-x-y)}N$. Japanese Journal of Applied Physics, 2001, 40(8A): L788-L789.

[65] Masui S, Matsuyama Y, Yanamoto T, et al. 365nm ultraviolet laser diodes composed of quaternary AlInGaN alloy. Japanese Journal of Applied Physics, 2003, 42(11A): L1318-L1320.

[66] Kneissl M, Treat D W, Teepe M, et al. Advances in InAlGaN laser diode technology toward the development of UV optical sources. Proceedings of Conference on Novel In-Plane Semiconductor Lasers II, San Jose, CA, Jan 27-29, 2003.

[67] Kneissl M, Treat D W, Teepe M, et al. Ultraviolet InGaN, AlGaN and InAlGaN multiple-quantum-well laser diodes. Proceedings of Conference on Novel In-Plane Semiconductor Lasers III, San Jose, CA, Jan 26-28, 2004.

[68] Takano T, Mino T, Sakai J, et al. Deep-ultraviolet light-emitting diodes with external quantum efficiency higher than 20%at 275nm achieved by improving light-extraction

efficiency. Applied Physics Express, 2017, 10(3): 031002.

[69] Khan A, Asif F, Muhtadi S. Deep ultraviolet light-emitting and laser diodes. Proceedings of Conference on Gallium Nitride Materials and Devices XI, San Francisco, Feb 15-18, 2016.

[70] Simon J, Protasenko V, Lian C, et al. Polarization-induced hole doping in wide-bandgap uniaxial semiconductor heterostructures. Science, 2010, 327(5961): 60-64.

[71] Chen Y D, Wu H L, Yue G L, et al. Analysis on the enhanced hole concentration in p-type GaN grown by indium-surfactant-assisted Mg delta doping. Physica Status Solidi (b), 2015, 252(5): 1109-1115.

[72] Zhang L, Ding K, Yan J C, et al. Three-dimensional hole gas induced by polarization in (0001)-oriented metal-face III-nitride structure. Applied Physics Letters, 2010, 97: 062103.

[73] Shur M S, Bykhovski A D, Gaska R, et al. Accumulation hole layer in p-GaN/AlGaN heterostructures. Applied Physics Letters, 2000, 76(21): 3061-3063.

[74] Cheng B, Choi S, Northrup J E, et al. Enhanced vertical and lateral hole transport in high aluminum-containing AlGaN for deep ultraviolet light emitters. Applied Physics Letters, 2013, 102(23): 231106.

[75] Haeger D, Young E, Chung R, et al. 384nm laser diode grown on a (20(2)over-bar1) semipolar relaxed AlGaN buffer layer. Applied Physics Letters, 2012, 100(16): 161107.

第 8 章　应用与展望

如图 8-1 所示 [1]，基于 III 族氮化物的发光器件的波长可以覆盖 UVA(400～320nm)、UVB(320～280nm) 和 UVC(280～200nm) 的光谱范围。与传统紫外光源相比，基于半导体材料的紫外发光器件拥有一系列技术优势，诸如较快的开启速度、较好的稳定性、较小的体积和较长的工作寿命。根据 Yole Development 预测，单是紫外 LED 组件的全球市场就有超过 28％的年均增长速度，到 2019 年将达到 5 亿 2000 万美元总量 [2]。因此，我们可以预见到，随着基于氮化物紫外材料发光器件的性能指标不断提升，其应用范围将逐渐扩大，甚至最终取代原有的紫外光源。本章将讨论基于氮化物紫外发光材料的器件及其应用，其中主要包括消毒净化、医学治疗、光学固化等领域。

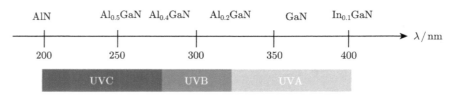

图 8-1　氮化物材料光谱范围

8.1　氮化物深紫外光源在消毒净化处理中的应用

据监测，目前全国多数城市地下水受到一定程度的点状和面状污染，且有逐年加重的趋势。日趋严重的水污染不仅降低了水体的使用功能，进一步加剧了水资源短缺的矛盾，给我国正在实施的可持续发展战略带来了严重影响，而且还严重威胁到城市居民的饮水安全和人民群众的健康。根据世界卫生组织的统计，全球每年大概有 200 万人死于与水源污染有关的疾病，其中大多数是年龄不足 5 岁的儿童，因此，饮用水质量问题比以往任何时候都更加严峻，为了有效保证用水的质量以及数量，需要通过开发利用先进的净化水技术和工艺来解决上述问题。另一方面，随着社会的进步，人类的生产劳动逐渐由体力劳动为主向脑力劳动为主转变，相当部分室外劳动转化为室内，同时人的休息时间也大都是在室内度过的。室内环境直接关系到人体的健康。建筑装饰装修材料的化学和物理性质、人的生理和行为方式都是影响室内空气质量的重要因素。"室内环境污染"是继"煤烟污染"和"光化学污染"之后的全球第三大空气污染问题。因此，消毒净化技术应运而生，即通过物理或化学手段改善水质和空气质量，使其满足一定的卫生标准，从而改善人类生活质量。在众多技术手段中，使用常规光源或基于半导体材料产生的紫外光作为化学消毒剂的替代进行杀菌净化，其特点包括在较短的接触时间内以最少的消毒副产物的代价实现净化处理。紫外线技术的杀菌净化主要通过三个途径：直接杀菌，分解有机物；产生臭氧；紫外光催化[3]。

8.1.1 直接杀菌，分解有机物

前面提到过，紫外线根据波长可分为 UVA(400~320nm)、UVB(320~280nm) 和 UVC(280~200nm)。UVC 波段的紫外线可以穿透微生物的细胞膜和细胞核，破坏其 DNA 或 RNA，阻止蛋白质合成，使其失去复制能力或失去活性，不能繁殖，实现灭菌的功能，进而提升水质[1,4]。对于有机物的分解，机理是有机物分子吸收了入射光后，倘若光子能量大于被作用分子的化学键能，便可以引发有机物的光化学反应。例如，甲醛在吸收了 240~360nm 范围的紫外光后，便可以发生光解离，进而实现分解，因此可改善空气质量。

8.1.2 产生臭氧

在波长为 200nm 以下的紫外线照射条件下，氧气能分解成两个自由的单分子氧，单分子氧与氧气碰撞生成臭氧：

$$O_2 + UV(185nm) \longrightarrow O + O$$

$$O + O_2 \longrightarrow O_3 \text{(臭氧)}$$

臭氧是已知可利用的最强的氧化剂之一。在实际使用中，臭氧呈现出突出的杀菌、消毒、降解农药的作用，是一种高效广谱杀菌剂。臭氧能够在空气以及水中分解，破坏微生物结构以实现灭菌。因此，臭氧可使细菌、真菌等菌体的蛋白质外壳氧化变性，可杀灭细菌繁殖体和芽孢、病毒、真菌等。常见的大肠杆菌、粪链球菌、金黄色葡萄球菌等，杀灭率在 99% 以上。臭氧还可以杀灭肝炎病毒、感冒病毒等，臭氧在室内空气中扩散快而均匀，消毒无死角，并且臭氧和紫外线共同存在的情况下会发生协同作用，使其净化效果增强：在紫外线辐射下，臭氧遇水分解成氧化能力更强的自由基，增大了对有机物的氧化能力和速度；紫外线辐射使有机物外层电子处于激发态，提高了分子的自由能，使有机物分子活化，从而易于在臭氧的作用下氧化分解。

8.1.3　紫外光催化

光催化技术主要针对小环境及室内空气污染治理,通过对空气中有害物质的光催化反应作用,使其发生分解,最终成为无害物质,从而起到对空气的净化处理作用。光催化技术基本原理是纳米级光催化剂 (如常用的 TiO_2) 在紫外线的照射下产生电子–空穴对 [5],光生空穴有很强的得电子能力,具有强氧化性,将其表面吸附的 OH^+ 和 H_2O 分子氧化成 OH 自由基,而 OH 自由基将有机物氧化,并最终降解为 CO_2 和 H_2O。TiO_2 本征半导体的禁带宽度为 3.2eV,波长小于 387nm 的紫外光都能使其激发具有光催化能力,进而对室内空气进行净化处理。

综合以上内容可见,紫外线消毒过程不产生有毒、有害副产物,对致病微生物有广谱消毒效果,消毒效率高,对隐孢子虫卵囊有特效消毒作用,同时能降低嗅味和降解微量有机污染物等 [6]。因此,紫外消毒杀菌技术具有简单便捷、安全性高、运行成本较低等特点。

然而,不管是在空气还是在水中,此项技术的作用效率会受到一定的限制。实际应用过程中,通过紫外线处理的水流量以及水质的好坏,对紫外线消毒系统具有十分显著的影响,由于水中颗粒物对入射光的吸收和散射,水层越厚,紫外线的强度越弱,透光率越低,难以有效确保杀菌率。所以,紫外线最适合对薄层动态水进行净化处理。当水量骤然增多时,跟紫外线接触的时间也会变短,因此需要选择适当的紫外光辐射剂量,保证处理效果。对于光催化反应,此技术只能够在光触媒表面使用,即当杂质分子或者离子在接触到光触媒的表面时才会发生降解,究其原因主要在于,光催化所产生的活性自由基 $-OH$,其产生至消亡的时间较短,一般不超过 10s,不能再溶于水和空气。因此,这项技术的作用效果会受到一定的限制,更多地用来处理杂质含量较低的空气以及溶液。

8.1.4　紫外 LED 应用于消毒领域的优势

对于杀菌消毒来说,紫外波段内起主要作用的主要集中在 UVC 这样比较窄的范围内。和传统紫外光源相比,LED 的发射波长具有较高的自由度 (通过调整有源区材料组分实现波长可调) 和较窄的半峰宽,具有极强的针对性。此外,由于紫外消毒的效果与紫外辐射剂量有关,剂量较低会影响消毒效果,因此需要根据水质条件合理控制紫外辐射的剂量和辐射时间。得益于 LED 的体积较小、开启时间短,可以灵活调整消毒光源的尺寸和功率。目前,尽管紫外 LED 和蓝光 LED 相比,性能仍存在一定的差距,其应用范围受到限制,相信随着材料质量和器件性能的提升,紫外 LED 将会是在消毒净化领域中非常有吸引力的光源。

8.2　氮化物深紫外光源在皮肤病光疗中的应用

光疗的目的是利用光来治愈或者缓解皮肤疾病[7]，并减少光对未感染皮肤区域的不良影响。这种治疗手段具有悠久的历史，1903 年，Niels Ryberg Finsen 由于其提出的光疗治疗狼疮获得了诺贝尔奖。这可以认为是现代基于人造光源进行治疗的起源[8]。紫外光疗主要用于牛皮癣、皮肤细胞淋巴瘤、斑秃和白癜风等皮肤病的治疗[1]。

紫外光疗作为治疗皮肤疾病的一种有效手段，主要选取波长在 200~400mm 之间的紫外线[9]。根据长波紫外线的生理效应，又把长波紫外线分为 UVA1 和 UVA2 两个波段，即以 340~400mm 为 UVA1 段，320~340nm 为 UVA2 段。

主要得益于 UVA1 段有增强细胞免疫的功能，可拟制由 UVB 段引起的细胞过早凋亡。紫外线直接作用于皮肤患处，具有良好的干燥、杀菌、消炎作用，对浅表组织内的细菌或病毒有直接杀灭作用，可加速血液循环、镇痛、促进上皮再生，故采用紫外线照射治疗可直接杀灭疱疹病毒、预防继发细菌感染、促进水疱吸收、止痛、加速皮损修复与愈合，从而起到良好的治疗作用[10,11]。特别是对于白癜风的治疗，其机理是通过刺激角质形成细胞产生内皮素-1，以及白三烯等细胞因子，诱导毛囊外毛根鞘黑素细胞增殖，产生黑素并移动到白斑区；其本身的免疫抑制作用也可使迁移及增殖的黑素细胞免遭破坏，从而达到治疗白癜风的目的[12]。此外，紫外线还有促进维生素 D 形成[13]、抗佝偻病的作用[14]。佝偻病是由维生素 D 和钙磷缺乏引起的一种营养性、代谢性疾病。维生素 D 也称抗佝偻病维生素，是一类脂溶性维生素，属类固醇化合物。在人类所需的维生素中，维生素 D 非常特殊，是一种激素的前体，而且在阳光充足的情况下，人体自身可以合成维生素 D3。晒太阳能够帮助人体获得维生素 D，这也是人体维生素 D 的主要来源。人体内的维生素 D 有内源性与外源性两种，外源性维生素 D 在体内吸收后叫 1,25-二羟基胆骨化醇，必须经紫外线照射才能形成。所以维生素 D 又叫“阳光维生素”，人体皮肤中所含的维生素 D3 源通过获取阳光中的紫外线来制造、转换成维生素 D，它可以帮助人体摄取和吸收钙、磷，使儿童的骨骼长得健壮结实，对婴儿软骨病、佝偻病有预防作用，对成人则有防止骨质疏松、类风湿性关节炎等功效。

综上所述，紫外光疗是皮肤病的一种有效治疗技术，而紫外 LED 的引入无疑对促进光疗技术的发展和进步具有积极意义。和传统紫外光源相比，具有更高安全性、便携性、自由度和低成本的紫外 LED 光源可以将光疗范围进行延伸，从医院走入患者家中[15]。随着可穿戴电子产品技术的发展和成熟，在未来，配备着紫外 LED 的智能纺织品有望用于家庭光疗。

8.3　氮化物深紫外光源在气体探测领域的应用

随着我国对环境保护工作的重视程度不断提高，需要对环境质量、生态环境以及污染源进行准确实时的监测，以便为环保部门的监督管理和政府相关决策提供准确依据。因此迫切需要大量的现代化环境监测仪器，其中便可以利用基于紫外光源的紫外光谱技术来实现。

当光通过某种介质传播时，该介质中的分子或原子会与入射光子相互作用。具有光学活性的化合物，在紫外–可见光区 (200~800nm) 内，吸收一定波长的光子后，其价电子在分子的电子能级之间跃迁，由此而产生的分子吸收光谱被称为紫外–可见吸收光谱，简称紫外光谱。紫外光谱与电子跃迁有关，在分子中用分子轨道来描述其中电子的状态，分子轨道可以看作由对应的原子轨道以线性组合而成。组成分子的两个原子的轨道线性组合就形成了两个不同的分子轨道。其中轨道能量低的为成键分子轨道，是由两原子轨道相加而形成的；轨道能量高的为反键分子轨道，是由两原子轨道相减而形成的。组成键的两个电子均在能量低的成键分子轨道中，一个自旋向上，一个自旋向下。此状态为分子的基态。但当成键的两个电子分别处在成键分子轨道和反键分子轨道时，分子便处在高能态。当分子受到紫外线的照射，并且紫外线的能量恰好等于分子基态与高能态能量的差额时，就会发生能量转移，从而使电子发生跃迁。当电子从基态向激发态某一振动能级跃迁时，通常我们由基态平衡位置向激发态作垂线，若与某一振动能级的波函数最大处相交，即说明在这个能级电子跃迁的概率最大。当电子能级改变时，振动能级和转动能级会有变化，即电子光谱中不但包括电子跃迁产生的谱线，也包括振动谱线和转动谱线。由于溶液内分子间的相互作用，不同的振动和电子跃迁引起的精细结构平滑化，所以得到的紫外光谱是一个很宽的峰。紫外辐射的能量被有机物和无机物吸收后能引起外层电子 (价电子的跃迁)，不同物质的外层电子所处的能级不同，电子的跃迁能量也不同。一旦发生电子跃迁，就要吸收不同的紫外或可见辐射，这就是紫外或可见光谱作为物质结构表征的基础。物质对紫外或可见光吸收的多少与物质的量有关，通过吸光度的测量可以进行物质的定量分析。

由于入射光的光谱的特定部分被介质吸收，这种选择性光衰被用于吸收光谱学。因此，光谱学已被广泛应用于物质分析和浓度测量，如气体探测。对于紫外线而言，一方面，NH_3、NO、O_3、SO_2、NO_2 和一些碳氢化合物在这个波段表现出很强的吸收能力；另一方面，得益于诸如水蒸气、CO_2、N_2、O_2 等空气中高浓度物质在 100~200nm 波段才表现出强吸收，所以紫外波段的光具有探测 NH_3、NO、O_3、SO_2、NO_2 和一些碳氢化合物的优势。LED 具有体积小、稳定性高、开启速度快、抗机械振动、波长自由度较高等特点。此外,和其他传统紫外光源对比,LED 的半峰宽较窄,又是一种点光源,比较容易实现高效耦合,得到较高的光谱功率密度。紫外 LED 是比较理想的光谱分析仪的光源。

8.4 氮化物深紫外光源在固化技术领域的应用

随着科技发展和社会需求的多样化,产品制作周期日趋缩短,在这种形势下,采用传统固化技术制作原型,成本高、周期长,逐渐无法满足日新月异的市场变化和需求。快速成型固化技术顺应了这种趋势,进而得到迅猛发展。其中比较有代表性的技术便是紫外光固化技术,目前已经被广泛应用于医疗、印刷、快速成型制造 (rapid prototyping) 等领域中。这种技术的原理并不复杂,光引发剂吸收特定波长的光子,激发到激发状态,形成自由基或阳离子,然后通过分子间能量的传递,使聚合性预聚体和感光性单体等变成激发态,产生电荷转移络合体,这些络合体不断交联聚合,在极短的时间里产生固化成三维网状结构的高分子聚合物。其中,吸收辐射能,引发单体、低聚体的不饱和双键交联固化,是紫外光固化体系的关键部分。

光引发剂:紫外固化中必不可少的材料,分为夺氢型和裂解型。前者需要和含活泼氢的化合物 (助氧化剂) 配合,通过夺氢反应形成自由基。后者则是一种单分子光引发剂,在受到光激发后,分子内分解为自由基。

低聚体:也被称作预聚体,是一种成膜物质,用于调节固化速度和固化膜性能。

单体:亦被称作反应稀释剂,用于黏度调节和薄膜形成。

交联剂:提高聚合物密度。

以上几种物质与树脂材料合成,形成光敏树脂,在固化过程中,经过特殊配比的光敏树脂材料吸收光辐射能量,经过化学变化生成具有引发聚合能力的活性中间体,引发预聚体聚合,最终在化学反应完成后,形成固化树脂。由于新的化学键的形成,聚合物在此过程中发生一定程度的收缩。

在医疗领域,紫外光固化在牙科中已经比较成熟[1]。除了固化树脂材料低毒甚至无害外,对光源也有较高的要求。例如,牙科填充或黏结牙冠往往需要数毫米的固化深度,一方面为了减少操作时间,降低患者的痛苦,另一方面为了确保固化深度和效果,需要光源具有一定的辐照强度。但是传统的光源热辐射较大,会造成对患者口腔、牙齿和牙髓神经的损伤和患者的不适。具有较低温度的 LED 则有效规避了上述风险。同时,由于 LED 光源具有较小的体积,更适合牙医在极为有限的口腔空间内进行操作治疗。

　　紫外光固化同样也被应用于印刷领域 [16]。紫外油墨主要由颜料、预聚体、活性稀释剂、光引发剂和其他助剂组成,可以认为是一种特殊的溶剂型喷墨油墨。该溶剂是具有反应活性的可聚合单体,经过紫外线照射后与预聚体发生交联反应而迅速固化。因此,与传统的印刷技术相比,紫外固化油墨的特点主要体现在干燥速度快、油墨稳定性好,经紫外线照射后瞬间固化,固化后的墨层不溶于水或其他有机溶剂。此外,紫外光固化所使用的油墨在使用过程中不产生有机挥发物,避免了对环境的污染。采用了 LED 光源后,可以在印刷过程中随意对光源进行开关,节约了能耗和成本,提升了光源稳定性和寿命。因此是一种节能环保的技术,具有广阔的发展前景。

　　紫外光固化也适用于光固化快速成型领域。这是一种以光敏树脂为原材料,将一定波长和强度的紫外线按照预定分层界面的轮廓为轨迹,对液态树脂进行扫描,使被扫描区域的光敏树脂薄层发生聚合反应,从而形成固化层的加工工艺。通过逐层扫描固化,进而得到立体的结构,因而是一种层累加制造技术。这种加工技术包括三个基本步骤:前处理过程 (包括模型构造、数据转换、制作方向选择、分层切片等工作)、快速成型加工过程 (层准备、层固化和层堆积) 和后处理过程 (零件成型后的辅助处理工艺,包括零件清洗、支撑去除、打磨、表面喷涂和后固化等)。

　　光固化快速成型技术非常适合小批量原型的加工或者实现自由度较高的设计方案 [17]。紫外光源的光束能量和光斑尺寸对加工精度至关重要。在加工过程中,为了达到理想的加工精度,光源在光敏树脂表面的能量分布要保证均匀一致。同时,光束扫描间距和深度对加工精度也有影响。例如,光敏树脂达到临界能量阈值的区域必须有一定程度的光束覆盖,以保证相邻区域产生一定的黏结。紫外线能量必须穿透一定的层厚,使两层之间产生黏结。

　　根据以上所提及的紫外光固化技术可知,光源对该技术的推广和应用至关重要。通常而言,根据光敏树脂固化的特性要求,需要有针对性地选择对应的紫外线波长、输出功率。与传统的紫外光源相比,LED 具有较窄的半峰宽、较长的使用寿命、较低的热辐射、较快的开启速度,这意味着基于紫外 LED 的固化系统具有更低的能耗和维护成本、更高的工作效率和自由度。因此,对紫外光固化技术而言,LED 是一种比较理想的光源。

参 考 文 献

[1]　Kneissl M. A Brief Review of III-Nitride UV Emitter Technologies and Their Applications. Berlin: Springer International Publishing, 2016.

[2]　UV LED market to grow from $90m to $520m in 2019. http://www.semiconductor-today.com/news_items/2015/feb/yole_060215.shtml[2018-10-18].

[3] 冀志江, 王静, 王继梅, 等. 紫外光室内净化作用及机理. 辐射光源及其材料科技研讨会, 2006: 37-42.

[4] Hijnen W, Beerendonk E, Medema G. Inactivation credit of UV radiation for viruses, bacteria and protozoan (oo)cysts in water: a review. Water Research, 2006, 40(1): 3-22.

[5] Ni M, Leung M, Leung D, et al. A review and recent developments in photocatalytic water-splitting using TiO_2 for hydrogen production. Renewable & Sustainable Energy Reviews, 2007, 11(3): 401-425.

[6] Lawryshyn Y, Cairns B. UV disinfection of water: the need for UV reactor validation//Angelakis A N, Paranychianakis N V, Tsagarakis K P. Water Recycling in the Mediterranean Region. London: I W A Publishing, 2003: 293-300.

[7] Stege H, Roza L, Vink A, et al. Enzyme plus light therapy to repair DNA damage in ultraviolet-B-irradiated human skin. Proceedings of the National Academy of Sciences of the United States of America, 2000, 97(4): 1790-1795.

[8] Ortel B, Calzavara-Pinton P. Advances in photodynamic therapy. A review. Giornale Italiano Di Dermatologia E Venereologia, 2010, 145(4): 461-475.

[9] Parrish J, Fitzpatric T, Tanenbaum L, et al. Photochemotherapy of psoriasis with oral methoxsalen and longwave ultraviolet-light. New England Journal of Medicine, 1974, 291(23): 1207-1211.

[10] 罗明才. 海特光配合紫外光治疗下肢溃疡的疗效观察. 中国保健营养, 2018, (4): 93.

[11] Gilchrest B, Rowe J, Brown R, et al. Ultraviolet phototherapy of uremic pruritus-long term results and possible mechanism of action. Annals of Internal Medicine, 1979, 91(1): 17-21.

[12] 梁瑞, 张伟莲, 梁冬梅, 等. 高能紫外光联合点阵铒激光治疗白癜风的疗效观察. 中国中西医结合皮肤性病学杂志, 2017, (6): 508-510.

[13] Ibrahim H, Moustafa E, Zeinab E, et al. Effect of narrow-band ultraviolet B on the serum of 25-hydroxyvitamin D in vitiligo patients. Journal of Cosmetic Dermatology, 2018, 17(5): 911-916.

[14] 张鑫, 庄媛媛. 紫外线照射与维生素 D 合成的关系. 医学信息, 2015, 36: 315.

[15] Van K, Cherenack K. Wearable textile-based phototherapy systems. Studies in Health Technology and Informatics, 2013, 189: 91-95.

[16] 秦长喜. 紫外光固化喷墨技术及市场发展. 信息记录材料, 2008, 9(5): 28-34.

[17] 陈剑虹, 朱东波, 马雷, 等. 光固化法快速成型技术中的紫外光源. 激光杂志, 1999, 20(6): 990622.